山东省一流本科课程“Python应用开发”配套教材
国家级一流本科专业、国家级特色专业“计算机科学与技术”配套教材

PROGRAMMING
AND DATA COLLECTING USING
PYTHON

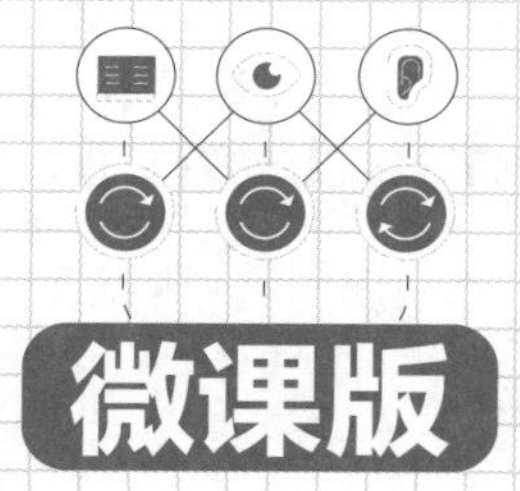

Python
程序设计与数据采集

董付国◎著

人民邮电出版社
北京

图书在版编目（CIP）数据

Python程序设计与数据采集 ： 微课版 / 董付国著
. -- 北京 ： 人民邮电出版社, 2023.5（2024.7重印）
高等院校“十三五”规划教材. Python系列
ISBN 978-7-115-61183-3

Ⅰ. ①P… Ⅱ. ①董… Ⅲ. ①软件工具－程序设计－高等学校－教材 Ⅳ. ①TP311.561

中国国家版本馆CIP数据核字(2023)第025241号

内 容 提 要

本书知识框架可分为三部分。第一部分（第 1 章）阐述 Python 开发环境的搭建与使用；第二部分（第 2 章～第 7 章）阐述 Python 程序设计的基础知识，包括内置类型、运算符与内置函数，程序控制结构，列表与元组，字典与集合，字符串，函数；第三部分（第 8 章～第 10 章）阐述不同场景下 Python 数据采集的方法与应用，包括基于文件和设备的数据采集、基于 SQLite 数据库的数据采集、基于网页的数据采集。

本书通过大量演示代码和案例展示 Python 基础语法的细节和应用，介绍很多学习方法及实践应用中常见错误的解决方法，并把一些标准库和扩展库的用法及代码调试技巧融入相应的演示代码和案例。

本书配有 PPT 课件、教学大纲、电子教案、源代码、数据文件、课后习题答案、在线练习与考试系统等教学资源，使用本书的教师可在人邮教育社区免费下载使用。

本书适合作为研究生、本科、专科、高职 Python 程序设计与数据采集相关课程的教材（可根据学生专业、课程要求和学时进行选讲），也可以作为 Python 工程师和爱好者的自学用书。

◆ 著　　　董付国
责任编辑　王　迎
责任印制　李　东　胡　南

◆ 人民邮电出版社出版发行　　北京市丰台区成寿寺路 11 号
邮编　100164　　电子邮件　315@ptpress.com.cn
网址　https://www.ptpress.com.cn
北京鑫丰华彩印有限公司印刷

◆ 开本：787×1092　1/16
印张：15　　　　2023 年 5 月第 1 版
字数：423 千字　　　　2024 年 7 月北京第 3 次印刷

定价：59.80 元

读者服务热线：(010)81055256　印装质量热线：(010)81055316
反盗版热线：(010)81055315
广告经营许可证：京东市监广登字 20170147 号

前言

自 1991 年发行第一个版本以来，Python 一直是信息安全领域从业人员的必备编程语言之一，约从 2010 年开始迅速渗透到数据采集、数据分析、数据挖掘、数据可视化、科学计算、人工智能、网站开发、系统运维、办公自动化、游戏策划与开发、图像处理、计算机图形学、虚拟现实、音频处理、视频处理、辅助设计与辅助制造、移动终端开发等众多领域，展示了强大的生命力和良好的生态性。截至 2022 年 11 月，Python 包索引网站维护的各领域扩展库已超过 41 万个项目，并且每天都有新成员加入这个“大家庭”。

为了更好地讲解 Python 语言开发技术，本书以“技术解惑”和“范例演练”贯穿全书，引导读者全面掌握 Python 语言。全书共 10 章。第 1 章讲解 Python 开发环境的搭建与使用，包括 Python 安装与 IDLE 简单使用，扩展库安装，标准库对象、扩展库对象的导入与使用，以及 Python 代码编写规范等内容。第 2 章先简单介绍常用内置类型，然后重点讲解运算符与表达式以及常用内置函数。第 3 章讲解选择结构、循环结构、异常处理结构的语法与应用。第 4 章讲解列表、元组、序列解包的语法与应用。第 5 章讲解字典与集合的创建与使用。第 6 章讲解字符串方法及应用，部分扩展库对于中英文分词、中文拼音处理等的操作。第 7 章讲解函数定义与调用的语法，函数参数的使用，变量作用域，lambda 表达式、生成器函数等的语法与应用。第 8 章讲解基于文件和设备的数据采集，包括从文本文件、Word 文件、Excel 文件、PowerPoint 文件、PDF 文件、图像文件、音频文件、视频文件中采集数据，以及从话筒、扬声器、摄像头、传感器等设备中采集数据。第 9 章讲解基于 SQLite 数据库的数据采集。第 10 章讲解基于网页的数据采集，包括从网页上采集文本、图片、文件等不同类型的数据。

本书中的全部代码均可运行于 Python 3.10/3.11/3.12 以及更高版本，大部分代码也适用于 Python 3.7/3.8/3.9 以及更低版本。读者在阅读和学习本书时需要注意以下几点。

（1）至少把书从头到尾认真阅读 3 遍，第一遍快速了解本书章节结构安排，第二遍仔细阅读并尝试理解书中大部分基本概念和语法，第三遍争取能够理解书中全部代码的编写思路和精妙之处。

（2）至少把书中的演示代码和示例代码亲自输入、调试、运行一遍，即使有源代码文件，也尽量不要拿来直接运行，最好自己照着书中的代码上机输入一遍以加深理解，避免“一看就会，一写就错”。

（3）多思考每个示例的知识点能解决什么问题，不同示例中的代码进行组合之后又能够解决什么问题。在理解和熟练掌握书中代码之后，尝试做一些扩展、集成和二次开发来实现实际生活和工作中所需要的功能，从而进一步提升自身发现问题、分析问题和解决问题的能力。

（4）懂得学习和查阅资料比学习知识本身更重要。虽然在整理书稿时，编者可以确保全书代码能正确运行，但读者照着书中代码输入一遍却未必都能运行。除了代码抄错的原因，还可能遇到测试用的文件不存在、文件结构不符合要求（如 Word 和 WPS 的 .docx 格式文件的内部结构不完全一样）、爬取的网站改版、数据库结构改变、传感器或其他设备的接口规范改变等情况，这些都会导致代码无法正确运行。当遇到代码出错的问题时，一定要认真阅读错误提示信息，找到原因之后，重新分析文件结构、数据库结构、网页源代码结构，最后对 Python 程序进行相应的修改。另外，为突出重点知识，编者在组织本书内容时进行了相应取舍，如遇到例题代码中某个函数的用法在书中没有详细介绍的情况，建议读者查阅相关资料来辅助理解。

本书为用书教师提供了 PPT 课件、教学大纲、电子教案、源代码、数据文件、课后习题答案、在线练习与考试系统等资源，对于部分难度较大的知识点和案例，在书中相应位置提供了微课视频二维码，读者可直接扫码观看。

为推进党的二十大精神进教材、进课堂、进头脑，本书紧跟行业理念、技术发展和社会对人才的实际需求，以 Python 程序设计以及 Python 语言在数据采集领域的应用为载体，培养学生的家国情怀、民族自豪感、文化自信、创新思维、精益求精的工匠精神、探索精神、学以致用的精神，提升学生的动手实践能力、团队协作能力和交流沟通能力，优化代码与安全编码的意识并教导学生遵守大数据伦理学与相关职业道德。本书录制了视频来讲解如何在 Python 程序设计相关课程中融入课程思政元素，读者可以扫描二维码观看课程思政视频。

课程思政

董付国

目录

第 1 章 Python 开发环境的搭建与使用

【本章学习目标】

- 了解 Python 语言的应用领域
- 了解 Python 语言的特点
- 熟练安装和使用 IDLE 开发环境
- 熟练安装 Python 扩展库并熟悉安装过程中的常见问题和解决方法
- 了解标准库对象和扩展库对象的导入与使用方法
- 了解 Python 代码编写规范

1.1 Python 应用领域与特点

自 1991 年推出第一个发行版本之后，Python 语言迅速得到了信息安全领域相关人员的认可，多年来一直是信息安全领域从业人员的必备编程语言之一。近年来，随着大数据与人工智能的发展，Python 语言迅速进入大众视野，成为众多应用领域的首选语言之一，也进入研究生、本科、专科、高职高专甚至中小学的课堂中。经过 30 多年的发展，Python 语言目前已经渗透到几乎所有领域，包括但不限于以下领域：

- 计算机安全、网络安全、软件漏洞挖掘、软件逆向工程、软件测试与分析、电子取证、密码学；
- 数据采集、数据分析与处理、数据可视化；
- 机器学习、深度学习、自然语言处理、推荐系统构建；
- 统计分析、数学建模、科学计算、符号计算；
- 计算机图形学、数字图像处理、音乐编程、语音采集与识别、视频采集与处理、动画设计与制作、游戏设计与策划；
- 套接字编程、网站开发、网络爬虫、网络运维、系统运维；
- 树莓派、无人机、移动终端应用开发、电子电路设计；
- 辅助教育、辅助设计、办公自动化。

Python 是一门跨平台、开源、免费和通用的解释型高级动态程序设计语言。除了可以直接解释执行源代码，Python 还支持把源代码伪编译为字节码来优化程序、提高加载速度并对源代码进行一定程度的保密，也支持使用 py2exe、PyInstaller、cx_Freeze、py2app、Nuitka 或其他类似工具将 Python 程序及其所有依赖库打包为特定平台上的可执行文件，从而可以脱离 Python 解释器环境和相关依赖库在其他同类平台上独立运行，同时可以更好地保护源代码和知识产权。

与其他编程语言相比，Python 语言具有非常明显的特点，具体如下。

- 以快速解决问题为主要出发点，不涉及过多计算机底层知识，需要记忆的语言细节少，可以快速入门。
- 支持命令式编程、函数式编程，支持面向对象程序设计，其中函数式编程模式可以让代码布局更优雅，也能够更好地利用中央处理器（Central Processing Unit，CPU）等硬件资源。
- 语法简洁、清晰、优雅，可读性和可维护性强。在编写 Python 程序时，强制要求的缩进使代码排版非常漂亮且方便阅读，建议适当添加的空行和空格使代码不至于过度密集，可大幅度提高代码的可读性和可维护性。
- 内置数据类型、内置模块和标准库提供了大量功能强大的操作，易学、易用。很多在其他编程语言中需要十几行甚至几十行代码才能实现的功能在 Python 语言中被封装为一个函数，直接调用即可，降低了非计算机专业人士学习和使用 Python 语言的门槛。
- 拥有大量的支持者，以及支持众多领域应用开发的成熟扩展库。

1.2 Python 安装与 IDLE 简单使用

1.2

本书主要以 64 位 Windows 10 操作系统和 Python 3.10.6 官方安装包自带的 IDLE（Integrated Development and Learning Environment，集成开发和学习环境）为例进行演示，书中全部代码适用于 Python 3.11 和更高版本，大部分代码也适用于 Python 3.5/3.6/3.7/3.8/3.9 等较低版本。本书代码对开发环境没有任何要求，读者可以在 Jupyter Notebook、Spyder、PyCharm、WingeIDE、VS Code 等开发环境中运行本书代码。

从 Python 官方网站下载适合 Windows 操作系统的 64 位安装包，双击下载好的安装包以启动安装向导。如果计算机上安装了 Python 3.10 系列的较低版本，可以直接升级为 Python 3.10.6 或同系列的更高版本，这不会影响已经安装好的扩展库。如果计算机上安装了 Python 3.6/3.7/3.8/3.9 或其他版本中的一个或多个，可以保留这些版本并直接安装 Python 3.10.6 到另外的路径，在不同版本的 IDLE 中运行代码时不会冲突。建议在安装界面中选择同时安装 pip（用来管理扩展库的工具）、IDLE（Python 官方安装包自带的开发环境）并勾选“Install for all users”以及“Add Python to environment variables”复选框。另外，不要将 Python 安装到太深或者带中文字符、空格的路径中，否则在后面的环节或者程序运行过程中操作不太方便。

成功安装 Python 之后，在“开始”菜单找到并依次单击“Python 3.10”→“IDLE(Python 3.10 64-bit)”（见图 1-1），打开 IDLE 交互式开发界面。IDLE 是 Python 官方安装包自带的开发环境，虽然其界面较“简陋”，也缺乏大型软件开发所需要的项目管理功能，但用于学习仍然是不错的选择，若熟练使用也可以用于大型软件的开发。

在使用之前，最好简单配置一下 IDLE，可以单击菜单“Options”→“Configure IDLE”打开“Settings”对话框，在“Fonts/Tabs”选项卡中设置字体（推荐使用 Consolas 字体）和合适的字号，其他设置可以暂时不用修改。

在 IDLE 交互模式下，每次只能执行一条语句，执行完一条语句之后必须等待提示符再次出现才能继续输入下一条语句，界面左侧单独一列的“>>>”表示提示符。图 1-2 所示为 Python 3.10 IDLE 交互式开发界面。

Python 3.9 以及更低版本的 IDLE 用法与 Python 3.10 的类似，只是界面略有不同，其没有在界面左侧单独用一列来显示提示符。图 1-3 所示为 Python 3.8 IDLE 交互式开发界面。

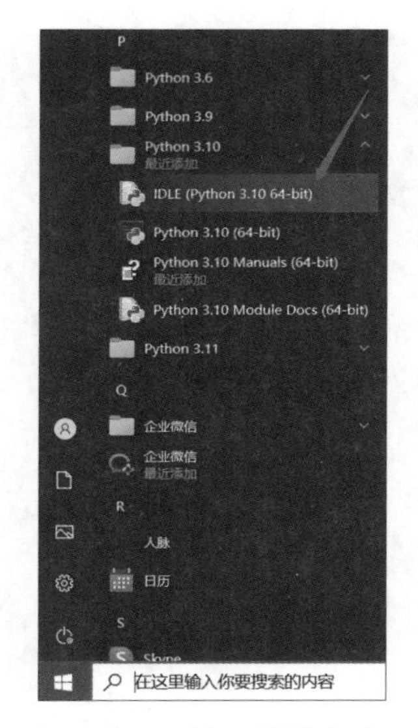

图1-1　从“开始”菜单启动IDLE

```
IDLE Shell 3.10.6
File  Edit  Shell  Debug  Options  Window  Help
Python 3.10.6 (tags/v3.10.6:9c7b4bd, Aug  1 2022, 21:53:49) [MSC v.1932 64 bit (
AMD64)] on win32
Type "help", "copyright", "credits" or "license()" for more information.
>>> sum([1, 2, 3, 4, 5])                      ← 元素求和
15
>>> divmod(48, 10)                            ← 计算48对10的整商和余数
(4, 8)
>>> import math
>>> math.gcd(36, 48, 96, 120)                 ← 计算若干整数的最大公约数
12
>>> math.lcm(4, 2, 8, 9)                      ← 计算若干整数的最小公倍数
72
>>> from collections import Counter
>>> Counter('000001111101010101')             ← 统计每个元素出现的次数
Counter({'0': 9, '1': 9})
>>>
```

图1-2　Python 3.10 IDLE交互式开发界面

```
Python 3.8.3 Shell
File  Edit  Shell  Debug  Options  Window  Help
Python 3.8.3 (tags/v3.8.3:6f8c832, May 13 2020, 22:37:02) [MSC v.1924 64
bit (AMD64)] on win32
Type "help", "copyright", "credits" or "license()" for more information.
>>> 3 + 5                    ← 计算表达式的值
8
>>> import math              ← 导入内置模块math
>>> math.comb(10, 4)         ← 调用内置模块math中的函数comb()，计算10选4的组合数
210
>>> math.gcd(36, 48)         ← 计算最大公约数
12
>>> from random import sample
>>> sample(range(10), 5)     ← 从0到9之间的整数中任选5个不相同的整数，返回列表
[5, 4, 0, 6, 3]
>>>
```

图1-3　Python 3.8 IDLE交互式开发界面

如果需要再次执行前面执行过的语句，可以按组合键 Alt+P 或 Alt+N 翻看上一条语句或下一条语句，也可以把鼠标指针放在前面执行过的某条语句上然后按 Enter 键把整条语句或整个选择结构、循环结构、异常处理结构、函数定义、类定义、with 块复制到当前输入位置，或者使用鼠标选中其中一部分代码然后按 Enter 键把选中的代码复制到当前输入位置。关于 IDLE 的更多组合键，读者可以通过展开每个菜单进行了解。

在 IDLE 交互模式中运行代码能更清楚地了解运行过程，适合临时查看或验证某个特定的用法。如果需要保存和反复修改、运行代码，可以通过菜单“File”→“New File”创建文件并保存为扩展名为 .py 或 .pyw 的文件，其中扩展名为 .pyw 的文件一般用于保存带有菜单、按钮、单选按钮、复选框、组合框或其他元素的图形用户界面（Graphical User Interface，GUI）程序。自己创建的程序文件的名称不要和 Python 内置模块名、标准库模块名和已安装的扩展库模块名一样，否则会影响运行，这一点一定要特别注意。

按照上面描述的步骤，创建程序文件“排序数字.py”，输入下面的代码，代码含义参考其中的注释。

```
# 从标准库 random 中导入函数 shuffle()
from random import shuffle
```

```
data = list(range(10))        # 创建列表
print(data)                   # 输出列表的值
shuffle(data)                 # 随机打乱列表中元素的顺序
print(data)
data.sort()                   # 把列表中的元素从小到大升序排列
print(data)
```

按组合键 Ctrl+S 或通过菜单“File”→“Save”保存文件内容，然后通过菜单“Run”→“Run Module”或者按 F5 键运行程序，运行结果将显示在 IDLE 交互式开发界面中，如图 1-4 所示。

```
IDLE Shell 3.10.6
File  Edit  Shell  Debug  Options  Window  Help
    Python 3.10.6 (tags/v3.10.6:9c7b4bd, Aug
    AMD64)] on win32
    Type "help", "copyright", "credits" or "
>>>
    =============== RESTART: F:/教学课件/（人
    py ==============
    [0, 1, 2, 3, 4, 5, 6, 7, 8, 9]
    [6, 3, 0, 9, 8, 5, 2, 7, 1, 4]
    [0, 1, 2, 3, 4, 5, 6, 7, 8, 9]
>>>

File  Edit  Format  Run  Options  Window  Help
# 从标准库random中导入函数shuffle()
from random import shuffle

# 创建列表
data = list(range(10))
# 输出列表的值
print(data)
# 随机打乱列表中元素的顺序
shuffle(data)
print(data)
# 把列表中的元素从小到大升序排列
data.sort()
print(data)
```

图1-4　在IDLE中运行程序

1.3 在 PowerShell 窗口或命令提示符窗口中运行 Python 程序

1.3

除了在 IDLE 或其他 Python 开发环境中直接运行 Python 程序，也可以在 PowerShell 窗口或命令提示符窗口中使用 Python 解释器来运行 Python 程序，这种运行方式在某些场合中是很有用的，甚至是必须的。这两个环境的很多用法是类似的，比较明显的区别是，在 PowerShell 窗口中运行当前目录中的程序时需要在前面加一个圆点和一个斜线，即“./”，而在命令提示符窗口中则不需要这样做。本节介绍在 PowerShell 窗口中运行 Python 程序的方法，在命令提示符窗口中运行 Python 程序的方法与此类似，请读者自行查阅资料。

创建程序文件“F:\教学课件\（人邮）Python 程序设计与数据采集\code\欢迎.py”，编写代码如下：

```
# 内置函数 input() 用于接收用户的键盘输入
name = input('输入你的名字:')
# 字符串前面加字母 f 表示对其中花括号里的内容进行替换和格式化，详细内容见 6.1.3 节
print(f'{name} 你好，欢迎加入 Python 的奇妙世界!')
```

在资源管理器中进入文件夹“F:\教学课件\（人邮）Python 程序设计与数据采集\code”，按住 Shift 键，然后在窗口空白处单击鼠标右键，在弹出的快捷菜单中选择“在此处打开 Powershell 窗口”，如图 1-5 所示。

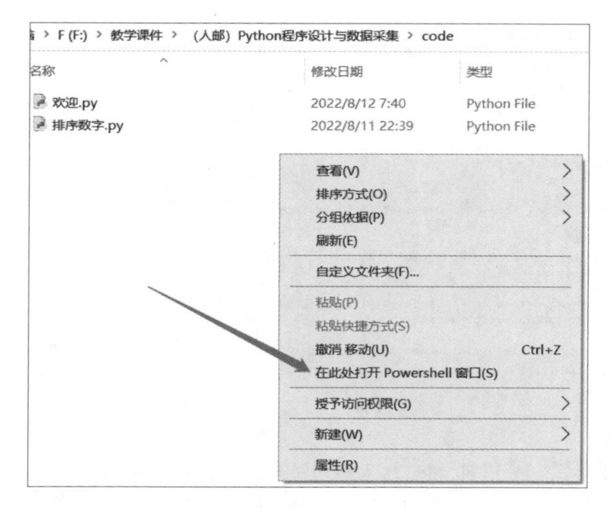

图1-5　从资源管理器中进入PowerShell窗口

然后在PowerShell窗口中使用Python解释器来运行前面的程序，如图1-6所示。如果计算机上只安装了一个版本的Python解释器并且已经把安装路径添加到系统变量Path中，那么在PowerShell窗口中不需要输入Python解释器主程序的完整路径，只需要输入并执行命令“python 欢迎.py”即可（见图1-6中方法一）。如果计算机上安装了多个版本的Python解释器，那么建议在PowerShell窗口中输入Python解释器主程序的完整路径（见图1-6中方法二），除非可以确保系统变量Path中Python 3.10的安装路径在其他版本的前面。

图1-6　在PowerShell窗口中运行Python程序

1.4　安装扩展库

由于扩展库数量众多，Python官方安装包中没有包含任何扩展库，只有内置模块和标准库。在开发项目时再根据实际需求安装用到的扩展库，以免占用过多空间。

1.4.1　模块、库、包的概念

模块、库、包是Python中常用的概念。一般来说，模块指一个包含若干函数定义、类定义或常量的Python程序文件（见图1-7中2处），库或包指包含若干模块并且其中一个文件名为__init__.py的文件夹（见图1-7中3、4处）。对于包含完整功能代码的单个模块，也可以叫作库，如标准库re和re模块这两种说法都可以。但一般不把库叫作模块，如tkinter库包含若干模块，此时一般叫作标准库tkinter而不是tkinter模块。

在Python中，有内置模块、标准库和扩展库之分。内置模块和标准库是Python官方的标准安装包自带的，内置模块没有对应的文件（见图1-7中1处），可以认为是封装在Python

解释器主程序中的；标准库有对应的 Python 程序文件（见图 1-7 中 2 处），这些文件存储在 Python 安装路径的 lib 文件夹中。

```
>>> import math
>>> math                                                        1
    <module 'math' (built-in)>
>>> import random
>>> random                                                      2
    <module 'random' from 'E:\\Python310\\lib\\random.py'>
>>> import tkinter
>>> tkinter                                                     3
    <module 'tkinter' from 'E:\\Python310\\lib\\tkinter\\__init__.py'>
>>> import numpy as np
>>> np                                                          4
    <module 'numpy' from 'E:\\Python310\\lib\\site-packages\\numpy\\__init__.py'>
>>> import matplotlib.pyplot as plt
>>> plt                                                         5
    <module 'matplotlib.pyplot' from 'E:\\Python310\\lib\\site-packages\\matplotlib\\pyplot.py'>
>>>
```

图1-7　内置模块、标准库、扩展库的区别

Python 官方的标准安装包自带 math（数学模块）、random（随机模块）、datetime（日期和时间模块）、time（与时间操作有关的模块）、collections（包含更多扩展版本序列的模块）、operator（常用运算符模块）、functools（与函数以及函数式编程有关的模块）、itertools（与迭代有关的模块）、urllib（与网页内容读取以及网页地址解析有关的库）、string（字符串模块）、re（正则表达式模块）、os（系统编程模块）、os.path（与文件、文件夹操作有关的模块）、shutil（高级文件操作模块）、zlib（数据压缩模块）、hashlib（安全哈希与报文摘要模块）、socket（套接字编程模块）、tkinter（GUI 编程库）、sqlite3（操作 SQLite 数据库的模块）、csv（读写 CSV 文件的模块）、json（读写 JSON 文件的模块）、pickle（数据序列化与反序列化的模块）、statistics（统计模块）、threading（多线程编程模块）、multiprocessing（多进程编程模块）、wave（读写 WAV 文件的模块）等大量内置模块和标准库（完整清单可以通过官方在线帮助文档 https://docs.python.org/3/library/index.html 进行查看），但没有集成任何扩展库，读者可以根据实际需求安装第三方扩展库。

截至 2022 年 11 月，PyPI 已经收录了超过 41 万个扩展库项目，涉及很多领域的应用，如 jieba（用于中文分词）、moviepy（用于编辑视频文件）、xlrd（用于读取 Excel 2003 及之前版本的文件）、xlwt（用于写入 Excel 2003 及之前版本的文件）、openpyxl（用于读写 Excel 2007 及更高版本的文件）、python-docx（用于读写 Word 2007 及更高版本的文件）、python-pptx（用于读写 PowerPoint 2007 及更高版本的文件）、pymupdf（用于操作 PDF 文件）、pymssql（用于操作 Microsoft SQL Server 数据库）、pypinyin（用于处理中文拼音）、Pillow（用于数字图像处理）、PyOpenGL（用于计算机图形学编程）、NumPy（用于数组计算与矩阵计算）、SciPy（用于科学计算）、Pandas（用于数据分析与处理）、Matplotlib（用于数据可视化或科学计算可视化）、requests（用于实现网络爬虫功能）、beautifulsoup4（用于解析网页源代码）、Scrapy（爬虫框架）、Selenium（用于自动化测试）、sklearn（用于机器学习）、PyTorch（用于深度学习）、tensorflow（用于深度学习）、Flask（用于网站开发）、Django（用于网站开发）、PyOpenCV（用于计算机视觉）等渗透众多领域的扩展库。

1.4.2　扩展库安装方法与常见问题解决

Python 自带的 pip 工具支持 Python 扩展库的安装、升级和卸载等功能。pip 命令需要在命令提示符窗口或 PowerShell 窗口中执行，在线安装扩展库需要计算机保持联网状态。常用 pip 子命令的使用方法如表 1-1 所示，读者可以在命令提示符窗口中执行命令“pip -h”查看完整用法。扩展库安装成功之后相应的文件会存放于 Python 安装路径的 lib\site-packages 文件夹中，如图 1-7 中 4、5 处所示。

表 1-1　　　　　　　　　　　　常用 pip 子命令的使用方法

pip 子命令示例	说明
pip freeze[>requirements.txt]	列出已安装扩展库名称及其版本号，可以把这些信息直接写入文本文件 requirements.txt
pip install SomePackage[==version]	在线安装 SomePackage 扩展库，可以指定扩展库版本，如果不指定则默认安装最新版本
pip install SomePackage.whl	通过 whl 文件离线安装扩展库
pip install --upgrade SomePackage	升级 SomePackage 扩展库到最新版本
pip install -r requirements.txt	根据文件 requirements.txt 中的扩展库名称和版本信息进行批量安装
pip uninstall SomePackage	卸载 SomePackage 扩展库

安装扩展库时有可能并不是一帆风顺的，安装失败时一定要仔细阅读提示信息，根据提示信息调整安装方案。下面列出了常见的几个问题以及相应的解决办法。

（1）在线安装失败

在线安装失败的常见原因有 3 个：①网络不好导致下载失败；②本地没有安装正确版本的 VC++ 编译器；③扩展库暂时还不支持自己使用的 Python 版本。对于第一个原因，可以多尝试几次、指定国内源或下载.whl 文件离线安装。对于第二个原因，可以在本地安装合适版本的 VC++ 编译器或者下载.whl 文件离线安装。对于第三个原因，可以尝试找一下有没有第三方编译好的 whl 文件可以下载然后离线安装。

在 Windows 平台上，可以从 http://www.lfd.uci.edu/~gohlke/pythonlibs/ 下载第三方编译好的.whl 格式的扩展库安装文件，如图 1-8 所示。此处需要注意的是，一定要选择正确版本（文件名中有 cp310 表示适用于 Python 3.10，有 cp39 表示适用于 Python 3.9，以此类推；文件名中有 win32 表示适用于 32 位 Python，有 win_amd64 表示适用于 64 位 Python），并且不要修改下载的文件名。

Pandas: a cross-section and time series data analysis toolkit.
Requires numpy, dateutil, pytz, setuptools, and optionally numexpr,
pandas-1.4.3-pp38-pypy38_pp73-win_amd64.whl
pandas-1.4.3-cp311-cp311-win_amd64.whl
pandas-1.4.3-cp311-cp311-win32.whl
pandas-1.4.3-cp310-cp310-win_amd64.whl ← 适用于64位 Python 3.10
pandas-1.4.3-cp310-cp310-win32.whl
pandas-1.4.3-cp39-cp39-win_amd64.whl
pandas-1.4.3-cp39-cp39-win32.whl
pandas-1.4.3-cp38-cp38-win_amd64.whl
pandas-1.4.3-cp38-cp38-win32.whl
pandas-1.3.5-pp38-pypy38_pp73-win_amd64.whl
pandas-1.3.5-cp310-cp310-win_amd64.whl
pandas-1.3.5-cp310-cp310-win32.whl
pandas-1.3.5-cp39-cp39-win_amd64.whl
pandas-1.3.5-cp39-cp39-win32.whl
pandas-1.3.5-cp38-cp38-win_amd64.whl
pandas-1.3.5-cp38-cp38-win32.whl
pandas-1.3.5-cp37-cp37m-win_amd64.whl
pandas-1.3.5-cp37-cp37m-win32.whl
pandas-1.1.5-cp36-cp36m-win_amd64.whl
pandas-1.1.5-cp36-cp36m-win32.whl
pandas-0.25.3-cp35-cp35m-win_amd64.whl
pandas-0.25.3-cp35-cp35m-win32.whl
pandas-0.24.2-cp27-cp27m-win_amd64.whl
pandas-0.24.2-cp27-cp27m-win32.whl
pandas-0.20.3-cp34-cp34m-win_amd64.whl
pandas-0.20.3-cp34-cp34m-win32.whl

图1-8　下载合适版本的whl文件

然后在命令提示符窗口或 PowerShell 窗口中使用 pip 命令进行离线安装，指定文件的完整路径和扩展名。例如：

```
pip install pandas-1.4.3-cp310-cp310-win_amd64.whl
```

在 PowerShell 窗口中，如果要执行当前目录下的程序，需要在前面加一个圆点和一个斜线，如在 Python 安装路径的 scripts 文件夹中执行上面的命令需要修改成下面的格式：

```
./pip install pandas-1.4.3-cp310-cp310-win_amd64.whl
```

如果网速问题导致在线安装速度过慢，pip 命令支持指定国内的站点来提高速度。下面的命令用来从阿里云服务器下载并安装扩展库 jieba，其他服务器地址读者可以自行查阅。

```
pip install jieba -i http://mirrors.aliyun.com/pypi/simple --trusted-host mirrors.
aliyun.com
```

如果固定使用阿里云服务器镜像，可以在当前登录用户的 AppData\Roaming 文件夹中创建文件夹 pip，并在 pip 文件夹中创建文件 pip.ini，输入下面的内容（配套资源中包含该文件，可以直接复制使用），以后执行 pip 命令安装和升级扩展库时就不用每次都指定服务器地址了。

```
[global]
index-url = http://mirrors.aliyun.com/pypi/simple

[install]
trusted-host = mirrors.aliyun.com
```

如果遇到类似于“拒绝访问”的出错提示，可以使用管理员权限启动命令提示符窗口，或者在执行 pip 命令时在最后增加选项“--user”。

如果需要指定安装位置，可以参考下面的命令进行修改。

```
pip install --target=c:\python310\lib\site-packages gif
```

（2）安装路径带来的问题

很多初学者可能会遇到这样的问题：使用 pip 安装扩展库时提示安装成功，使用 pip list 或 pip freeze 查看扩展库清单时也显示刚刚安装的扩展库，但在 Python 开发环境中使用时却一直提示扩展库不存在。这样的问题基本上是安装路径和使用路径不一致造成的。

如果计算机上安装了多个版本的 Python 开发环境，在一个版本的 Python 开发环境中安装的扩展库无法在另一个版本的 Python 开发环境中使用，同一个扩展库需要在不同版本的 Python 开发环境中分别进行安装。为了避免路径问题带来的困扰，强烈建议在命令提示符窗口或 PowerShell 窗口切换至相应版本的 Python 安装路径的 scripts 文件夹中，然后执行 pip 命令，如果要离线安装扩展库，最好把 .whl 文件下载到相应版本的 scripts 文件夹中。简而言之，想在哪个版本的 Python 中使用扩展库，就到哪个版本的 Python 安装路径的 scripts 文件夹中安装扩展库，这样可以最大限度地减少错误。

（3）扩展库版本带来的问题

在编写 Python 程序时，尤其是使用了扩展库的程序，可能会遇到这么一种情况：升级扩展库之后原来的程序无法运行，并提示某些属性或方法不存在。这是因为新版本扩展库不再支持原来的用法，这时需要查阅一下这个扩展库官方网站的版本更新历史，找到最新的用法然后修改代码。如果确实需要使用旧版本，可以在执行 pip 命令时明确指定扩展库版本号。例如：

```
pip install moviepy==1.0.3
```

（4）测试环境与开发环境扩展库版本不一致带来的问题

在测试使用了扩展库的 Python 程序时，应确保测试环境和开发环境安装的扩展库版本完全一致，否则无法给出准确、可靠的测试结果。一般来说，大型程序会用到很多扩展库，在测试环境中逐个安装比较花费时间，这时可以在开发环境中使用下面的命令得到所有扩展库的名称和版本信息：

```
pip freeze >requirements.txt
```

然后把得到的文件 requirements.txt 复制到测试环境中，执行下面的命令批量安装扩展库：

```
pip install -r requirements.txt
```

1.5 标准库对象、扩展库对象的导入与使用

1.5

所有内置对象不需要导入就可以直接使用，但内置模块对象和标准库对象必须先导入才能使用，扩展库则需要正确安装之后才能导入和使用其中的

对象。在编写代码时，一般建议先导入内置模块对象和标准库对象再导入扩展库对象，最后导入自己编写的自定义模块。并且，建议每个 **import** 语句只导入一个模块或一个模块中的对象。

本节介绍和演示导入对象的 3 种方式，以及不同方式导入时对象使用形式的不同。

1.5.1 import 模块名 [as 别名]

使用“**import** 模块名 [as 别名]”的方式将模块导入以后，使用其中的对象时需要在对象名前面加上模块名作为前缀，也就是必须以“模块名.对象名”的形式进行访问。如果模块名很长，可以为导入的模块设置一个别名，然后使用“别名.对象名”的形式来使用其中的对象。使用 **import** 语句也可以导入包，这个用法相对较少。例如：

```
import re
import random
import os.path as path

# 使用正则表达式查找字符串中所有数字子串，详见 10.2.2 节
print(re.findall('\d+', 'Python123456 小屋 654'))
# 随机选择 20 个字符 0 或 1 并连接为长字符串
print(''.join(random.choices('01', k=20)))
# 测试指定的路径是否为文件，详见 8.2 节
print(path.isfile(r'E:\python310\python.exe'))
```

运行结果为：

```
['123456', '654']
11010010111110101111
True
```

1.5.2 from 模块名/包名 import 对象名/模块名 [as 别名]

使用“**from** 模块名/包名 **import** 对象名/模块名 [as 别名]”的方式仅导入明确指定的对象，使用对象时不需要使用模块名作为前缀，可以减少程序员需要输入的代码量。使用这种方式可以导入包中的模块，也可以导入模块中的对象。用来导入模块中的对象时可以适当提高代码的运行速度，打包时可以减小文件体积。这是推荐使用的导入方式。例如：

```
from os.path import join
from random import sample
from numpy import array
from PIL import ImageGrab

# 在区间 [0,10) 中随机选择 6 个不重复的数字，返回列表
print(sample(range(10), 6))
# 连接文件夹与文件路径
print(join(r'C:\python310', 'python.exe'))
# 把 Python 列表转换为 NumPy 数组
print(array([1, 2, 3, 4]))
# 屏幕截图，然后输出图像宽度和高度
print(ImageGrab.grab().size)
```

运行结果为：

```
[7, 4, 1, 0, 6, 2]
C:\python310\python.exe
[1 2 3 4]
(1920, 1080)
```

1.5.3 from 模块名 import *

使用“from 模块名 import *”的方式可以一次导入模块中的所有对象或者特殊成员 __all__ 列表中明确指定的对象，并且可以直接使用导入的所有对象而不需要使用模块名作为前缀。但一般并不建议这样使用，除非程序中用到了某个模块中的大部分对象。下面程序中的 combinations()、combinations_with_replacement()、permutations()、chain()、compress()、filterfalse()、product()、cycle()、count() 等都是标准库 itertools 中的函数，为节约篇幅省略了运行结果，请读者自行运行程序和查看结果。

```
from itertools import *

# 从字符串 '01234' 中任选 3 个不同字符的所有组合，不允许重复
# list() 用来把函数 combinations() 的返回值变成列表，方便查看，下同
print(list(combinations('01234', 3)))
# 从字符串 '01234' 中任选 3 个字符的所有组合，同一个组合中的字符允许重复
print(list(combinations_with_replacement('01234', 3)))
# 从字符串 '1234' 中任选 3 个不同字符的所有排列
print(list(permutations('1234', 3)))
# 把多个列表首尾相接
print(list(chain([1,2,3], [4,5,6], [7,8,9])))
data = [1, 2, 3, 4, 5, 6]
values = [0, 1, 1, 0, 0, 1]
# 把等长列表 data 和 values 左对齐
# 返回 data 中与 values 中的 1 对应的位置上的元素
print(list(compress(data, values)))
# 返回列表中作为参数传递给函数 callable() 后得到 False 的那些元素
print(list(filterfalse(callable, [int, 3, str, sum, '5'])))
# 返回 '12' 和 '45' 的笛卡儿积
print(list(product('12', '45')))
# 返回 3 个字符串 '12' 的笛卡儿积
print(list(product('12', repeat=3)))
# 把 '123' 和 'abcdef' 左对齐，对应位置上的字符组合到一起，短的字符串在后面补字符 0
# 相当于把 '123000' 和 'abcdef' 左对齐，对应位置上的字符组合到一起
print(list(zip_longest('123', 'abcdef', fillvalue='0')))
# 创建 cycle 对象，根据给定的数据创建一个无限循环的圈
c =  cycle('Python 小屋')
# 获取并输出 cycle 对象中的前 10 个元素
for _ in range(10):
    print(next(c))
# 查找第一个数字为 17 且公差为 6 的等差数列中第一个大于 50 的数字
for i in count(17, 6):
    if i > 50:
        print(i)
        break
```

1.6　Python 代码编写规范

一个好的 Python 程序不仅应该是正确的，还应该是漂亮的、优雅的、高效的、安全的、健壮的，应该具有非常强的可读性和可维护性，读起来令人赏心悦目。代码布局和排版在很大程度上决定了代码的可读性，变量名、函数名、类名等标识符名称也会给代码可读性和可维护性带来一定的影响，而想要编写漂亮、优雅、高效、安全、健壮的代码则需要在熟悉代码编写规范和语法的基础上经过长期的练习。

（1）缩进

在选择结构、循环结构、异常处理结构、with 语句和函数定义、类定义等结构中，对应的函数体或语句块都必须有相应的缩进。当某一行代码与上一行代码不在同样的缩进层次上并且与之前某一行代码的缩进层次相同时，表示上一个代码块结束。

Python 程序对代码缩进有硬性要求，严格使用缩进来体现代码的逻辑从属关系，错误的缩进将会导致代码无法运行（语法错误）或者代码可以运行但会得到错误结果（逻辑错误）。如果代码缩进不对，常见的语法错误提示有“SyntaxError: unexpected indent”“SyntaxError: unindent does not match any outer indentation level”。相对于处理语法错误的难度，处理逻辑错误的难度要大很多，程序员需要在熟悉业务逻辑的同时对程序进行调试，跟踪和观察数据流以及变量值的变化情况，才有可能发现真正的问题和错误。

一般以 4 个空格为一个缩进单位，并且相同级别的代码块应具有相同的缩进量。在编写程序时要注意，代码缩进时要么使用空格，要么使用制表符（Tab 键），不能二者混合使用，否则无法运行并提示错误信息“SyntaxError: inconsistent use of tabs and spaces in indentation”。

代码缩进不对是初学者常见的一种错误，另一种常见错误是拼写不对，在编写程序遇到问题时一定要仔细检查有无这两种情况。

（2）空格与空行

一般建议在每个类和函数的定义或一段完整的功能代码之后增加一个空行，在运算符两侧各增加一个空格，逗号后面增加一个空格，让代码适当松散一点，不要过于密集。

在实际编写代码时，这个规范需要灵活运用。有些地方增加空行和空格会提高可读性，使代码更有利于阅读。但是，如果生硬地在所有运算符两侧都增加空格，代码布局过于松散了反而适得其反，应该张弛有度。如果同一个表达式中有明显不同优先级的运算符，高优先级运算符两侧可以不加空格；另外，在下标运算符、成员访问运算符以及函数定义和调用的圆括号两侧都不加空格，如图 1-9 所示。

```
import math
from random import sample

data = sample(range(100), k=10)
print(data)
print(sorted(data, key=str))
data.sort(reverse=True)
print(data[3])
print(data[::-1])
print(math.comb(137, 68))
```

圆括号内，等号两侧不加空格
圆括号外，等号两侧加空格
圆括号两侧不加空格
方括号两侧不加空格
圆点两侧不加空格

图1-9　运算符两侧加空格与不加空格的场合

（3）标识符命名

变量名、常量名、函数名和类名、数据成员名、成员方法名统称为标识符，其中变量用来表示初始结果、中间结果和最终结果的值及其支持的操作，函数用来表示一段封装了某种功能的代码，类是具有相似特征和共同行为的对象的抽象。在为标识符命名时，至少应该做到“见名知意”，并优先考虑使用英文单词或单词的组合作为标识符名称。

单词的组合有两种常用形式，一种是使用单下画线连接单词（如 str_name），另一种是标识符名称首字母小写而后面几个单词的首字母大写（如 strName），变量名和函数名可以使用任意一种形式，类名一般使用第二种形式并且首字母也大写。

例如，使用 age 表示年龄、index 表示索引、value 表示值、number 表示数量、radius 表示圆或球的半径、price 表示价格、area 表示面积、volume 表示体积、row 表示行、column 表示列、length 表示长度、width 表示宽度、line 表示直线、curve 表示曲线，getArea 或 get_area 表示用来计算面积的函数名，setRadius 或 set_radius 表示修改半径的函数名。除非是用来临时演示或测试个别知识点的代码片段，否则不建议使用 x、y、z、i、j、k 或者 a1、a2、a3 这样的变量名。

除“见名知意”这个基本要求之外，在 Python 中定义标识符时，还应该遵守下面的规范。

- 必须以英文字母、汉字或下画线开头，中间位置可以包含汉字、英文字母、数字和下画线。
- 不能包含空格或任何中英文标点符号。
- 不能使用关键字，如 import、from、if、else、for、while、break、continue、and、or、not、lambda、def、yield、return、class、try、except、finally、raise、with 等都是不能用作标识符名称的。可以导入模块 keyword 之后通过 keyword.kwlist 查看所有关键字。
- 对英文字母的大小写敏感，如 age 和 Age 是不同的标识符名称。
- 不建议使用系统自带的模块名、类型名或函数名以及已导入的扩展库、模块名及其成员名作为变量名或者自定义函数名、类名，如 type、max、min、len、list 这样的变量名都是不建议使用的，也不建议使用 math、random、datetime、re 或其他内置模块和标准库的名称。

（4）续行

为提高程序的可读性，不要写过长的语句，应尽量保证一行代码不超过屏幕宽度。如果语句确实太长超过了屏幕宽度，最好拆分成多行并在前面若干行的末尾使用续行符“\”表示下一行代码仍属于本条语句，或者使用圆括号把多行代码括起来表示这是一条语句，但不管哪种方式都不能在标识符、数字和字符串中间位置换行。使用“\”时要注意，“\”后面不能有代码有效字符，也不能有注释。另外，在包含若干元素的列表、元组、字典、集合中可以在任意两个相邻元素之间的逗号后面进行换行。下面的代码演示了续行的用法。

```
expression1 = 1 + 2 + 3\
              + 4 + 5
expression2 = (1 + 2 + 3        # 把多行代码放在圆括号中表示这是一条语句
              + 4 + 5)
(clips_array([[video]*3, [video]*3], bg_color=(0.6,)*3)
 .write_videofile('6个视频同时播放.avi', codec='libx264', fps=25))
scores = [['张一', 87, 90, 100], ['周二', 89, 68, 86],
          ['张三', 87, 79, 90], ['李四', 90, 92, 95],
          ['王五', 83, 60, 86], ['赵六', 77, 78, 79],
          ['钱七', 81, 69, 60], ['孙八', 88, 89, 87],
          ['李九', 66, 90, 80], ['周十', 77, 67, 87]]
```

（5）注释

对关键代码和重要的业务逻辑代码添加必要的注释，方便代码的阅读和维护，这在团队协作或开发大型软件时非常重要。

在 Python 程序中有两种常用的注释形式：“#”和一对三引号。“#”用于单行注释，表示本行中“#”之后的内容不作为代码运行，一般建议在表示注释的“#”前面增加至少两个空格并在后面增加一个空格再写注释内容。如果被注释的语句和注释文本都较短，可以直接把注释放在语句同一行的尾部，如果较长则可以把注释文本放在语句上一行，并且在同一段代码中所有行注释的“#”应尽量垂直对齐。一对三引号（可以是三单引号或三双引号）主要用于定义包含多行的字符串，也可以用于大段说明性文本的注释，称作文档字符串。

（6）圆括号

圆括号除了用来表示多行代码为一条语句，还常用来修改表达式计算顺序或者增加代码可读性以避免产生歧义。建议在复杂表达式适当的位置增加圆括号，明确说明计算顺序，最大限度地减少阅读代码时可能造成的困扰，除非运算符优先级和表达式计算顺序与大多数人所具备的常识高度一致。

（7）定界符、分隔符和运算符

在编写 Python 程序时，所有定界符、分隔符和运算符都应使用英文半角字符，如容器对象元素 / 函数参数之间的逗号、表示列表 / 列表推导式 / 下标 / 切片的方括号、表示元组 / 生成器表达式以及函数 / 方法定义与调用的圆括号、表示字典和集合的花括号、表示字符串和字节串的引号、字典元素的“键”和“值”之间的冒号、定义函数和类以及类中方法时的冒号、选择结构 / 循环结构 / 异常处理结构 /with 语句中的冒号、所有运算符，这些都应该使用英文半角字符，不能是全角字符。这些属于硬性规定，如果违反会导致语法错误。

本章知识要点

- Python 是一门跨平台、开源、免费和通用的解释型高级动态程序设计语言。
- 除了可以直接解释执行源代码，Python 还支持把源代码伪编译为字节码来优化程序、提高加载速度并对源代码进行一定程度的保密，也支持将 Python 程序及其所有依赖库打包为特定平台上的可执行文件。
- 自己编写的程序文件的名称不要和 Python 内置模块名、标准库模块名和已安装的扩展库模块名一样，否则会影响运行。
- 库或包一般指包含若干模块并且其中一个文件名为 __init__.py 的文件夹，模块指一个包含若干函数定义、类定义或常量的 Python 程序文件。
- 标准的 Python 安装包只包含内置模块和标准库，不包含任何扩展库。
- 如果计算机上安装了多个版本的 Python 开发环境，在一个版本的 Python 开发环境中安装的扩展库无法在另一个版本的 Python 开发环境中使用，必须为每个版本的 Python 开发环境分别安装扩展库。
- 所有内置对象不需要导入就可以直接使用，但内置模块对象和标准库对象必须先导入才能使用，扩展库则需要正确安装之后才能导入和使用其中的对象。
- 一个好的 Python 程序不仅应该是正确的，还应该是漂亮的、优雅的、高效的、安全的、健壮的，应该具有非常强的可读性和可维护性，读起来令人赏心悦目。
- Python 程序对代码缩进有硬性要求，严格使用缩进来体现代码的逻辑从属关系，错误的缩进将会导致代码无法运行或者代码可以运行但会得到错误结果。
- 一般建议在每个类、函数定义或一段完整的功能代码之后增加一个空行，在运算符两侧各增加一个空格，逗号后面增加一个空格，让代码适当松散一点，不要过于密集。但也不可过于松散，应张弛有度。

习题

一、填空题

1. Python 安装扩展库常用的工具是 ______________ 和 conda，其中后者需要安装 Python

集成开发环境 Anaconda3 之后才可以使用。

2. Python 扩展库离线安装文件的扩展名为 ______________。

3. 假设已成功导入标准库 math，那么计算 20 的阶乘的表达式为 ______________。

4. 执行语句 from ______________ import sample 之后，可以使用 sample(range(10), 6) 生成 6 个介于区间 [0,10) 的随机数。

5. Python 用于图像处理比较成熟的扩展库为 ______________。

二、选择题

1. 单选题：Python 程序中可以将一条长语句分成多行显示的续行符是（　　）。

A. \　　B. ;　　C. #　　D. '

2. 单选题：下面不是合法变量名的是（　　）。

A. Age　　B. name　　C. 3_name　　D. height

3. 多选题：下面哪些是正确的 Python 标准库对象的导入方式？（　　）

A. import math.sin　　B. from math import sin

C. import math.*　　D. from math import *

4. 多选题：下面能够支持 Python 程序编写和运行的环境有哪些？（　　）

A. Word　　B. 记事本　　C. VS Code　　D. Spyder

5. 多选题：下面哪些是 Python 语言的特点？（　　）

A. 跨平台　　B. 开源　　C. 免费　　D. 扩展库丰富

三、判断题

1. Python 程序只能在开发环境中直接运行，不能在命令提示符窗口或 PowerShell 窗口中运行。（　　）

2. 安装 Python 扩展库时只能使用 pip 工具联网在线安装，如果安装不成功就没有别的办法了。（　　）

3. Python 是跨平台的程序设计语言，在 Windows 操作系统中编写的所有 Python 程序源代码都可以直接在 UNIX 操作系统中运行。（　　）

4. 编写 Python 程序时应尽量减少空行和空格，让代码紧凑一些。（　　）

5. Python 官方安装包没有包含任何扩展库，只有内置对象、内置模块和标准库，这些是 Python 自带的，不需要导入就可以直接使用。（　　）

四、简答题

1. 简单描述 Python 语言的应用领域。

2. 简单描述 Python 语言的特点。

3. 简单描述 Python 代码编写规范。

五、操作题

1. 从官方网站下载适合自己计算机操作系统的 Python 安装包。

2. 安装扩展库 python-docx、openpyxl、python-pptx、jieba、pypinyin、requests、beautifulsoup4、Scrapy、Selenium。

第2章 内置类型、运算符与内置函数

【本章学习目标】

- 熟练掌握常用内置类型的概念、特点、语法和基本用法
- 熟练掌握常用运算符的功能和用法
- 熟练掌握常用内置函数的功能和用法

2.1 常用内置类型

数据类型是特定类型的值及其支持的操作组成的整体，每种类型的对象的表现形式、取值范围和支持的操作都不一样，各有不同的特点和适用场合。

在Python中所有的一切都可以称作对象，常见的有整数、实数、复数、字符串、列表、元组、字典、集合和zip对象、map对象、enumerate对象、range对象、filter对象、生成器对象等内置对象，以及大量标准库对象、扩展库对象和自定义对象。

内置对象在Python程序中任何位置都可以直接使用，不需要导入任何标准库，也不需要安装和导入任何扩展库。读者可以使用print(dir(__builtins__))查看所有内置对象清单，其中常用的内置类型如表2-1所示，常用的内置函数将在2.3节专门讲解。

表2-1　Python常用的内置类型

内置类型	类型名称	示例	简要说明
数字	int float complex	666，0o777，0b1011，0x4ed8 3.1415926，1.2e-3 3+4j，5J	整数大小没有限制，1.2e-3表示1.2×10^{-3}，复数中j或J表示虚部
字符串	str	'Readability counts.' "What's your name?" '''Tom sai, "let's go."''' r'C:\Windows\notepad.exe' f'My name is {name}' rf'{directory}\{fn}' ''	使用一对单引号、双引号、三引号作为定界符，不同定界符之间可以互相嵌套； 在字符串前面加字母r或R表示原始字符串，任何字符都不进行转义；在字符串前面加字母f或F表示对字符串中的变量名占位符进行替换，对字符串进行格式化； 可以在引号前面同时加字母r和f（不区分大小写）； 一对空的单引号、双引号或三引号表示空字符串

续表

内置类型	类型名称	示例	简要说明
字节串	bytes	b'\xb6\xad\xb8\xb6\xb9\xfa' b'Python\xe5\xb0\x8f\xe5\xb1\x8b'	以字母 b 引导，可以使用一对单引号、双引号、三引号作为定界符。同一个字符串使用不同编码格式编码得到的字节串可能会不一样
列表	list	['red', 'green', 'blue'] ['a', {3}, (1,2), ['c', 2], {65:'A'}] []	所有元素放在一对方括号中，元素之间使用逗号分隔，其中的元素可以是任意类型的对象；一对空的方括号表示空列表
元组	tuple	(0, 0, 255) (0,) ()	所有元素放在一对圆括号中，元素之间使用逗号分隔； 当元组中只有一个元素时，后面的逗号不能省略； 一对空的圆括号表示空元组
字典	dict	{'red': (1,0,0), 'green': (0,1,0), 'blue': (0,0,1)} {}	所有元素放在一对花括号中，元素之间使用逗号分隔，元素形式为“键:值”，其中“键”不允许重复并且必须为不可变类型（或者说必须是可哈希类型，如整数、实数、字符串、元组），“值”可以是任意类型的数据； 一对空的花括号表示空字典
集合	set	{'red', 'green', 'blue'} set()	所有元素放在一对花括号中，元素之间使用逗号分隔，元素不允许重复且必须为不可变类型； set() 表示空集合，不能使用 {} 表示空集合
布尔型	bool	True, False	逻辑值，首字母必须大写
空类型	NoneType	None	空值，首字母必须大写
异常	NameError ValueError TypeError KeyError ……		Python 内置异常类
文件		fp = open('data.txt', 'w', encoding='utf8')	Python 内置函数 open() 使用指定的模式打开文件，返回文件对象
迭代器		生成器对象、zip 对象、enumerate 对象、map 对象、filter 对象、reversed 对象等	具有惰性求值的特点，空间占用小，适合大数据处理；其中每个元素只能使用一次

在编写程序时，必然要使用若干变量来保存初始数据、中间结果或最终计算结果。Python 程序中的变量可以理解为某个对象的标签。Python 属于动态类型编程语言，变量的值和类型都是随时可以改变的。Python 程序中的变量不直接存储值，而是存储值的内存地址或者引用，这是变量的类型随时可以改变的原因。虽然 Python 程序中变量的类型是随时可以改变的，但每个变量在任意时刻的类型都是确定的。从这个角度来讲，Python 属于强类型编程语言。

在 Python 程序中，不需要事先声明变量名及其类型，使用赋值语句或赋值表达式可以直接创建任意类型的变量，变量的类型取决于值的类型，解释器会自动进行推断和确定变量的类型。赋值语句或赋值表达式的执行过程是：首先计算等号或赋值运算符右侧表达式的值，然后在内存中寻找一个位置来存放值，最后创建变量并引用这个内存地址（或者说给这个内存地址贴上以变量名为名的标签）。对于不再使用的变量，可以使用 del 语句将其删除，同时解除变量与值之间的引用关系。

下面的代码演示了变量的创建、使用与删除，代码中的内置函数 type() 用来查看变量的类型。可以看出，赋值语句既可以改变变量的值也可以改变变量的类型。

```
data = 999999 ** 99                  # 创建整数变量
print(type(data))                    # 输出 <class 'int'>
data = 3.1415926                     # 创建实数变量
print(type(data))                    # 输出 <class 'float'>
data = 3 + 4j                        # 创建复数变量
print(type(data))                    # 输出 <class 'complex'>
data = [666, 888]                    # 创建列表变量
print(type(data))                    # 输出 <class 'list'>
# 创建字符串变量
data = 'Python 程序设计与数据采集，董付国，人民邮电出版社'
print(type(data))                    # 输出 <class 'str'>
del data                             # 删除变量
```

2.1.1　整数、实数、复数

2.1.1

Python 语言内置的数字类型有整数、实数和复数。其中，整数类型除了默认的十进制整数，还有以下几种。

- 二进制整数：以 0b 开头，每一位只能是 0 或 1，如 0b10011100。
- 八进制整数：以 0o 开头，每一位只能是 0、1、2、3、4、5、6、7 这 8 个数字之一，如 0o777。
- 十六进制整数：以 0x 开头，每一位只能是 0、1、2、3、4、5、6、7、8、9、a、b、c、d、e、f 之一，其中 a 表示 10，b 表示 11，以此类推（如 0xa8b9），其中 a ～ f 不区分大小写。

Python 语言支持任意大的整数。另外，由于精度的问题，实数的算术运算可能会有一定的误差，应尽量避免在实数之间直接进行相等性测试，更建议使用标准库 math 中的函数 isclose() 测试两个实数是否足够接近。最后，Python 语言内置支持复数类型及其运算。

下面的代码在 IDLE 交互模式中演示了部分用法，读者练习时不需要输入每条语句前面的提示符“>>> ”，代码功能和含义可以参考对应的注释。

```
>>> import math
>>> print(math.factorial(96))                # 计算 96 的阶乘
991677934870949689209571401541893801158183648651267795444376054838492222809091499987689
4760370007489820750947389657543056398745600000000000000000000000
>>> print(0.4 - 0.3)                         # 实数运算可能会有误差
0.10000000000000003
>>> print(0.4-0.3 == 0.1)                    # 尽量不要直接比较实数是否相等
False
>>> print(math.isclose(0.4-0.3, 0.1))        # 测试两个实数是否足够接近
True
>>> print(8 ** (1/3))                        # 计算 8 的立方根
2.0
>>> print(3 ** 0.5)                          # 计算 3 的平方根
```

```
    1.7320508075688772
    >>> c = 3 + 4j
    >>> print(c ** 2)                          # 计算复数的平方
    (-7+24j)
    >>> print(c * c.conjugate())               # 计算一个复数与其共轭复数的积
    (25+0j)
    >>> print(abs(c))                          # 计算复数的模，abs() 是内置函数
    5.0
    >>> print(3 + 4j.imag)                     # 计算整数 3 与复数 4j 的虚部的和
    7.0
    >>> print((3+4j).imag)                     # 输出复数 3+4j 的虚部
    4.0
    >>> print(math.comb(600, 237))             # 计算 600 选 237 的组合数，Python 3.8 新增功能
    2247778206433816490117882562024302679537538421779245959917435943647259327736304763484503923372082307847290745019556573214316800089303228395818884953967605561946794741426880000
    >>> print(math.perm(72, 20))               # 计算 72 选 20 的排列数，Python 3.8 新增功能
    7591847726173831391271168206438400000
    >>> print(math.gcd(36, 48))                # 计算 36 和 48 的最大公约数
    12
    >>> math.gcd(36, 24, 48, 18)               # 计算多个整数的最大公约数，Python 3.9 新增功能
    6
    >>> math.lcm(3, 6, 9)                      # 计算多个整数的最小公倍数，Python 3.9 新增功能
    18
    >>> print(math.log(100))                   # 计算 100 的自然对数
    4.605170185988092
    >>> print(math.log(100, 10))               # 计算 100 以 10 为底的对数
    2.0
    >>> print(math.log10(100))                 # 与上一行代码等价
    2.0
    >>> print(math.log2(100))                  # 计算 100 以 2 为底的对数
    6.643856189774724
    >>> print(math.log(100, 2))                # 与上一行代码等价
    6.643856189774725
    >>> print(math.log1p(99))                  # 计算 99+1 的自然对数
    4.605170185988092
    >>> print(math.nextafter(3.458, 50))       # 3.458 向 50 方向前进时的下一个实数
                                               # Python 3.9 新增功能
    3.4580000000000006
    >>> print(math.nextafter(3.458, -50))      # 3.458 向 -50 方向前进时的下一个实数
    3.4579999999999997
    >>> print(math.prod([1, 2, 3]))            # 计算可迭代对象中数字的连乘
    6
    # 标准库函数 random.randint(a,b) 用于返回介于区间 [a,b] 的一个随机数
    >>> from random import randint
    # 字符串前面加字母 f 表示格式化，会计算字符串中一对花括号内表达式的值，详见 6.1.3 节
    # 花括号中冒号后面表示格式，x 表示十六进制数
    # 6 表示最终结果为 6 位，0 表示不足 6 位时在前面补 0
    # 可以使用下面语句生成随机颜色值，16777215 表示 0xffffff 的十进制数
    >>> print(f'#{randint(0,16777215):06x}')
```

```
#25b195
# 为了提高大数字的可读性，可以在整数中间位置插入一个下画线作为分隔符
# 一般使用单个下画线作为千分位分隔符，也可以在其他位置，但不能在首尾
# 这个用法适用于 Python 3.6 以及更高版本
>>> print(12_345_678)
12345678
```

2.1.2 列表、元组、字典、集合

2.1.2

列表、元组、字典、集合是 Python 内置的容器类型，其中可以包含任意多个元素。这几个类型也是 Python 中常见的可迭代对象（iterable）。可迭代对象是指实现了特殊方法 __iter__() 的对象，这样的对象可以使用 for 循环从前向后逐个访问其中的元素，也可以转换为列表、元组、字典、集合。可迭代对象包括容器对象和迭代器对象（iterator）。

迭代器对象是指内部同时实现了特殊方法 __iter__() 和 __next__() 的类的实例，map 对象、zip 对象、filter 对象、enumerate 对象、生成器对象都属于迭代器对象。这类对象具有惰性求值的特点，只能从前往后逐个访问其中的元素，不支持下标和切片，并且每个元素只能使用一次。迭代器对象支持转换为列表、元组、字典、集合等类型的对象，支持 in 运算符，也支持使用 for 循环遍历其中的元素。严格来说，迭代器对象中并不保存任何元素，只会在需要时临时计算和生成值，占用空间非常小。

列表、元组、字典、集合这几个类型有很多相似的操作，但它们又有很大的不同。这里先简单演示一下它们的使用方法，更详细的讲解请参考本书第 4 章和第 5 章。

选择自己喜欢的 Python 开发环境，创建程序文件，输入并执行下面的代码。

```
x_list = [1, 2, 3]                      # 创建列表对象
# 星号表示序列解包（见 7.2.5 节），取出列表中的所有元素，sep 表示指定冒号作为分隔符（见 2.3.1 节）
print(*x_list, sep=':')                 # 输出 1:2:3
x_tuple = (1, 2, 3)                     # 创建元组对象
x_dict = {'a':97, 'b':98, 'c':99}       # 创建字典对象，元素形式为“键:值”
x_set = {1, 2, 3}                       # 创建集合对象
# 使用下标访问列表中指定位置的元素，元素下标从 0 开始
print(x_list[1])                        # 输出 2
# 元组也支持使用序号作为下标，1 表示第二个元素的下标
print(x_tuple[1])                       # 输出 2
# 访问字典中特定“键”对应的“值”，字典对象的下标是“键”
print(x_dict['a'])                      # 输出 97
# 查看列表长度，也就是其中元素的个数
print(len(x_list))                      # 输出 3
# 查看元素 2 在元组中首次出现的位置
print(x_tuple.index(2))                 # 输出 1
# 使用 for 循环遍历字典中的“键:值”元素，查看字典中哪些“键”对应的“值”为 98
for key, value in x_dict.items():
    if value == 98:
        print(key)                      # 输出 b
# 查看集合中元素的最大值
print(max(x_set))                       # 输出 3
```

2.1.3 字符串

2.1.3

字符串是包含若干字符的容器对象，其中可以包含汉字、英文字母、数字和标点符号等任意字符。

字符串使用单引号、双引号、三引号（三单引号或三双引号）作为定界符，其中三引号里的字符串可以换行，并且不同的定界符之间可以互相嵌套。如果字符串本身包含单引号，那么可以使用双引号作为最外层的定界符；如果字符串本身包含双引号，那么可以使用单引号作为最外层的定界符；如果字符串本身同时包含单引号和双引号，那么可以使用三引号作为最外层的定界符。

如果字符串中包含反斜线“\”，反斜线和后面紧邻的字符可能（注意，不是一定）会组合成转义字符，这样的组合会变成其他的含义而不再表示原来的字面含义，如 '\n' 表示换行符，'\r' 表示回车符，'\b' 表示退格符，'\f' 表示换页符，'\t' 表示水平制表符，'\ooo' 表示 1 到 3 位八进制数对应 ASCII 的字符（如 '\64' 表示字符 '4'），'\xhh' 表示 2 位十六进制数对应 ASCII 的字符（如 '\x41' 表示字符 'A'），'\uhhhh' 表示 4 位十六进制数对应 Unicode 编码的字符（如 '\u8463' 表示字符 '董'、'\u4ed8' 表示字符 '付'、'\u56fd' 表示字符 '国'），'\UXXXXXXXX' 表示 8 位十六进制数对应 Unicode 编码的字符（有效编码范围为 '\U00010000' ～ '\U0001FFFD'）。

如果不想反斜线和后面紧邻的字符组合成转义字符，可以在字符串前面直接加字母 r 或 R 使用原始字符串，其中的每个字符都表示字面含义，不会进行转义。不管是普通字符串还是原始字符串，都不能以单个反斜线结束，如果最后一个字符是反斜线，那么需要再多写一个反斜线。另外，在字符串前面加字母 f 或 F 表示对字符串进行格式化，把其中的变量名占位符替换为具体的值，见 6.1.3 节。原始字符串和格式化字符串可以同时使用，也就是在字符串前面可以同时加字母 r 和 f（不区分大小写）。

Python 3.x 程序文件默认使用 UTF-8 编码格式，全面支持中文。在使用内置函数 len() 统计字符串长度时，汉字和英文字母都作为一个字符对待。在使用 for 循环或类似技术遍历字符串时，每次遍历其中的一个字符，中文字符和英文字符一样对待。另外，在 Python 3.x 中可以使用汉字作为变量名。

除了支持双向索引、比较大小、计算长度、切片、子串测试等序列对象常用操作，字符串对象还提供了大量方法，如字符串格式化、查找、替换、排版等。本节先简单演示一下字符串对象的创建、连接、重复、计算长度以及子串测试的用法，更详细的内容请参考本书第 6 章。具体代码如下。

```
# 使用一对三双引号定义包含多行的字符串，模拟一个网页的 HTML 代码
>>> text = """
<html>
    <head>
        <title> 标题 </title>
    </head>
    <body>
        <p> 第一段文本 </p>
        <a href="#"> 第一个超链接 </a>
        <p> 第二段文本 </p>
        <img src="Python 小屋 .png" />
        <a href="#"> 第二个超链接 </a>
    </body>
</html>"""
```

```
>>> print(len(text))                # 查看字符串长度，也就是字符数量
226
>>> print(text.count('<p>'))        # 查看子串 '<p>' 出现的次数
2
>>> print(text.count('<a'))         # 查看子串 '<a' 出现的次数
2
>>> print(text.count(' '))          # 查看空格出现的次数
68
>>> print(text.count('\n'))         # 查看换行符出现的次数
12
>>> '<title>' in text               # 查看 text 中是否包含子串 '<title>'
True
>>> print('=' * 10)                 # 字符串乘以整数表示重复
==========
>>> print('Hello' + ' world')       # 连接字符串
Hello world
>>> print(r'C:\Windows\notepad.exe')
                                    # 表示文件路径时建议使用原始字符串
C:\Windows\notepad.exe
>>> directory = r'C:\Windows'
>>> fn = 'notepad.exe'
>>> print(rf'{directory}\{fn}')     # 在字符串前面同时加字母 r 和 f
C:\Windows\notepad.exe
>>> age = 43
>>> print(f'{age=}')                # 这个语法从 Python 3.8 开始支持
age=43
>>> print(f'age={age}')             # 在 Python 3.8 之前的版本中需要这样写
age=43
>>> 年龄 = 43                       # 可以使用汉字作为变量名
>>> 年龄 = 年龄 + 3
>>> print(年龄)
46
```

2.1.4　函数

2.1.4

函数可以分为内置函数、标准库函数、扩展库函数和自定义函数。

在 Python 中，可以使用关键字 def 定义具名函数（有名字的函数），使用关键字 lambda 定义匿名函数（没有名字的函数，一般作为其他函数的参数来使用）。详细内容请参考本书第 7 章，本节仅简单介绍相关的语法。下面的代码演示了定义和调用函数的用法。

```
# func 是函数名，value 是形参，可以理解为占位符
# 在调用函数时，形参会被替换为实际传递过来的对象
def func(value):
    return value*3

# lambda 表达式常用来定义匿名函数，也可以定义具名函数
# 下面定义的 lambda 表达式 func 和上面的函数 func() 在功能上是等价的
# value 相当于函数的形参，表达式 value*3 的值相当于函数的返回值
```

```
func = lambda value: value*3

# 通过函数名来调用，圆括号里的内容是实参，用来替换函数的形参
print(func(5))                # 输出 15
print(func([5]))              # 输出 [5, 5, 5]
print(func((5,)))             # 输出 (5, 5, 5)
print(func('5'))              # 输出 555
```

2.2 运算符与表达式

在 Python 语言中，单个常量或变量可以看作简单的表达式，使用任意运算符连接的式子也是表达式，在表达式中还可以包含函数调用。

运算符用来表示特定类型的对象支持的行为和对象之间的操作，运算符的功能与对象类型密切相关，不同类型的对象支持的运算符不同，同一个运算符作用于不同类型的对象时功能也有所区别。常用的 Python 运算符如表 2-2 所示，大致按照优先级从低到高的顺序排列，且表格第一列中同一个单元格内的运算符具有相同的优先级。在计算表达式时，会先执行高优先级的运算符再执行低优先级的运算符，相同优先级的运算符从左向右依次计算（幂运算符“**”除外）。

表 2-2 常用的 Python 运算符

<table>
<tr><th>运算符</th><th>说明</th></tr>
<tr><td>:=</td><td>赋值运算，Python 3.8 开始支持，俗称海象运算符</td></tr>
<tr><td>lambda [parameter]: expression</td><td>用来定义 lambda 表达式，功能相当于函数，parameter 相当于函数形参，为可选项；expression 表达式的值相当于函数返回值</td></tr>
<tr><td>value1 if condition else value2</td><td>用来表示一个二选一的表达式，其中 value1、condition、value2 都为表达式，如果 condition 的值等价于 True 则整个表达式的值为 value1 的值，否则整个表达式的值为 value2 的值，类似于双分支选择结构，详细内容见 3.2.2 节</td></tr>
<tr><td>or</td><td>“逻辑或”运算，以表达式 exp1 or exp2 为例，如果 exp1 的值等价于 True 则返回 exp1 的值，否则返回 exp2 的值</td></tr>
<tr><td>and</td><td>“逻辑与”运算，以表达式 exp1 and exp2 为例，如果 exp1 的值等价于 False 则返回 exp1 的值，否则返回 exp2 的值</td></tr>
<tr><td>not</td><td>“逻辑非”运算，对于表达式 not x，如果 x 的值等价于 True 则返回 False，否则返回 True</td></tr>
<tr><td>in、not in

is、is not

<、<=、>、>=、==、!=</td><td>成员测试，表达式 x in y 的值当且仅当 y 中包含元素 x 时才会为 True。
测试两个变量是否引用同一个对象。如果两个变量引用的是同一个对象，那么它们的内存地址相同。
关系运算，用于比较大小，作用于集合时表示测试集合的包含关系</td></tr>
<tr><td>|</td><td>“按位或”运算，集合并集</td></tr>
<tr><td>^</td><td>“按位异或”运算，集合对称差集</td></tr>
<tr><td>&</td><td>“按位与”运算，集合交集</td></tr>
<tr><td><<、>></td><td>左移位、右移位</td></tr>
<tr><td>+
-</td><td>算术加法，列表、元组、字符串连接；
算术减法，集合差集</td></tr>
</table>

续表

运算符	说明
* @ / // %	算术乘法，序列重复； 矩阵乘法； 真除； 整除； 求余数，字符串格式化
+ - ~	正号； 负号，相反数； 按位求反
**	幂运算，指数可以为小数，如 3**0.5 表示计算 3 的平方根
[] . ()	下标，切片； 属性访问，成员访问； 函数定义或调用，修改表达式计算顺序，声明多行代码为一个语句
[]、()、{}	定义列表、元组、字典、集合以及列表推导式、生成器表达式、字典推导式、集合推导式

虽然 Python 运算符有一套严格的优先级规则，但不建议过于依赖运算符的优先级和结合性，而应该在编写复杂表达式时尽量使用圆括号来明确说明其中的逻辑以提高代码可读性（圆括号中的表达式作为一个整体）。

除了表 2-2 中列出的运算符，还有 +=、-=、*=、/=、//=、**=、&=、^=、|=、>>=、<<= 等大量复合赋值分隔符，如语句 data += 3 可以简单地理解为 data = data + 3，但实际功能细节会随着 data 的类型不同而存在较大的差异。一般不提倡使用 data += 3 这种形式的写法，更推荐使用 data = data + 3 这种形式的写法。

2.2.1　算术运算符

2.2.1

（1）"+"运算符除了用于算术加法，还可以用于列表、元组、字符串的连接，但一般不建议这样使用，因为效率较低。如果操作数不支持"+"运算符，会引发异常。例如：

```
>>> print(3 + 5)                    # 整数相加
8
>>> print(3.14 + 9.8)               # 实数相加，可能会有误差
12.940000000000001
>>> print((3+4j) + (5+6j))          # 复数相加，实部与虚部分别相加
(8+10j)
>>> print('Python' + '小屋')        # 连接字符串
Python 小屋
>>> print([1, 2] + [3, 4, 5])       # 连接列表
[1, 2, 3, 4, 5]
>>> print((255,) + (0, 0))          # 连接元组
(255, 0, 0)
>>> [] + 3                          # 不支持列表与整数相加，抛出异常
TypeError: can only concatenate list (not "int") to list
```

（2）"-"运算符除了用于整数、实数、复数之间的算术减法和相反数，还可以用于计算集

合的差集。例如：

```
>>> print(9.6 - 3.14)                       # 实数运算可能会有误差
6.459999999999999
>>> print(--3)                              # “负负得正”，偶数个负号互相抵消
3
>>> print(---3)                             # 奇数个负号相当于只有一个
-3
>>> print({1,2,3} - {3,4,5})                # 计算集合差集
{1, 2}
>>> print({3,4,5} - {1,2,3})                # 集合差集运算不遵守交换律
{4, 5}
>>> from datetime import datetime           # 导入datetime模块中的datetime类
>>> time1 = datetime(2023, 6, 11, 17, 24, 30)
>>> time2 = datetime(2022, 12, 13, 7, 27, 50) # 创建两个日期时间对象
>>> diff = time1 - time2                    # 日期时间对象相减，得到时间差对象
>>> diff.days                               # 查看两个日期相差多少天
180
>>> diff.total_seconds()                    # 查看两个日期相差多少秒
15587800.0
>>> 'a' - 'A'                               # 不支持字符串相减，抛出异常
TypeError: unsupported operand type(s) for -: 'str' and 'str'
```

（3）“*”运算符除了用于整数、实数、复数之间的算术乘法，还支持列表、元组、字符串这几个类型的对象与整数的乘法，表示对其中元素的引用进行重复，生成新的列表、元组或字符串。例如：

```
>>> print(6666666 * 88888888)               # 计算整数的积
592592527407408
>>> print((3+4j) * (5+6j))                  # 计算复数的积
(-9+38j)
>>> print('重要的事情说三遍！' * 3)         # 字符串与整数相乘表示重复
重要的事情说三遍！重要的事情说三遍！重要的事情说三遍！
>>> print([1,2,3] * 3)                      # 列表与整数相乘表示重复
[1, 2, 3, 1, 2, 3, 1, 2, 3]
>>> print((0,) * 5)                         # 元组与整数相乘表示重复
(0, 0, 0, 0, 0)
```

（4）运算符“/”和“//”在 Python 语言中分别表示真除和整除，其中真除运算符“/”的结果是实数，整除运算符“//”具有“向下取整”的特点，也就是得到小于或等于真除法计算结果的最大整数。例如，-17 / 4 的结果是 -4.25，在数轴上小于 -4.25 的最大整数是 -5，所以 -17 // 4 的结果是 -5。例如：

```
>>> print(5 / 3)                            # “/”运算的结果是实数
1.6666666666666667
>>> print(5 // 3)                           # “//”运算会向下取整
1
>>> print(-17 / 4)
-4.25
>>> print(-17 // 4)                         # 比-4.25小的最大整数是-5
-5
>>> print(17 // (-4))
-5
```

（5）“%”运算符可以用于求余数和字符串格式化，第二个用法现在已经不推荐使用。例如：

```
>>> print(365 % 2)                # 一个数除以 2 余 1 表示它是一个奇数
1
>>> print(48 % 2)                 # 一个数除以 2 余 0 表示它是一个偶数
0
>>> print(17 % (-4))
-3
>>> print(17 - (17//(-4)*(-4)))   # 与上一条语句功能等价
-3
>>> print(365 % (-2))             # 余数的符号与除数的一致
-1
```

（6）“**”运算符用于幂运算。该运算符具有右结合性，也就是说，如果有多个连续的“**”运算符，那么先计算右边的再计算左边的，除非使用圆括号明确修改表达式的计算顺序。例如：

```
>>> print(2 ** 8)                 # 计算 2 的 8 次方
256
>>> print(3 ** 3 ** 3)            # 计算 3 的 27 次方
7625597484987
>>> print(3 ** (3**3))            # 与上一条语句功能等价
7625597484987
>>> print((3**3) ** 3)            # 计算 27 的 3 次方
19683
>>> print(16 ** 0.5)              # 计算 16 的平方根
4.0
>>> print((-4) ** 0.5)            # 计算 -4 的平方根，结果是复数，其中实部近似于 0
(1.2246467991473532e-16+2j)
>>> print(16 ** (1/4))            # 计算 16 的 4 次方根
2.0
```

2.2.2　关系运算符

2.2.2

关系运算符作用于列表、元组或字符串时，会从前向后逐个比较对应位置上的元素，直到得到确定的结论为止，不会做任何多余的比较，具有惰性求值的特点。另外，关系运算符可以连续使用，连续使用时也具有惰性求值的特点，当已经确定最终结果之后，不会进行多余的比较。

关系运算符作用于集合时，用来测试集合之间的包含关系。如果一个集合 A 中所有元素都在另一个集合 B 中，那么 A 是 B 的子集，B 是 A 的超集，表达式 A<=B 的值为 True。如果集合 A 中所有元素都在集合 B 中，但是集合 B 中有的元素不在集合 A 中，那么 A 是 B 的真子集，表达式 A<B 的值为 True。包含同样元素（与顺序无关）的两个集合认为相等。例如：

```
>>> print(5 > 3)                  # 直接比较数值大小
True
>>> print('a' > 'A')              # 小写字母的 ASCII 比对应的大写字母的 ASCII 大
True
```

```
>>> print(3+2 < 7+8)                    # 关系运算符优先级低于算术运算符
True
>>> print(3 < 5 > 2)                    # < 和 > 的优先级相同，等价于 3<5 and 5>2
True
>>> print(3 == 3 < 5)                   # == 和 < 的优先级相同，等价于 3==3 and 3<5
True
# != 和 < 的优先级相同，等价于 3!=3 and 3<5
# 表达式 3!=3 不成立，直接得出结论，不再计算表达式 3<5
>>> print(3 != 3 < 5)
False
>>> print('12345' > '23456')            # 第一个字符 '1'<'2'，直接得出结论
False
>>> print('abcd' > 'Abcd')              # 第一个字符 'a'>'A'，直接得出结论
True
>>> print([85, 92, 73, 84] < [91, 73])  # 第一个数字 85<91，直接得出结论
True
>>> print([180, 90, 101] > [180, 90, 99])# 前两个数字相等，第三个数字 101>99
True
>>> print([1, 2, 3, 4] > [1, 2, 3])     # 前三个元素相等，并且第一个列表有多余的元素
True
>>> print({1, 2, 3, 4} > {3, 4, 5})     # 第一个集合不是第二个集合的超集
False
>>> print({1, 2, 3, 4} <= {3, 4, 5})    # 第一个集合不是第二个集合的子集
False
```

2.2.3 成员测试运算符

成员测试运算符 in 和 not in 用于测试一个对象是否为另一个对象（后者要求为可迭代对象）的元素，适用于所有可迭代对象。这两个运算符具有惰性求值的特点，一旦得出准确结论，不会继续检查可迭代对象中后面的元素。例如：

```
>>> print(60 in [3, 50, 60])            # 测试列表 [3, 50, 60] 中是否包含 60
True
>>> print(3 in (4, 5, 7))               # 测试元组 (4, 5, 7) 中是否包含 3
False
>>> print('abc' in 'abdce')             # 测试字符串 'abdce' 中是否包含子串 'abc'
False
>>> print(5 in range(5))                # 测试 range(5) 中是否包含 5
False
# 如果字符串 'abcd' 不包含子串 'c' 则返回 True，否则返回 False
>>> print('c' not in 'abcd')
False
# 使用内置函数 chr() 把数字作为 Unicode 编码转换成对应的字符
>>> print('a' in map(chr, range(97,100)))
True
```

2.2.4　集合运算符

集合的交集、并集、对称差集等运算分别使用“&”“|”“^”运算符来实现，差集运算使用“-”运算符来实现。例如：

```
>>> A = {35, 45, 55, 65, 75}
>>> B = {65, 75, 85, 95}
>>> print(A)                        # 集合中元素的存储顺序和放入顺序不一定一样
{65, 35, 75, 45, 55}
>>> print(B)
{65, 75, 85, 95}
>>> print(A | B)                    # 并集运算
{65, 35, 75, 45, 85, 55, 95}
>>> print(A & B)                    # 交集运算
{65, 75}
>>> print(A - B)                    # 差集运算 A-B
{35, 45, 55}
>>> print(B - A)                    # 差集运算 B-A
{85, 95}
>>> print(A ^ B)                    # 对称差集运算
{35, 45, 85, 55, 95}
>>> print((A|B) - (A&B))            # A^B = (A|B) - (A&B)
{35, 45, 85, 55, 95}
>>> print((A-B) | (B-A))            # A^B = (A-B) | (B-A)
{35, 85, 55, 45, 95}
```

集合运算的原理如图 2-1 ～图 2-5 所示，其中阴影部分表示计算结果。

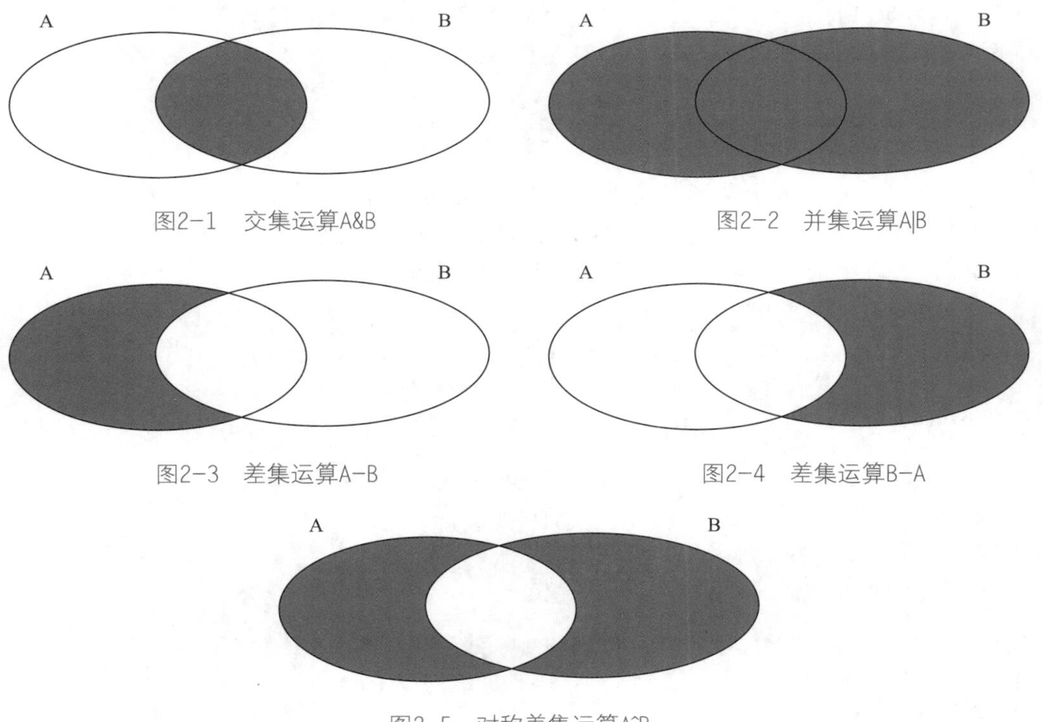

图2-1　交集运算A&B

图2-2　并集运算A|B

图2-3　差集运算A-B

图2-4　差集运算B-A

图2-5　对称差集运算A^B

2.2.5 逻辑运算符

2.2.5

作为条件表达式时，表达式的值只要不是 0、0.0、0j、None、False、空列表、空元组、空字符串、空字典、空集合、空 range 对象或其他空的容器对象，都认为等价（注意，等价不是相等）于 True。例如，空字符串等价于 False，包含任意字符的字符串都等价于 True；0、0.0、0j 都等价于 False，除 0 之外的任意整数、实数和复数都等价于 True。

逻辑运算符 and、or、not 常用来连接多个表达式以构成更加复杂的表达式，and 连接的两个式子都等价于 True 时整个表达式的值才等价于 True，or 连接的两个式子至少有一个等价于 True 时整个表达式的值才等价于 True。对于 and 和 or 连接的表达式，最终计算结果为最后一个计算的子表达式的值，不一定是 True 或 False，但 not 运算的结果一定是 True 或 False。

and 和 or 具有惰性求值或逻辑短路的特点，当连接多个表达式时只计算必须计算的值，并且最后计算的表达式的值作为整个表达式的值。以表达式“expression1 and expression2”为例，如果 expression1 的值等价于 False，这时不管 expression2 的值是什么，表达式最终的值都是等价于 False 的，所以就不用计算 expression2 的值了，此时整个表达式的值就是 expression1 的值；如果 expression1 的值等价于 True，这时仍无法确定整个表达式最终的值，所以会计算 expression2 的值，并把 expression2 的值作为整个表达式最终的值。or 运算符的惰性求值特点与此类似，请读者自行分析。例如：

```
>>> print(3-3 and 5-2 and 2)      # 3-3 的值为 0，不再计算后面的表达式
0
>>> print(3-3 or (5-2 and 2))     # 最后计算的一个表达式为 2
2
>>> print(not 5)                  # 5 等价于 True，所以 not 5 的值为 False
False
>>> print(not [])                 # [] 等价于 False，所以 not [] 的值为 True
True
```

2.2.6 下标运算符与属性访问运算符

方括号“[]”可以用来定义列表或列表推导式，还可以用来指定整数下标或切片，访问列表、元组、字符串中的一个或一部分元素，也可以指定字典的“键”作为下标访问对应的“值”。属性访问运算符“.”用来访问模块、类或对象的成员。例如：

```
>>> import random
>>> data = random.choices(range(10), k=10)
                                  # 调用 random 模块中的函数
>>> print(data)
[8, 6, 1, 8, 9, 6, 8, 6, 2, 1]
>>> data.sort()                   # 调用列表对象的 sort() 方法
>>> print(data)
[1, 1, 2, 6, 6, 6, 8, 8, 8, 9]
>>> print(data[3])                # 访问列表中下标为 3 的元素
6
>>> print(data[1:5])              # 访问列表中下标介于 [1,5) 区间的元素
[1, 2, 6, 6]
>>> data.remove(8)                # 调用列表对象的 remove() 方法删除第一个 8
>>> print(data)
```

```
[1, 1, 2, 6, 6, 6, 8, 8, 9]
>>> data = {'red':(1,0,0), 'green':(0,1,0), 'blue':(0,0,1)}
>>> print(data['red'])              # 使用“键”作为下标，访问对应的“值”
(1, 0, 0)
```

2.2.7 赋值运算符

虽然很多人一直习惯把等号“=”称作赋值运算符，但严格来说，Python 中的等号是不算作运算符的，它只是变量名或参数名与表达式之间的分隔符，用来表示等号左侧的变量引用右侧表达式的计算结果。

Python 3.8 以及之后的版本新增了真正的赋值运算符“:=”，也称为海象运算符，可以在表达式中创建变量并为变量赋值，运用得当则可以让代码更加简洁。这个运算符不能在普通语句中直接使用，如果必须使用则需要在外面加一对圆括号。下面的代码演示了赋值运算符“:=”的用法，第一段代码中用到了随机选择，每次运行结果可能不一样，请读者自行运行程序并查看结果。

```
from random import choices

text = ''.join(choices('01', k=100))
if (c:=text.count('0')) > 50:
    print(f'0 出现的次数多，有 {c} 次。')
else:
    print(f'1 出现的次数多，有 {100-c} 次。')

with open('news.txt', encoding='utf8') as fp:
    while (length:=len(line:=fp.readline())) > 0:
        if length > 30:
            print(f'第一个长度大于 30 的行为 {line}，长度为 {length}')
            break
    else:
        print('没有长度大于 30 的行。')

for num in (data:=[1,2,3]):
    print(num)
# for 循环结构中创建的循环变量在循环结束之后还可以访问
print(data, num)
```

2.3 常用内置函数

在程序中使用语句 print(dir(__builtins__)) 或在交互模式中使用语句 dir(__builtins__) 可以查看所有内置函数和内置对象，注意 builtins 两侧各有两个下画线。Python 常用的内置函数及其功能简要说明如表 2-3 所示，方括号表示里面的参数可以省略。

表 2-3　　Python 常用的内置函数及其功能简要说明

内置函数	功能简要说明
abs(x, /)	返回数字 x 的绝对值或复数 x 的模，斜线表示该位置之前的所有参数必须为位置参数，详细内容见 7.2 节。例如，只能使用 abs(-3) 这样的形式进行调用，不能使用 abs(x=-3) 的形式进行调用

续表

内置函数	功能简要说明
aiter(async_iterable, /)	返回异步可迭代对象的异步迭代器对象，是 Python 3.10 中新增的函数
all(iterable, /)	如果可迭代对象 iterable 为空或其中所有元素都等价于 True 则返回 True，否则返回 False；可迭代对象 iterable 为空时返回 True
anext(...)	返回异步迭代器对象中的下一个元素，是 Python 3.10 中新增的函数
any(iterable, /)	如果可迭代对象 iterable 中存在等价于 True 的元素则返回 True，否则返回 False；如果可迭代对象 iterable 为空，则返回 False
ascii(obj, /)	返回对象的 ASCII 表示形式，进行必要的转义。例如，ascii('abcd') 返回 "'abcd'"，ascii('微信公众号：Python 小屋') 返回 "'\\u5fae\\u4fe1\\u516c\\u4f17\\u53f7\\uff1aPython\\u5c0f\\u5c4b'"，其中 '\u5fae' 为汉字 '微' 的转义字符
bin(number, /)	返回整数 number 的二进制形式的字符串，参数 number 可以是二进制数、八进制数、十进制数或十六进制数。例如，表达式 bin(3) 的值为 '0b11'，表达式 bin(-3) 的值为 '-0b11'
bool(x)	如果参数 x 的值等价于 True 则返回 True，否则返回 False
bytearray(iterable_of_ints) bytearray(string, encoding[, errors]) bytearray(bytes_or_buffer) bytearray(int) bytearray()	返回可变的字节数组，可以使用函数 dir() 和 help() 查看字节数组对象的详细用法。例如，bytearray((65, 97, 103)) 返回 bytearray(b'Aag')，bytearray('社会主义核心价值观', 'gbk') 返回 bytearray(b'\xc9\xe7\xbb\xe1\xd6\xf7\xd2\xe5\xba\xcb\xd0\xc4\xbc\xdb\xd6\xb5\xb9\xdb')，bytearray(b'abcd') 返 回 bytearray(b'abcd')，bytearray(5) 返回 bytearray(b'\x00\x00\x00\x00\x00')
bytes(iterable_of_ints) bytes(string, encoding[, errors]) bytes(bytes_or_buffer) bytes(int) bytes()	创建字节串或把其他类型数据转换为字节串，不带参数时创建空字节串。例如，bytes(5) 表示创建包含 5 个 0 的字节串 b'\x00\x00\x00\x00\x00'，bytes((97, 98, 99)) 表示把若干介于区间 [0,255] 的整数转换为字节串 b'abc'，bytes((97,)) 可用于把一个介于区间 [0,255] 的整数 97 转换为字节串 b'a'，bytes('董付国', 'utf8') 使用 UTF-8 编码格式把字符串 '董付国' 转换为字节串 b'\xe8\x91\xa3\xe4\xbb\x98\xe5\x9b\xbd'
callable(obj, /)	如果参数 obj 为可调用对象则返回 True，否则返回 False。Python 语言中的可调用对象包括函数、lambda 表达式、类、类方法、静态方法、对象方法、实现了特殊方法 __call__() 的类的对象
classmethod(function)	修饰器函数，用来把一个普通成员方法转换为类方法
complex(real=0, imag=0)	返回复数，其中 real 是实部，imag 是虚部，默认值均为 0。直接调用函数 complex() 不加参数时返回虚数 0j
chr(i, /)	返回 Unicode 编码为 i 的字符，其中 0 ≤ i ≤ 0x10ffff
compile(source, filename, mode, flags=0, dont_inherit=False, optimize=-1, *, _feature_version=-1)	把 Python 程序源代码伪编译为字节码，可被 exec() 或 eval() 函数执行
delattr(obj, name, /)	删除对象 obj 的 name 属性，等价于 del obj.name
dict() dict(mapping) dict(iterable) dict(**kwargs)	把可迭代对象 iterable 转换为字典，不加参数时返回空字典。参数名前面加两个星号表示可以接收多个关键参数，也就是调用函数时以 name=value 这样的形式传递的参数，详细内容见 7.2.4 节

续表

内置函数	功能简要说明
dir([object])	返回指定对象或模块 object 的成员列表，如果不带参数则返回包含当前作用域内所有可用对象名字的列表
divmod(x, y, /)	计算整商和余数，返回元组 (x//y, x%y)，满足恒等式：div*y + mod == x
enumerate(iterable, start=0)	枚举可迭代对象 iterable 中的元素，返回包含元素形式为 (start, iterable[0])，(start+1,iterable[1])，(start+2, iterable[2])，... 的迭代器对象，start 表示计数的起始值，默认为 0
eval(source, globals=None, locals=None, /)	计算并返回字符串或字节码对象 source 中表达式的值，参数 globals 和 locals 用来指定 source 中变量的值，如果二者有冲突则以 locals 为准。如果参数 globals 和 locals 都没有指定，就在当前作用域内搜索 source 中的变量并进行替换。该函数可以对任意字符串求值，有安全隐患，建议使用标准库 ast 中的安全函数 literal_eval()
exec(source, globals=None, locals=None, /)	在参数 globals 和 locals 指定的上下文中执行 source 代码或者 compile() 函数编译得到的字节码对象
exit()	结束程序，退出当前 Python 环境
filter(function or None, iterable)	使用可调用对象 function 描述的规则对可迭代对象 iterable 中的元素进行过滤，返回 filter 对象，其中包含可迭代对象 iterable 中使可调用对象 function 返回值等价于 True 的那些元素，第一个参数为 None 时返回的 filter 对象包含可迭代对象 iterable 中所有等价于 True 的元素
float(x=0, /)	把整数或字符串 x 转换为浮点数
format(value, format_spec='', /)	把参数 value 按 format_spec 指定的格式转换为字符串。例如，format(5, '6d') 等价于 '{:6d}'.format(5)，结果均为 ' 5'
getattr(object, name[, default])	获取对象 object 的 name 属性，等价于 obj.name
globals()	返回当前作用域中能够访问的所有全局变量名与值组成的字典
hasattr(obj, name, /)	检查对象 obj 是否拥有 name 指定的属性
hash(obj, /)	计算参数 obj 的哈希值，如果 obj 不可哈希则抛出异常。该函数常用来测试一个对象是否可哈希，但一般不需要关心具体的哈希值。对于 Python 内置对象，可哈希与不可变是一个意思，不可哈希与可变是一个意思。从面向对象程序设计的角度来讲，可哈希对象是指同时实现了特殊方法 __hash__() 和 __eq__() 的类的对象
help(obj)	返回对象 obj 的帮助信息，如 help(sum) 可以查看内置函数 sum() 的使用说明，help('math') 可以查看标准库 math 的使用说明，使用任意列表对象作为参数可以查看列表对象的使用说明，参数也可以是类、对象方法、标准库或扩展库函数等。直接调用 help() 函数不加参数时进入交互式帮助模式，输入字母 q 退出
hex(number, /)	返回整数 number 的十六进制形式的字符串，参数 number 可以是二进制数、八进制数、十进制数或十六进制数
id(obj, /)	返回对象的内存地址
input(prompt=None, /)	输出参数 prompt 的内容作为提示信息，接收键盘输入的内容，按 Enter 键表示输入结束，以字符串形式返回输入的内容（不包含最后的回车符）
int([x]) int(x, base=10)	返回实数 x 的整数部分，或把字符串 x 看作 base 进制数并转换为十进制数，base 默认为十进制，取值范围为 0 或 2 ～ 36 的整数
isinstance(obj, class_or_tuple, /)	测试对象 obj 是否属于指定类型（如果有多个类型则需要放到元组中）的实例

续表

内置函数	功能简要说明
issubclass(cls, class_or_tuple, /)	检查参数 cls 是否为 class_or_tuple 或其（其中某个类的）子类
iter(iterable) iter(callable, sentinel)	第一种形式用于根据可迭代对象创建迭代器对象，第二种形式用于重复调用可调用对象，直到其返回参数 sentinel 指定的值
len(obj, /)	返回容器对象 obj 包含的元素个数，适用于列表、元组、集合、字典、字符串以及 range 对象，不适用于具有惰性求值特点的生成器对象和 map、zip 等迭代器对象
list(iterable=(), /)	把对象 iterable 转换为列表，不加参数时返回空列表
map(func, *iterables)	返回包含若干可以调用对象返回值的 map 对象，可调用对象 func 的参数分别来自 iterables 指定的一个或多个可迭代对象中对应位置的元素，直到最短的一个可迭代对象中的元素全部用完。形参前面加一个星号表示可以接收任意多个按位置传递的实参，详细内容见 7.2.4 节
max(iterable, *[, default=obj, key=func]) max(arg1, arg2, *args, *[, key=func])	返回可迭代对象中所有元素或多个实参的最大值，允许使用参数 key 指定排序规则，使用参数 default 指定 iterable 为空时返回的默认值
min(iterable, *[, default=obj, key=func]) min(arg1, arg2, *args, *[, key=func])	返回可迭代对象中所有元素或多个实参的最小值，允许使用参数 key 指定排序规则，使用参数 default 指定 iterable 为空时返回的默认值
next(iterator[, default])	返回迭代器对象 iterator 中的下一个值，如果 iterator 为空则返回参数 default 的值，如果不指定 default 参数则当 iterator 为空时会抛出 StopIteration 异常
oct(number, /)	返回整数 number 的八进制形式的字符串，参数 number 可以是二进制数、八进制数、十进制数或十六进制数
open(file, mode='r', buffering=-1, encoding=None, errors=None, newline=None, closefd=True, opener=None)	打开参数 file 指定的文件并返回文件对象，详细内容见 8.1 节
pow(base, exp, mod=None)	相当于 base**exp 或 (base**exp) % mod
ord(c, /)	返回 1 个字符 c 的 Unicode 编码
print(value, ..., sep=' ', end='\n', file=sys.stdout, flush=False)	基本输出函数，可以输出一个或多个表达式的值，参数 sep 表示相邻数据之间的分隔符（默认为空格），参数 end 用来指定输出完所有值后的结束符（默认为换行符）
property(fget=None, fset=None, fdel=None, doc=None)	用来创建属性，也可以作为修饰器使用
quit(code=None)	结束程序，退出当前 Python 环境

续表

内置函数	功能简要说明
range(stop) range(start, stop[, step])	返回 range 对象，其中包含区间 [start,stop) 内以 step 为步长的整数，其中 start 默认为 0，step 默认为 1
reduce(function, sequence[, initial])	将双参数函数 function 以迭代的方式从左到右依次应用至可迭代对象 sequence 中的每个元素，并把中间计算结果作为下一次计算时函数 function 的第一个参数，最终返回单个值作为结果。在 Python 3.x 中 reduce() 不是内置函数，需要从标准库 functools 中导入再使用
repr(obj, /)	把对象 obj 转换为适合 Python 解释器内部识别的字符串形式。对于不包含反斜线的字符串和其他类型对象，repr(obj) 与 str(obj) 功能一样；对于包含反斜线的字符串，repr() 会把单个反斜线转换为两个反斜线
reversed(sequence, /)	返回序列 sequence 中所有元素逆序的迭代器对象
round(number, ndigits=None)	对整数或实数 number 进行四舍五入，最多保留 ndigits 位小数，参数 ndigits 可以为负数。如果 number 本身的小数位数少于 ndigits，则不处理。例如，round(3.1, 3) 的结果为 3.1，round(1234, -2) 的结果为 1200
set(iterable) set()	把可迭代对象 iterable 转换为集合，不加参数时返回空集合
setattr(obj, name, value, /)	设置对象属性，相当于 obj.name = value
slice(stop) slice(start, stop[, step])	创建切片对象，可以用作下标。例如，对于列表对象 data，那么 data [slice(start, stop, step)] 等价于 data[start:stop:step]
sorted(iterable, /, *, key=None, reverse=False)	返回参数 iterable 中所有元素排序后组成的列表，参数 key 用来指定排序规则或依据，参数 reverse 用来指定升序或降序排列，默认值 False 表示升序排列。单个星号 * 作为参数表示该位置后面的所有参数都必须为关键参数，星号本身不是参数，详细内容见 7.2 节
staticmethod(function)	用于把普通成员方法转换为类的静态方法
str(object='') str(bytes_or_buffer [, encoding[, errors]])	把任意对象直接转换为字符串或者把字节串使用参数 encoding 指定的编码格式转换为字符串，相当于 bytes_or_buffer.decode(encoding)
sum(iterable, /, start=0)	返回参数 start 与可迭代对象 iterable 中所有元素相加之和
super() super(type) super(type, obj) super(type, type2)	返回基类
tuple(iterable=(), /)	把可迭代对象 iterable 转换为元组，不加参数时返回空元组
type(object_or_name, bases, dict) type(object) type(name, bases, dict)	查看对象类型或创建新类型
vars([object])	不带参数时等价于 locals()，带参数时等价于 object.__dict__
zip(*iterables)	组合一个或多个可迭代对象对应位置上的元素，返回 zip 对象，其中每个元素为 (seq1[i], seq2[i], ...) 形式的元组，最终 zip 对象中可用的元组个数取决于所有参数可迭代对象中最短的那个

2.3.1 基本输入 / 输出函数

2.3.1

所谓基本输入 / 输出函数，是指程序运行后由用户通过键盘输入把数据提交给程序，程序运行过程中或运行完成后，把信息简单地输出到屏幕上。

（1）内置函数 input(prompt=None, /) 用于在屏幕上输出参数 prompt 指定的提示信息，然后接收用户的键盘输入，不论用户输入什么内容，input() 一律返回字符串，必要的时候可以使用内置函数 int()、float() 或 eval() 对用户输入的内容进行类型转换。

创建程序文件，输入并运行下面的代码：

```
# 直接把 input() 函数的返回值作为 int() 函数的参数转换为整数
num = int(input('请输入一个大于 2 的自然数:'))
# 除以 2 的余数为 1 的整数为奇数，能被 2 整除的整数为偶数
if num%2 == 1:
    print('这是个奇数。')
else:
    print('这是个偶数。')
# 使用 input() 函数接收列表、元组、字典、集合等数据时应使用 eval() 函数进行转换
# 不能使用 list()、tuple()、dict()、set() 函数
lst = eval(input('请输入一个包含若干大于 2 的自然数的列表:'))
print('列表中所有元素之和为:', sum(lst))
```

运行结果为：

```
请输入一个大于 2 的自然数: 2023
这是个奇数。
请输入一个包含若干大于 2 的自然数的列表: [3, 9, 17, 29]
列表中所有元素之和为:  58
```

（2）内置函数 print() 用于以指定的格式输出信息，完整语法格式为：

```
print(value, ..., sep=' ', end='\n', file=sys.stdout, flush=False)
```

其中，sep 参数之前为任意多个需要输出的内容；sep 参数用于指定相邻输出内容之间的分隔符，默认为空格；end 参数表示输出完所有数据之后的结束符，默认为换行符；file 参数用于指定输出的去向，默认为标准控制台（即屏幕）；flush 参数用于指定是否立刻输出内容（值为 True 时）而不是先输出到缓冲区（值为 False 时）。

创建程序文件，输入并运行下面的代码：

```
print(1, 2, 3, 4, 5)                # 默认使用空格作为分隔符
print(1, 2, 3, 4, 5, sep=',')       # 指定使用逗号作为分隔符
print(3, 5, 7, end=' ')             # 输出完所有数据之后，以空格结束，不换行
print(9, 11, 13)
width = 20
height = 10
# 注意，下面的用法只适用于 Python 3.8 以及之后的版本，低版本不支持花括号中的等号
print(f'{width=},{height=},{width*height=}')
```

运行结果为：

```
1 2 3 4 5
1,2,3,4,5
```

```
3 5 7 9 11 13
width=20,height=10,width*height=200
```

2.3.2　dir()、help() 函数

2.3.2

这两个内置函数对于学习和使用 Python 非常重要。其中，dir([object]) 函数不带参数时用于列出当前作用域中的所有标识符，带参数时用于查看指定模块或对象中的成员；help([obj]) 函数带参数时用于查看对象的帮助文档，不带参数时进入交互式帮助模式，可以输入字母 q 退出。例如：

```
>>> dir()                          # 当前作用域内所有标识符
['__annotations__', '__builtins__', '__doc__', '__loader__', '__name__', '__package__',
'__spec__']
>>> num = 3                        # 定义变量
>>> dir()                          # 再次查看所有标识符
['__annotations__', '__builtins__', '__doc__', '__loader__', '__name__', '__package__',
'__spec__', 'num']
>>> import math
>>> dir(math)                      # 查看标准库 math 中的所有成员，结果略
>>> dir('')                        # 查看字符串对象的所有成员，结果略
>>> help(math.factorial)           # 查看标准库函数的帮助文档，结果略
>>> import random
>>> help(random.sample)            # 查看标准库函数的帮助文档，结果略
                                   # help() 函数的参数应该是对象名
                                   # 不要写成 help(random.sample())
>>> help(''.replace)               # 查看字符串方法的帮助文档，结果略
>>> help('if')                     # 查看关键字 if 的帮助文档，结果略
>>> help('return')                 # 查看关键字 return 的帮助文档，结果略
>>> help('**')                     # 查看运算符"**"的帮助文档，结果略
```

2.3.3　range() 函数

2.3.3

内置函数 range() 有 range(stop)、range(start, stop) 和 range(start, stop, step) 这 3 种用法，返回 range 对象，其中包含区间 [start,stop) 内以 step 为步长的整数，3 个参数 start、stop、step 都必须是整数，start 默认值为 0，step 默认值为 1。range 对象可以转换为列表、元组或集合，可以使用 for 循环直接遍历其中的元素，支持下标、切片，支持内置函数 len()、enumerate() 等，支持标准库函数 random.sample()，其中的元素可以反复使用。

创建程序文件，输入并运行下面的代码：

```
range1 = range(4)                  # 只指定 stop=4，start 默认值为 0，step 默认值为 1
range2 = range(5, 8)               # 指定 start=5 和 stop=8，step 默认值为 1
range3 = range(3, 20, 4)           # 指定 start=3、stop=20 和 step=4
range4 = range(20, 0, -3)          # 步长 step 也可以是负整数
print(range1, range2, range3, range4)
print(range4[2])                   # 支持使用下标访问其中的元素
# 转换为列表
print(list(range1), list(range2), list(range3), list(range4))
```

```
# 使用 for 循环遍历 range 对象中的元素，每遍历一个元素就执行一次循环体中的代码
for i in range(10):
    print(i, end=' ')
# 在 for 循环中使用 range 对象控制循环次数
# 循环体代码可以和循环变量没有关系，是否使用循环变量取决于具体的业务逻辑
for i in range(5):
    print('Readability count.', end='')
```

运行结果为：

```
range(0, 4) range(5, 8) range(3, 20, 4) range(20, 0, -3)
14
[0, 1, 2, 3] [5, 6, 7] [3, 7, 11, 15, 19] [20, 17, 14, 11, 8, 5, 2]
0 1 2 3 4 5 6 7 8 9 Readability count.Readability count.Readability count.Readability count.Readability count.
```

2.3.4 类型转换

类型转换不会对原始数据做任何修改，都是返回转换之后的结果。

（1）int()、float()、complex() 函数

严格来说，int、float、complex 是 Python 内置的整数、实数、复数类型，类似于 int() 这样形式的用法实际上调用了 int 类的构造方法。例如：

```
>>> print(int(3.5))                # 返回实数的整数部分
3
>>> print(int(-3.5))               # 返回实数的整数部分
-3
>>> print(int('119'))              # 把数字字符串转换为十进制整数
119
>>> print(int('1111', 2))          # 把 1111 按二进制数转换为十进制数
15
>>> print(int('1111', 8))          # 把 1111 按八进制数转换为十进制数
585
>>> print(int('1111', 16))         # 把 1111 按十六进制数转换为十进制数
4369
>>> print(int('x1', 36))           # 把 x1 按三十六进制数转换为十进制数
                                   # 在三十六进制数中，g 表示 16，h 表示 17
                                   # i 表示 18，j 表示 19……x 表示 33
                                   # 得出 x1 → 33*36+1 → 1189
1189
>>> print(int(' \t 5\n'))          # 自动忽略数字字符串两侧的空白字符
                                   # 包括空格、制表符、换行符、换页符
5
>>> print(float('3.1415926'))      # 把字符串转换为实数
3.1415926
>>> print(float('-inf'))           # 负无穷大
-inf
>>> print(float('inf'))            # 正无穷大
inf
```

```
>>> print(complex(3, 4))                    # 指定实部和虚部，返回复数
(3+4j)
>>> print(complex(imag=6))                  # 只指定虚部，实部默认为 0
6j
>>> print(complex('3'))                     # 把字符串转换为复数
(3+0j)
>>> print(complex('3+4j'))                  # 把字符串转换为复数
(3+4j)
```

（2）bin()、oct()、hex() 函数

bin()、oct() 和 hex() 函数分别用来把整数转换为二进制、八进制和十六进制的字符串形式，参数要求为整数，但不必须是十进制整数。例如：

```
>>> print(bin(8888))                        # 把十进制整数转换为二进制整数
0b10001010111000
>>> print(oct(8888))                        # 把十进制整数转换为八进制整数
0o21270
>>> print(hex(8888))                        # 把十进制整数转换为十六进制整数
0x22b8
>>> print(bin(0o777))                       # 把八进制整数转换为二进制整数
0b111111111
>>> print(oct(0x1234))                      # 把十六进制整数转换为八进制整数
0o11064
>>> print(hex(0b1010101))                   # 把二进制整数转换为十六进制整数
0x55
>>> hex(0b1010101)                          # 注意，实际转换结果是字符串
                                            # 直接查看和使用 print() 输出形式不同
'0x55'
```

（3）ord()、chr()、str() 函数

内置函数 ord() 用来返回长度为 1 的字符串中字符的 Unicode 编码或 ASCII，chr() 用来返回指定 Unicode 编码对应的汉字或 ASCII 对应的字符，str() 用来把任意对象转换为字符串。例如：

```
>>> print(ord('A'))                         # 返回大写字母 A 的 ASCII
65
>>> print(chr(65))                          # 返回 ASCII 65 对应的字符
A
>>> print(ord('董'))                        # 返回汉字的 Unicode 编码
33891
>>> print(chr(33891))                       # 返回指定 Unicode 编码对应的汉字
董
>>> print(str([1, 2, 3, 4]))                # 把列表转换为字符串，适用于任意类型的对象
[1, 2, 3, 4]
>>> print(str(b'\xe8\x91\xa3\xe4\xbb\x98\xe5\x9b\xbd', 'utf8'))
                                            # 使用 UTF-8 编码对字节串解码
董付国
>>> print(str(b'\xb6\xad\xb8\xb6\xb9\xfa', 'gbk'))
                                            # 使用 GBK 编码对字节串解码
董付国
>>> from datetime import datetime
>>> datetime.now()                          # 获取当前日期和时间
```

```
datetime.datetime(2022, 8, 12, 22, 44, 23, 660206)
>>> str(datetime.now())                              # 转换为字符串
'2022-08-12 22:44:28.549254'
>>> str(datetime.now())[:19]                         # 只保留年、月、日、时、分、秒
'2022-08-12 22:44:39'
```

（4）list()、tuple()、dict()、set() 函数

严格来说，list、tuple、dict、set 是 Python 内置的列表类、元组类、字典类和集合类。当以函数的形式进行调用时，实际上调用了类的构造方法来创建和实例化对象。例如：

```
# 创建空列表、空元组、空字典、空集合
# 内置函数 print() 的参数 sep 用来指定相邻输出结果之间的分隔符
>>> print(list(), tuple(), dict(), set(), sep=',')
[],(),{},set()
# 创建 range(0,10) 对象，其中包含区间 [0,10) 中的整数
>>> data = range(0, 10)
# 把 range 对象转换为列表、元组、集合，各占一行
>>> print(list(data), tuple(data), set(data), sep='\n')
[0, 1, 2, 3, 4, 5, 6, 7, 8, 9]
(0, 1, 2, 3, 4, 5, 6, 7, 8, 9)
{0, 1, 2, 3, 4, 5, 6, 7, 8, 9}
>>> data = [1, 1, 2, 2, 1, 3, 4]
# 把列表转换为元组、集合，各占一行，转换为集合时会自动去除重复元素
>>> print(tuple(data), set(data), sep='\n')
(1, 1, 2, 2, 1, 3, 4)
{1, 2, 3, 4}
# 列表转换为字符串后再转换为列表，把字符串中每个字符都作为结果列表中的元素
>>> print(list(str(data)))
['[', '1', ',', ' ', '1', ',', ' ', '2', ',', ' ', '2', ',', ' ', '1', ',', ' ', '3', ',',
' ', '4', ']']
# 接收关键参数，创建字典
>>> print(dict(host='127.0.0.1', port=8080))
{'host': '127.0.0.1', 'port': 8080}
# 把列表中的每个 (key,value) 形式的元组转换为字典中的元素
>>> print(dict([('host', '127.0.0.1'), ('port', 8080)]))
{'host': '127.0.0.1', 'port': 8080}
```

（5）eval() 函数

内置函数 eval(source, globals=None, locals=None, /) 用来计算字符串中表达式的值，参数 globals 和 locals 用来指定字符串中变量的值，不指定这两个参数时要求字符串中的变量在当前作用域中可以访问，同时指定这两个参数时 locals 优先起作用。例如：

```
>>> print(eval('3+4j'))                   # 对字符串求值得到复数
(3+4j)
>>> print(eval('3.1415926'))              # 把字符串还原为实数
3.1415926
>>> print(eval('8**2'))                   # 计算表达式 8**2 的值
64
>>> print(eval('[1, 2, 3, 4, 5]'))        # 对字符串求值得到列表
[1, 2, 3, 4, 5]
>>> print(eval('{1, 2, 3, 4}'))           # 对字符串求值得到集合
```

```
{1, 2, 3, 4}
>>> a, b = 3, 5                          # 序列解包，同时创建两个变量并赋值
>>> print(eval('a+b'))                   # 使用距离最近的变量 a 和 b 的值
8
# 使用参数 globals 指定 a 和 b 的值，不再使用前面定义过的同名变量
>>> print(eval('a+b', {'a':97, 'b':98}))
195
# 同时指定 globals 和 locals 参数，locals 优先起作用
>>> print(eval('a+b', {'a':97, 'b':98}, {'a':1, 'b':2}))
3
```

2.3.5　max()、min() 函数

2.3.5

内置函数 max(iterable, *[, default=obj, key=func]) 用来从有限长度的可迭代对象中返回最大值，max(arg1, arg2, *args, *[, key=func]) 用来从任意多个对象中返回最大值，参数 key 用来指定排序规则。内置函数 min() 的用法与此类似。例如：

```
>>> data = [3, 22, 111]
>>> print(max(data))                     # 对列表中的元素直接比较大小，返回最大元素
111
>>> print(min(data))                     # 返回最小元素
3
# 转换成字符串之后最大的元素，key 参数的值可以是任意类型的单参数可调用对象
>>> print(max(data, key=str))
3
# 转换成字符串之后长度最大的元素
>>> print(max(data, key=lambda item: len(str(item))))
111
>>> data = ['3', '22', '111']
>>> print(max(data))                     # 最大的字符串
3
>>> print(max(data, key=len))            # 长度最大的字符串
111
# 转换为整数之后各位数字之和最大的元素
>>> print(max(data, key=lambda item: sum(map(int, item))))
22
>>> data = ['abc', 'Abcd', 'ab']
# 转换为小写之后最大的字符串，字符串方法 lower() 用于转换为小写
>>> print(max(data, key=str.lower))
Abcd
# 最后一个位置上的字符最大的字符串
>>> print(max(data, key=lambda item: item[-1]))
Abcd
>>> data = [1, 1, 1, 2, 2, 1, 3, 1]
# 出现次数最多的元素，转换为集合是为了进行优化和减少计算量，不影响结果
# 也可以借助于标准库 collections 中的 Counter 类实现
```

```
>>> print(max(set(data), key=data.count))
1
# 最大元素的位置，看哪个位置上的元素最大
# 列表的特殊方法 __getitem__() 用于获取指定位置的值，一般不这样直接使用
>>> print(max(range(len(data)), key=data.__getitem__))
6
# 几个集合之间不存在包含关系
# 先假设第一个集合最大，后面没有发现比第一个集合更大的，最终认为第一个集合最大
>>> print(max({1}, {2}, {3}))
{1}
# 几个集合之间不存在包含关系
# 先假设第一个集合最小，后面没有发现比第一个集合更小的，最终认为第一个集合最小
>>> print(min({1}, {2}, {3}))
{1}
# 第三个集合包含第一个集合，所以第三个集合比第一个集合更“大”
>>> print(max({1}, {2}, {1,3}))
{1, 3}
# 第三个集合是第一个集合的真子集，所以第三个集合比第一个集合更“小”
>>> print(min({1,5}, {2}, {1}))
{1}
```

2.3.6 len()、sum() 函数

2.3.6

内置函数 len(obj, /) 用来计算列表、元组、字典、集合、字符串等容器类对象的长度，即其中包含的元素的个数。内置函数 sum(iterable, /, start=0) 用来计算有限长度的可迭代对象 iterable 中所有元素之和，要求序列中所有元素类型相同并且支持加法运算。第一个参数 iterable 可以是任意类型的可迭代对象；第二个参数 start 默认为 0，可以理解为函数 sum(iterable, /, start=0) 是在 start 的基础上逐个与参数 iterable 中的每个元素相加，一般用于可迭代对象 iterable 中的元素不是数值的场合中指定初始值。例如：

```
>>> data = [1, 2, 3, 4]
>>> print(len(data))  # 列表中元素的个数，也适用于元组、字典、集合、字符串等
4
>>> print(sum(data))  # 列表中所有元素之和
10
>>> data = {97: 'a', 65: 'A', 48: '0'}
>>> print(sum(data))  # sum() 函数的参数是字典时默认对字典中的所有“键”求和
210
>>> data = [[1], [2], [3], [4]]
>>> print(sum(data))  # 列表中元素不是数值，不能直接计算
TypeError: unsupported operand type(s) for +: 'int' and 'list'
# 以位置参数的形式指定第二个参数为空列表，相当于 [] + [1] + [2] + [3] + [4]
>>> print(sum(data, []))
[1, 2, 3, 4]
# 如果元组中只包含一个元素，需要在最后多加一个逗号，如下面的 (5,)
>>> data = ((1,2), (3,4), (5,))
```

```
# 元组中的元素不是数值，以关键参数的形式指定第二个参数为空元组
>>> print(sum(data, start=()))
(1, 2, 3, 4, 5)
```

2.3.7　sorted()、reversed() 函数

2.3.7

（1）内置函数 `sorted(iterable, /, *, key=None, reverse=False)` 可以对列表、元组、字典、集合或其他有限长度的可迭代对象进行排序并返回新列表。例如：

```
>>> data = [243, 99, 290, 610, 264, 246, 75, 365, 139, 747]
>>> print(sorted(data))                    # 按整数大小升序排列
[75, 99, 139, 243, 246, 264, 290, 365, 610, 747]
>>> print(sorted(data, reverse=True))      # 按整数大小降序排列
[747, 610, 365, 290, 264, 246, 243, 139, 99, 75]
>>> print(sorted(data, key=str))           # 按转换成字符串之后的大小升序排列
[139, 243, 246, 264, 290, 365, 610, 747, 75, 99]
# 按转换成字符串之后的长度升序排列
# 长度相同的字符串保持原来的相对顺序，属于稳定排序，相同规则下每次排序结果一样
>>> print(sorted(data, key=lambda item: len(str(item))))
[99, 75, 243, 290, 610, 264, 246, 365, 139, 747]
# 按转换成字符串之后的首字符大小升序排列
# 首字符一样的字符串保持原来的相对顺序
>>> print(sorted(data, key=lambda item: str(item)[0]))
[139, 243, 290, 264, 246, 365, 610, 75, 747, 99]
# 按转换成字符串之后下标为 1 的字符大小升序排列
# 下标为 1 的字符一样的字符串保持原来的相对顺序
>>> print(sorted(data, key=lambda item: str(item)[1]))
[610, 139, 243, 246, 747, 75, 264, 365, 99, 290]
# 按转换成字符串之后最后一个字符的大小升序排列
# 最后一个字符一样的字符串保持原来的相对顺序
>>> print(sorted(data, key=lambda item: str(item)[-1]))
[290, 610, 243, 264, 75, 365, 246, 747, 99, 139]
# 按转换成字符串之后首字符大小升序排列，首字符一样的按最后一个字符大小升序排列
# 二者都一样的保持原来的相对顺序
>>> print(sorted(data, key=lambda item: (str(item)[0], str(item)[-1])))
[139, 290, 243, 264, 246, 365, 610, 75, 747, 99]
# 按各位数字求和的大小升序排列，一样的保持原来的相对顺序
>>> print(sorted(data, key=lambda num: sum(map(int, str(num)))))
[610, 243, 290, 264, 246, 75, 139, 365, 99, 747]
# 按各位数字求和结果除以 3 的余数的大小升序排列，一样的保持原来的相对顺序
>>> print(sorted(data, key=lambda num: sum(map(int, str(num)))%3))
[243, 99, 264, 246, 75, 747, 610, 139, 290, 365]
```

（2）内置函数 `reversed(sequence, /)` 可以对容器对象进行翻转并返回 reversed 对象。reversed 对象属于迭代器对象，具有惰性求值的特点，其中的元素只能使用一次，不支持使用内置函数 `len()` 计算元素个数，不支持下标和切片，也不支持使用内置函数 `reversed()` 再次翻转。

例如：

```
>>> from random import shuffle
>>> data = list(range(20))
>>> shuffle(data)                           # 随机打乱顺序
>>> print(data)
[6, 5, 4, 8, 19, 10, 1, 3, 11, 14, 13, 12, 7, 15, 18, 17, 9, 0, 16, 2]
>>> reversedData = reversed(data)           # 创建 reversed 对象
>>> print(reversedData)
<list_reverseiterator object at 0x00000175E34E1B20>
>>> print(list(reversedData))               # 把 reversed 对象转换为列表
[2, 16, 0, 9, 17, 18, 15, 7, 12, 13, 14, 11, 3, 1, 10, 19, 8, 4, 5, 6]
# 把 reversed 对象转换为元组，之前转换为列表时已经用完所有元素，所以得到空元组
>>> print(tuple(reversedData))
()
>>> reversedData = reversed(data)           # 重新创建 reversed 对象
>>> print(3 in reversedData)                # 测试其中是否包含元素 3
True
# 上一次测试已经用掉了唯一的元素 3，所以再次测试时提示不存在
# 这一次测试用完了剩余的所有元素
>>> print(3 in reversedData)
False
>>> print(1 in reversedData)                # 此时 reversed 对象已空
False
```

2.3.8 zip() 函数

内置函数 zip(*iterables) 用来把多个可迭代对象中对应位置上的元素分别组合到一起，返回一个 zip 对象（属于迭代器对象），其中每个元素都是包含参数 iterables 指定的所有可迭代对象中对应位置上元素的元组，元组个数取决于所有参数可迭代对象中最短的那个。这个过程类似于两边长度不一样的拉链要拉到一起，短的一边拉到头后，整个拉链就不能再向前拉了，如图 2-6 所示。参数 *iterables 的意思是 iterables 可以接收任意多个位置参数，每个参数都是可迭代对象。例如：

2.3.8

图2-6 zip()函数运行原理类比示意

```
>>> list(zip([1,2,3], '4567'))              # 把 zip 对象转换为列表
[(1, '4'), (2, '5'), (3, '6')]
>>> dict(zip([1,2,3], '4567'))              # 把 zip 对象转换为字典
{1: '4', 2: '5', 3: '6'}
```

2.3.9 enumerate() 函数

2.3.9

内置函数 enumerate(iterable, start=0) 用来枚举可迭代对象中的元素，返回包含每个元素下标和值的 enumerate 对象（属于迭代器对象），每个元素形式为 (start, iterable[0]),(start+1, iterable[1]),(start+2, iterable[2]),...。参数 start 用来指定计数的初始值，默

认值为 0。例如：

```
>>> enum = enumerate('abcde')
>>> print(enum)
<enumerate object at 0x000001DE23743080>
>>> print(list(enum))                                  # 转换为列表
[(0, 'a'), (1, 'b'), (2, 'c'), (3, 'd'), (4, 'e')]
# 再次转换得到空列表，enumerate 对象中的元素只能使用一次
>>> print(list(enum))
[]
>>> print(list(enumerate('abcd', start=5)))           # 指定计数从 5 开始
[(5, 'a'), (6, 'b'), (7, 'c'), (8, 'd')]
```

2.3.10　next() 函数

内置函数 next(iterator[, default]) 对应迭代器对象的特殊方法 __next__()，用来从任意迭代器对象中获取下一个元素，如果迭代器对象已空则引发 StopIteration 异常停止迭代或返回指定的默认值。例如：

```
>>> data = enumerate('abc')
>>> print(next(data))                  # 从 enumerate 对象中获取下一个元素
(0, 'a')
>>> print(next(data))
(1, 'b')
>>> print(next(data))
(2, 'c')
# 迭代器对象中的元素已经全部用完，再次调用 next() 函数会抛出异常
>>> print(next(data))
StopIteration
>>> data = map(int, '123')             # map 对象也是常用的迭代器对象
>>> print(next(data, '迭代器已空'))
1
>>> print(next(data, '迭代器已空'))
2
>>> print(next(data, '迭代器已空'))
3
>>> print(next(data, '迭代器已空'))
迭代器已空
```

2.3.11　map()、reduce()、filter() 函数

2.3.11

本节介绍的 3 个函数是 Python 支持函数式编程的重要体现和方式，充分利用函数式编程可以使代码更加简洁，具有更快的运行速度，并且能够充分利用底层硬件资源。

（1）map() 函数

内置函数 map() 的语法格式为：

```
map(func, *iterables)
```

其中，参数 func 可以是任意类型的可调用对象，参数 iterables 用来接收任意多个可迭代

对象。map() 函数把可调用对象 func 依次映射到可迭代对象的每个元素上，返回一个 map 对象（属于迭代器对象），其中每个元素是原可迭代对象中元素经过可调用对象 func 处理后的结果，不对原可迭代对象做任何修改。可调用对象 func 的形参数量与 map() 函数接收的可迭代对象数量（或者说参数 iterables 的长度）必须一致。

创建程序文件，输入并运行下面的代码：

```
from operator import add, mul

# 把 range(5) 中的每个数字都变为字符串，得到 map 对象
print(map(str, range(5)))
# 可以把 map 对象转换为列表
print(list(map(str, range(5))))
# 获取每个字符串的长度
print(list(map(len, ['abc', '1234', 'test'])))
# 使用 operator 标准库中的 add 运算，相当于运算符“+”
# 如果 map() 函数的第一个参数 func 能够接收两个参数，则可以映射到两个序列上
# map 对象属于迭代器对象，可以使用 for 循环遍历其中的元素
for num in map(add, range(5), range(5,10)):
    print(num)
# 使用列表模拟两个向量
vector1 = [1, 2, 3, 4]
vector2 = [5, 6, 7, 8]
# 计算两个向量的内积，也就是对应分量乘积之和
print(sum(map(mul, vector1, vector2)))
# 所有字符串变为小写
print(list(map(str.lower, ['ABC','DE','FG'])))
# 统计字符串中每个字符的出现次数
text = 'aaabccccdabdc'
print(list(zip(set(text), map(text.count, set(text)))))
```

运行结果为：

```
<map object at 0x0000022B69470308>
['0', '1', '2', '3', '4']
[3, 4, 4]
5
7
9
11
13
70
['abc', 'de', 'fg']
[('b', 2), ('a', 4), ('d', 2), ('c', 5)]
```

（2）reduce() 函数

在 Python 3.*x* 中，reduce() 不是内置函数，而是放到了标准库 functools 中，需要导入之后才能使用，该函数的完整语法格式为：

```
reduce(function, sequence[, initial])
```

reduce() 函数可以将一个双参数函数以迭代的方式从左到右依次作用到一个可迭代对象

的所有元素上，并且每一次计算的中间结果直接参与下一次计算，最终得到一个值。例如，继续使用 operator 标准库中的 add 运算，那么表达式 reduce (add, [1,2,3,4,5]) 的计算过程为 ((((1+2)+3)+4)+5)，第一次计算时 x 的值为 1 而 y 的值为 2，再次计算时 x 的值为 (1+2) 而 y 的值为 3，再次计算时 x 的值为 ((1+2)+3) 而 y 的值为 4，以此类推，最终完成计算并返回 ((((1+2)+3)+4)+5) 的值。

创建程序文件并输入下面的代码，其中第 4 行代码中 reduce(add, seq) 的执行过程如图 2-7 所示。

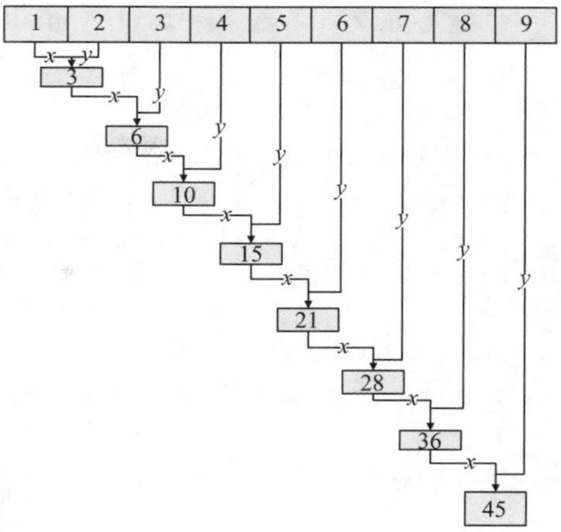

图2-7 reduce(add, seq)的执行过程

```
from functools import reduce
from operator import add, mul, or_

seq = range(1, 10)
# 累加 seq 中的数字，功能相当于 sum(seq)
print(reduce(add, seq))
# 累乘 seq 中的数字，功能相当于 math.prod(seq)
print(reduce(mul, seq))
seq = [{1}, {2}, {3}, {4}]
# 对 seq 中的集合连续进行并集运算，功能相当于 set().union(*seq)
print(reduce(or_, seq))
# 定义函数，接收 2 个整数，返回第一个整数乘以 10 再加第二个整数的结果
def func(a, b):
    return a*10 + b

# 把表示整数各位数字的若干数字连接为十进制整数
print(reduce(func, [1,2,3,4,5]))
# 重新定义函数
def func(a, b):
    return int(a)*2 + int(b)

# 把字符串按二进制数转换为十进制数，等价于 int('1111', 2)
print(reduce(func, '1111'))
```

运行结果为：

```
45
362880
{1, 2, 3, 4}
12345
15
```

（3）filter() 函数

内置函数 filter(function or None, iterable) 使用参数 function 描述的规则对可迭代对象 iterable 中的元素进行过滤。

在功能上，filter() 函数将一个可调用对象 function 作用到可迭代对象 iterable 上，返回一个 filter 对象（属于迭代器对象），其中包含可迭代对象 iterable 中作为参数传递给 function 时能够使返回值等价于 True 的那些元素。如果指定 filter() 函数的第一个参数为 None，则返回的 filter 对象包含可迭代对象 iterable 中等价于 True 的元素。

创建程序文件，输入并运行下面的代码：

```
languages = ['Python', 'Go', 'C++', 'Java','JavaScript', 'R', 'C#', 'Visual Basic']
# 只保留长度大于4且小于7的字符串
print(list(filter(lambda lan: 4<len(lan)<7, languages)))
# 只保留其中英文字母全部为大写的字符串，忽略非英文字母
print(list(filter(str.isupper, languages)))
# 只保留其中等价于True的元素
print(list(filter(None, ['TCP', 'UDP', 'HTTP', '', [], range(5,3)])))
# 只保留其中的奇数
print(list(filter(lambda num: num%2==1, range(10))))
# 只保留3的倍数
print(list(filter(lambda num: num%3==0, [1,3,5,6,9])))
```

运行结果为：

```
['Python']
['C++', 'R', 'C#']
['TCP', 'UDP', 'HTTP']
[1, 3, 5, 7, 9]
[3, 6, 9]
```

2.4 综合例题解析

2.4

例 2-1 编写程序，输入一个包含若干整数的列表，将其中的整数按照各位数字相加结果除以3的余数的大小升序排列，输出排序后的新列表。程序如下：

```
data = eval(input('请输入一个包含若干整数的列表:'))
rule = lambda num: sum(map(int, str(num))) % 3
print(sorted(data, key=rule))
```

运行结果为：

```
请输入一个包含若干整数的列表: [79, 861, 32, 101, 164, 909]
[861, 909, 79, 32, 101, 164]
```

例 2-2 编写程序，输入两个包含相同数量正整数的列表来表示两个向量，输出这两个向量的内积。程序如下：

```
from operator import mul

vector1 = eval(input('请输入第一个表示向量的列表:'))
vector2 = eval(input('请输入第二个表示向量的列表:'))
result = sum(map(mul, vector1, vector2))
print('内积:', result)
```

运行结果为：

```
请输入第一个表示向量的列表: [1, 2, 3, 4]
请输入第二个表示向量的列表: [5, 6, 7, 8]
内积: 70
```

例 2-3　计算向量之间的余弦相似度，计算公式为 $\mathrm{sim}(x,y)=\dfrac{x\cdot y}{\|x\|\times\|y\|}$。程序如下：

```
from operator import mul

x = [1, 2, 5, 4]
y = [2, 3, 5, 1]

result = (sum(map(mul, x, y)) /
          sum(map(mul, x, x)) ** 0.5 /
          sum(map(mul, y, y)) ** 0.5)
print(result)
```

运行结果为：

```
0.8735555046022885
```

例 2-4　编写程序，输入两个包含若干正整数的等长列表 values 和 weights，计算加权平均值 $\dfrac{\sum_{i=0}^{n-1}(\mathrm{values}[i]\times\mathrm{weights}[i])}{\sum_{i=0}^{n-1}\mathrm{weights}[i]}$，结果保留 2 位小数。程序如下：

```
from operator import mul

values = eval(input('请输入一个包含若干实数值的列表:'))
weights = eval(input('请输入一个包含若干实数权重的列表:'))
average = sum(map(mul, values, weights)) / sum(weights)
# 格式化，保留 2 位小数，适用于 Python 3.8 以及之后的版本，低版本中可以把等号删除
print(f'{average=:.2f}')
```

运行结果为：

```
请输入一个包含若干实数值的列表: [1, 2, 3, 4]
请输入一个包含若干实数权重的列表: [5, 6, 7, 8]
average=2.69
```

本章知识要点

- 数据类型是特定类型的值及其支持的操作组成的整体，每种类型对象的表现形式、取值范围以及支持的操作都不一样。
- 在 Python 语言中，所有的一切都可以称作对象。
- 内置对象在 Python 程序中任意位置都可以直接使用，不需要导入任何标准库，也不需要安装和导入任何扩展库。
- Python 属于动态类型编程语言、强类型编程语言，变量的值和类型都是随时可以改变的，但在任何时刻每个变量都属于确定的类型。
- 在 Python 程序中，不需要事先声明变量名及其类型，使用赋值语句或赋值表达式可以直接创建任意类型的变量，变量的类型取决于值的类型，解释器会自动进行推断和确定变量的类型。

- Python 语言支持任意大的数字，为了提高可读性，可以在数字中间位置插入下画线作为千分位分隔符对大整数各位数字进行分组。
- 运算符用来表示特定类型的对象支持的行为和对象之间的操作，运算符的功能与对象类型密切相关。
- 在 Python 语言中，关系运算符连续使用时具有惰性求值的特点，当已经确定最终结果之后，不会进行多余的比较。
- 作为条件表达式时，表达式的值只要不是 0、0.0、0j、None、False、空列表、空元组、空字符串、空字典、空集合、空 range 对象或其他空的容器对象，都认为等价于 True。
- 逻辑运算符 and 和 or 具有惰性求值或逻辑短路的特点，当连接多个表达式时只计算必须计算的值，并且最后计算的表达式的值作为整个表达式的值。
- 内置函数 max() 和 min() 支持使用 key 参数指定排序规则。
- 内置函数 sorted() 可以对可迭代对象进行排序并返回新列表，支持使用 key 参数指定排序规则，还可以使用 reverse 参数指定是升序（reverse=False）排列还是降序（reverse=True）排列。
- 内置函数 input() 用来接收用户的键盘输入，不论用户输入什么内容，input() 一律返回字符串，必要的时候可以使用内置函数 int()、float() 或 eval() 对用户输入的内容进行类型转换。
- 内置函数 range() 有 range(stop)、range(start, stop) 和 range(start, stop, step) 这 3 种用法，返回 range 对象，其中包含区间 [start, stop) 内以 step 为步长的整数，start 默认为 0，step 默认为 1。
- 迭代器对象是指内部实现了特殊方法 __iter__() 和 __next__() 的类的实例，map 对象、zip 对象、filter 对象、enumerate 对象、生成器对象都属于迭代器对象。
- dir() 函数不带参数时用于列出当前作用域中的所有标识符，带参数时用于查看指定模块或对象的成员；help() 函数常用于查看对象的帮助文档。
- map() 函数把可调用对象 func 依次映射到可迭代对象的每个元素上，返回一个 map 对象（属于迭代器对象），其中每个元素是原可迭代对象中元素经过可调用对象 func 处理后的结果。
- reduce() 函数可以将一个双参数函数以迭代的方式从左到右依次作用到一个可迭代对象的所有元素上，并且每一次计算的中间结果直接参与下一次计算，最终得到一个值。
- filter() 函数将一个可调用对象 function 作用到一个可迭代对象 iterable 上，返回一个 filter 对象。

习题

一、填空题

1. 表达式 15//4 的值为 ______________。
2. 表达式 (-15)//4 的值为 ______________。
3. 表达式 15%(-4) 的值为 ______________。
4. 表达式 ---3 的值为 ______________。
5. 表达式 5 and 3 的值为 ______________。
6. 表达式 5 or 3 的值为 ______________。
7. 表达式 {1,2,3} - {2,3,4} 的值为 ______________。
8. 表达式 {1,2,3} | {2,3,4} 的值为 ______________。
9. 表达式 {1,2,3} < {2,3,4} 的值为 ______________。
10. 表达式 3==3 is True 的值为 ______________。

二、选择题

1. 单选题：表达式 max(['abc','Abcd','ab'], key=str.lower) 的值为（　　）。

   A. 'abc'　　B. 'Abcd'　　C. 'ab'　　D. 表达式错误

2. 单选题：下面代码的运行结果为（　　）。

```
data = [1, 1, 1, 2, 2, 1, 3, 1]
print(max(set(data), key=data.count))
```

   A. 1　　B. 2　　C. 3　　D. 4

3. 单选题：下面代码的运行结果为（　　）。

```
from operator import itemgetter

data = [[1, 1, 1], [3, 2, 1], [3, 1, 5]]
print(sum(map(itemgetter(-1), data)))
```

   A. 3　　B. 6　　C. 9　　D. 7

4. 单选题：表达式 3-3 or (5-2 and 2) 的值为（　　）。

   A. 0　　B. 3　　C. 2　　D. True

5. 单选题：下面代码的运行结果为（　　）。

```
func = lambda num: num*2 if num%2==0 else num**3
print(sum(map(func, range(3))))
```

   A. 3　　B. 5　　C. 2　　D. 7

三、判断题

1. 内置对象可以直接使用，不需要导入内置模块、标准库或扩展库。（　　）
2. 语句 x = input(3) 的作用是自动输入 3 并赋值给变量 x。（　　）
3. 列表中可以包含任意类型的对象作为元素。（　　）
4. 表达式 len(tuple(zip([1,2,3],'abcdefg'))) 的值为 3。（　　）
5. Python 语言中的整数不能太大，如表达式 9999**99 的值就无法计算。（　　）
6. 在 Python 语言中，虽然变量的类型不能随意改变，但变量的值是可以随时改变的。（　　）
7. 0o789 不是合法数字。（　　）
8. 0x123f 不是合法数字。（　　）
9. 已知 x = map(str, range(10, 20))，那么表达式 x[-1] 的值为 '19'。（　　）
10. 表达式 0.4 - 0.3 的值为 0.1。（　　）

四、程序设计题

1. 编写程序，输入两个集合 A 和 B，计算并输出并集、交集、差集 A-B、差集 B-A 以及对称差集。

2. 编写程序，输入一个包含若干正整数的列表，输出其中大于 8 的偶数组成的新列表。

3. 编写程序，输入两个包含若干正整数的等长列表 keys 和 values，然后使用 keys 中的正整数作为“键”、values 中对应位置上的正整数作为“值”创建字典，并输出创建的字典。

4. 编写程序，输入一个包含若干正整数的列表，输出其中个位数最大的正整数组成的新列表。

第3章 程序控制结构

【本章学习目标】

- 理解条件表达式的值与 True/False 的等价关系
- 熟练掌握选择结构的语法和应用
- 熟练掌握 for 和 while 循环结构的语法和应用
- 熟练掌握 break 和 continue 语句的作用与应用
- 熟练掌握异常处理结构的语法和应用
- 熟练掌握选择结构、循环结构、异常处理结构嵌套使用的语法和应用

3.1 条件表达式

在选择结构和循环结构中，都要根据条件表达式的值来确定下一步的执行流程。选择结构根据不同的条件是否满足来决定要不要执行特定的代码，循环结构根据条件是否成立来决定要不要重复执行特定的代码。

在 Python 中，几乎所有合法表达式都可以作为条件表达式，包括单个常量或变量，以及使用各种运算符和函数调用连接起来的表达式。条件表达式的值等价于 True 时表示条件成立，等价于 False 时表示条件不成立。一个值等价于 True 是指，这个值作为内置函数 bool() 的参数会使该函数返回 True，详细内容见 2.2.5 节。

3.2 选择结构

如果进行细分，程序控制结构包括顺序结构、选择结构、循环结构和异常处理结构。在正常情况下，程序中的代码是从上往下逐条语句执行的，也就是按先后顺序执行程序中的每行代码。如果程序中有选择结构，那么可以根据不同的条件来决定执行哪些代码和不执行哪些代码。如果程序中有循环结构，那么可以根据相应的条件是否满足来决定需要重复执行哪些代码。如果程序中有异常处理结构，那么可以根据是否发生错误以及错误的类型来决定应该如何处理。选择结构、循环结构、异常处理结构都是根据运行时的实际情况来决定执行哪些代码的语法。从宏观上讲，如果把每个选择结构、循环结构或异常处理结构的多行代码看作一个大的语句块，整个程序仍是顺序执行的。从微观上讲，选择结构、循环结构、异常处理结构内部语句块中的多行简单语句之间仍是顺序结构。

3.2.1 单分支选择结构

单分支选择结构语法格式如下，条件表达式后面的冒号“:”表示一个语句块的开始，语句

块必须做相应的缩进，一般以 4 个空格为缩进单位。

```
if 条件表达式：
    语句块
```

当条件表达式的值为 True 或其他与 True 等价的值时，表示条件满足，语句块被执行，否则语句块不被执行，而是继续执行后面的代码（如果有的话）。单分支选择结构执行流程如图 3-1 中虚线框内部分所示。

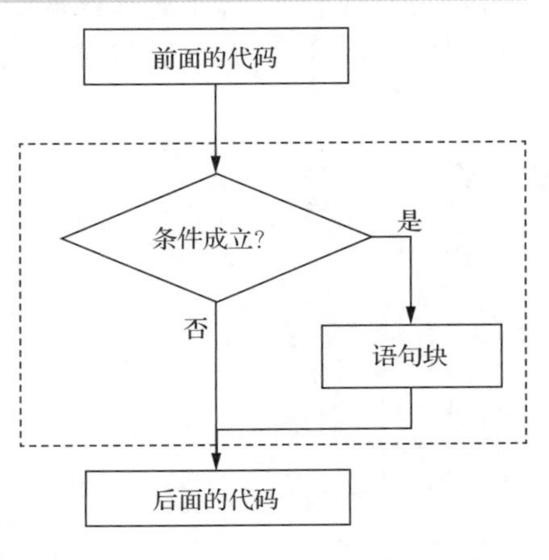

图3-1　单分支选择结构执行流程

例 3-1　程序员小明的妻子打电话让小明下班后买东西回来，她对小明说："回来的时候买 10 个包子，如果看到旁边有卖西瓜的就买一个。"结果，小明回到家后妻子发现他只买了一个包子，问他怎么回事，小明说："我看到旁边有卖西瓜的。"编写程序模拟小明的"脑回路"。程序如下：

```
# 要买的包子数量
num = 10
flag = input('有卖西瓜的吗？输入 Y/N:')
if flag == 'Y':
    num = 1
print(f'实际买的包子数量为：{num}')
```

3.2.2　双分支选择结构

双分支选择结构可以用来实现二选一的业务逻辑，如果条件成立则做一件事，否则做另一件事。双分支选择结构的语法格式为：

```
if 条件表达式：
    语句块 1
else:
    语句块 2
```

当条件表达式的值为 True 或其他与 True 等价的值时，执行语句块 1，否则执行语句块 2。语句块 1 或语句块 2 总有一个会被执行，然后执行后面的代码（如果有的话）。双分支选择结构执行流程如图 3-2 中虚线框内部分所示。

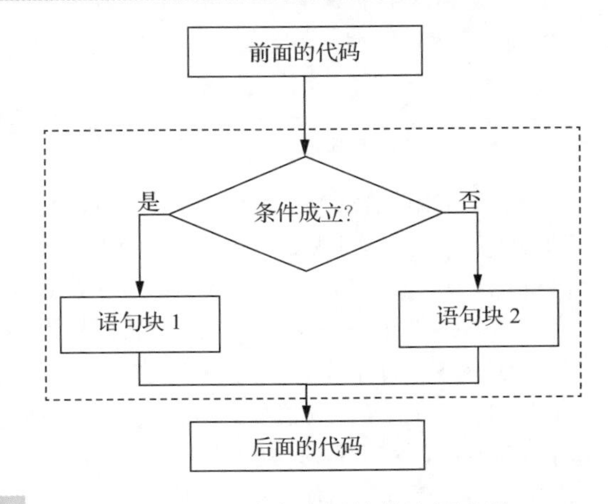

图3-2　双分支选择结构执行流程

例 3-2　周五放学后，小明和小强两位同学商议周六的安排，说好如果不下雨就一起打羽毛球，如果下雨就一起写作业。周六早上，两个人根据是否下雨来决定最终要做的事情。编写程序，输入 Y 表示下雨、N 表示不下雨，模拟二人做决定的过程，并输出二人的最终决定。程序如下：

```
flag = input('今天下雨吗？输入 Y/N:')
if flag == 'Y':
    print('一起写作业。')
else:
    print('一起打羽毛球。')
```

3.2.3 嵌套的选择结构

3.2.3

在图 3-2 中，如果语句块 1 或语句块 2 也是单分支或双分支选择结构（也可以是循环结构、异常处理结构或 with 块，本节暂时不考虑），就构成了嵌套的选择结构。嵌套的选择结构用来表示更复杂的业务逻辑，它有两种语法格式，第一种语法格式为：

```
if 条件表达式 1:
    语句块 1
elif 条件表达式 2:
    语句块 2
[elif 条件表达式 3:
    语句块 3
……
else:
    语句块 n]
```

其中，关键字 elif 是 else if 的缩写，方括号内的代码是可选的。

在上面的语法格式中，如果条件表达式 1 成立就执行语句块 1；如果条件表达式 1 不成立但是条件表达式 2 成立就执行语句块 2；如果条件表达式 1 和条件表达式 2 都不成立但是条件表达式 3 成立就执行语句块 3，以此类推；如果所有条件都不成立就执行语句块 *n*。

另一种嵌套的选择结构的语法格式为：

```
if 条件表达式 1:
    语句块 1
    if 条件表达式 2:
        语句块 2
    [else:
        语句块 3]
else:
    if 条件表达式 4:
        语句块 4
    [elif 条件表达式 5:
        语句块 5
    else:
        语句块 6]
```

在上面的语法格式中，如果条件表达式 1 成立，先执行语句块 1，执行完后如果条件表达式 2 成立则执行语句块 2，否则执行语句块 3；如果条件表达式 1 不成立但是条件表达式 4 成立就执行语句块 4；如果条件表达式 1 不成立且条件表达式 4 也不成立但是条件表达式 5 成立就执行语句块 5；如果条件表达式 1、4、5 都不成立就执行语句块 6。

例 3-3 对学生作业或考试进行打分时，一般有百分制和字母等级两种标准。这两种打分标准之间有一定的对应关系，如区间 [90,100] 对应字母 A，区间 [80,90) 对应字母 B，区间 [70,80) 对应字母 C，区间 [60,70) 对应字母 D，区间 [0,60) 对应字母 F。编写程序，输入一个百分制成绩，输出对应的字母等级。程序如下：

```
score = float(input('请输入一个百分制成绩:'))
if score<0 or score>100:
    print('无效成绩')
```

```
else:
    # 如果score本来的值是实数，如81.5
    # 整除10之后得到8.0形式的数字，不影响后续的计算
    score = score // 10
    if score in (9,10):
        print('A')
    elif score == 8:
        print('B')
    elif score == 7:
        print('C')
    elif score == 6:
        print('D')
    else:
        print('F')
```

3.2.4 多分支选择结构

在 Python 3.9 以及之前的版本中，并没有提供真正意义上的多分支选择结构，如果确实需要，可以通过字典（详细内容见 5.1 节）构造跳转表来实现。如下面的代码：

```
status = {200:'ok', 201:'Created', 202:'Accepted',
          203:'Non-Authoritative Information', 204:'No Content'}
s = int(input('请输入状态码:'))
print('对应的状态为:', status.get(s, 'unknown'))
```

Python 3.10 新增了软关键字（只在特定场合作为关键字，普通场合也可以作为变量名）match 和 case，实现了真正意义上的多分支选择结构。

例 3-4 编写程序，使用多分支选择结构实现 HTTP（Hypertext Transfer Protocol，超文本传送协议）状态码到含义的转换。程序如下：

```
code = int(input('请输入HTTP状态码:'))
match code:
    case 200:
        print('ok')
    case 201:
        print('Created')
    case 202:
        print('Accepted')
    case 203:
        print('Non-Authoritative Information')
    case 204:
        print('No Content')
    case 401 | 403 | 404:
        # 同时匹配401、403、404这3种情况
        print('Not allowed')
    case _:
        # 通配符，表示任意内容，如果前面的都不匹配，就执行这里的代码
        print('Sorry, please try later.')
```

下面的代码演示了下画线在元组中表示任意内容的用法：

```
while (point:=input('表示三维空间坐标的元组，0 表示结束:')) != '0':
    point = eval(point)
    match point:
        case (0, 0, 0):
            print('坐标原点')
        case (0, _, _):
            print('YOZ 平面上的点')
        case (_, 0, _):
            print('XOZ 平面上的点')
        case (_, _, 0):
            print('XOY 平面上的点')
```

在 match...case... 多分支选择结构中，下画线除了上面的用法之外，还可以和星号结合使用，如下面的代码中“*_”表示从当前位置往后还有 0 到任意多项：

```
while (content:=eval(input('请输入列表:'))) != 0:
    match content:
        case [1, 2, 3, 4, *_]:
            print('前 4 项匹配成功')
        case [1, 2, 3, *_]:
            print('前 3 项匹配成功')
        case [1, 2, *_]:
            print('前 2 项匹配成功')
        case [1, *_]:
            print('前 1 项匹配成功')
        case [*_]:
            print('匹配失败')
        case _:
            print('格式不对')
```

在下面的代码中，使用 if 对当前匹配项进行约束，如果条件不成立就继续检查下一项是否匹配，其中的 x 和 y 可以是任意变量名。

```
match (3, 5):
    case (x, y) if x<y:
        print('<')
    case (x, y) if x==y:
        print('==')
    case (x, y) if x>y:
        print('>')
```

3.3 循环结构

循环结构根据指定的条件是否满足来决定是否需要重复执行特定的代码，Python 语言中主要有 for 循环结构和 while 循环结构两种形式。循环结构可以嵌套，也可以和选择结构以及异常处理结构互相嵌套，来表示更复杂的业务逻辑。如果使用嵌套的循环结构，那么最外层的循环变化速度最慢，越内层的循环变化速度越快。

3.3.1 for 循环结构

for 循环结构非常适合用来遍历可迭代对象中的元素，其语法格式为：

```
for 循环变量 in 可迭代对象 :
    循环体
[else:
    else 子句代码块 ]
```

其中，方括号内的 else 子句可以没有，也可以有，根据要解决的问题来确定。for 循环结构的执行过程为：对于可迭代对象中的每个元素（使用循环变量引用），都执行一次循环体中的代码。在循环体中可以使用循环变量，也可以不使用循环变量。

如果 for 循环结构带有 else 子句，其执行过程为：如果循环因为遍历完可迭代对象中的全部元素而自然结束，则继续执行 else 中的代码块；如果因为执行了 break 语句提前结束循环，则不会执行 else 中的代码块。

程序文件中，在 for 循环结构中定义的循环变量在循环结构结束之后仍可以访问，只要不超出当前函数或方法（for 循环结构在函数或方法中时）或文件（for 循环结构不在函数或方法中时）即可；交互模式中，函数之外的 for 循环结构中定义的循环变量在重启 Shell 之前一直有效。

3.3.2 while 循环结构

while 循环结构主要适用于无法提前确定循环次数的场合，一般不用于循环次数可以确定的场合，虽然也可以这样用。while 循环结构的语法格式如下：

```
while 条件表达式 :
    循环体
[else:
    else 子句代码块 ]
```

其中，方括号内的 else 子句可以没有，也可以有，取决于具体要解决的问题。当条件表达式的值等价于 True 时就一直执行循环体，直到条件表达式的值等价于 False 或者循环体中执行了 break 语句。如果因为条件表达式不成立而结束循环，则继续执行 else 中的代码块。如果因为循环体内执行了 break 语句使循环提前结束，则不再执行 else 中的代码块。

例 3-5 小明买回来一对兔子，从第 3 个月开始这对兔子就每个月生一对兔子，生的每一对兔子长到第 3 个月也开始每个月都生一对兔子，每一对兔子都是这样从第 3 个月开始每个月生一对兔子，那么每个月小明家的兔子总数构成一个数列，这就是著名的斐波那契数列，其增长示意如图 3-3 所示。编写程序，输入一个正整数，输出斐波那契数列中小于该整数的所有整数。

例 3-5

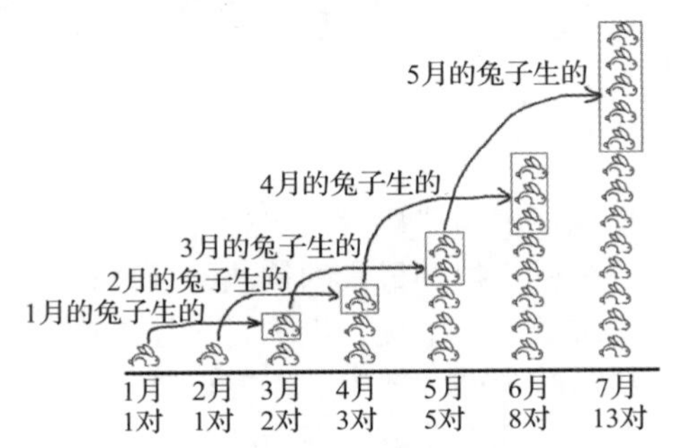

图3-3 斐波那契数列增长示意

程序如下：

```
number = int(input('请输入一个正整数:'))
# 序列解包，同时为多个变量赋值
a, b = 1, 1
while a < number:
    print(a, end=' ')
    # 序列解包
    a, b = b, a+b
```

连续运行程序 3 次，运行结果如下：

```
请输入一个正整数：1000
1 1 2 3 5 8 13 21 34 55 89 144 233 377 610 987
请输入一个正整数：3500
1 1 2 3 5 8 13 21 34 55 89 144 233 377 610 987 1597 2584
请输入一个正整数：10000
1 1 2 3 5 8 13 21 34 55 89 144 233 377 610 987 1597 2584 4181 6765
```

3.3.3　break 与 continue 语句

3.3.3

break 语句和 continue 语句在 while 循环结构和 for 循环结构中都可以使用，并且一般常与选择结构或异常处理结构结合使用，但不能在循环结构之外使用这两个语句。一旦 break 语句被执行，将使 break 语句所属层次的循环提前结束；如果 break 语句所在的循环带有 else 子句，那么执行 break 语句之后不会执行 else 子句中的代码。continue 语句的作用是提前结束本次循环，忽略 continue 语句之后的所有语句，提前进入下一次循环。

例 3-6　编写程序，输出 500 以内最大的素数（即 499）。所谓素数，是指除了 1 和自身之外没有其他因数的正整数，最小的素数是 2。可以证明，如果一个正整数 *n* 是素数，那么从 2 到 *n* 的平方根之间必然没有因数。程序如下：

```
for n in range(500, 1, -1):                  # 从大到小遍历
    if n%2==0 and n!=2:
        continue
    for i in range(3, int(n**0.5)+1, 2):
        if n%i == 0:                          # 如果有 n 的因数，n 就不是素数
            break                             # 提前结束内循环
    else:                                     # 如果内循环自然结束，继续执行这里的代码
        print(n)                              # 输出素数
        break                                 # 结束外循环
```

3.3.4　循环结构优化

编写程序实现预定功能之后应考虑对代码进行优化以追求更高的执行效率。解决实际问题时，首先应对问题进行全面、深入的分析，得到最优的算法之后再动手写代码。在代码层面也有很多优化的思路，如使用合适的数据类型、利用缓存机制、只导入模块中用到的对象、减少不必要的计算等。具体到循环结构，应尽量减少循环体中的重复计算，能在循环外进行的计算就不要放到循环体中，能在外循环中进行的计算就不要放到内循环中。例如，下面的代码用来生成几个数字

能够组成的所有 3 位数：

```
digits = (1, 2, 3, 4, 5)
for i in digits:
    for j in digits:
        for k in digits:
            print(i*100 + j*10 + k)
```

在上面的代码中，最内层循环中的乘法计算就属于不必要的重复计算，可以考虑往外提，修改为下面的代码，从而获得更高的执行效率。

```
digits = (1, 2, 3, 4, 5)
for i in digits:
    i = i * 100
    for j in digits:
        j = j*10 + i
        for k in digits:
            print(j+k)
```

3.4 异常处理结构

不管什么原因，程序运行时发生错误如果得不到恰当的处理都会抛出异常并中止执行，给用户带来非常糟糕的体验。异常处理结构是提高程序鲁棒性的重要技术，可以在程序出现错误时忽略错误、给出友好提示、稍后重新执行或者采取其他的措施，使程序在不正常的情况下能够有较好的表现。

3.4.1 异常概念与表现形式

异常是指代码运行时由于输入的数据不合法或者某个条件临时不满足而发生的错误。例如，除法运算中除数为 0，变量名不存在或拼写错误，要打开的文件不存在、权限不足或者用法不对（如试图写入以只读模式打开的文件），操作数据库时 SQL（Structure Query Language，结构查询语言）语句语法不正确或指定的表名、字段名不存在，要求输入整数但实际输入的内容无法使用内置函数 int() 转换为整数，要访问的属性不存在，文件传输过程中网络连接突然断开，这些情况都会引发代码异常。

代码一旦引发异常就会崩溃，如果得不到正确的处理会导致整个程序中止运行。一般而言，在异常信息的最后一行会明确给出异常的类型以及导致错误的原因，倒数第二行会给出导致崩溃的那一行代码。例如，把下面的代码保存为文件“测试 .py”并运行。

```
values = eval(input('请输入一个列表:'))
num = int(input('请输入一个整数:'))
print('最后一次出现的位置:', values.rindex(num))
```

代码运行结果与异常信息如图 3-4 所示。根据异常信息不难发现问题并找到解决问题的方法，把代码第 3 行的 rindex 改为 index 即可。

```
请输入一个列表：[1, 2, 3, 4]
请输入一个整数：3
Traceback (most recent call last):
  File "E:\Python310\test.py", line 3, in <module>
    print('最后一次出现的位置：', values.rindex(num))
AttributeError: 'list' object has no attribute 'rindex'. Did you mean: 'index'?
```

出错的代码所在行号

出错的代码

出错的原因

图3-4　代码运行结果与异常信息

3.4.2 异常处理结构语法与应用

异常处理结构的一般思路是先尝试运行代码，如果未出现异常就正常运行，如果引发异常就根据异常类型的不同采取相应的处理方案。

（1）try...except...else...finally...

异常处理结构的完整语法格式如下：

```
try:
    # 可能会引发异常的代码块
except 异常类型 1 as 变量 1:
    # 处理异常类型 1 的代码块
[except 异常类型 2 as 变量 2:
    # 处理异常类型 2 的代码块
......]
[else:
    # 如果 try 块中的代码没有引发异常，就执行这里的代码块
]
[finally:
    # 不论 try 块中的代码是否引发异常，也不论异常是否被处理，总是最后执行这里的代码块
]
```

在上面的语法格式中，else 和 finally 子句不是必需的，except 子句的数量也要根据具体的业务逻辑来确定，可以有一个或者多个，形式比较灵活。如果异常处理结构中包含多个 except 子句，应注意按照从派生类到基类或者从精确到模糊的顺序进行捕捉，否则程序可能会出现莫名其妙的运行结果。

（2）断言语句 assert

在程序中的某些位置，可能需要某个条件必须得到满足才能继续执行后面的代码。这时，可以使用断言语句 assert 来确认某个条件是否满足，要求的条件满足时不会有任何提示，什么也不会发生，默默地继续执行后面的代码，如果要求的条件不满足则会引发异常。断言语句 assert 的语法格式如下：

```
assert condition, information
```

其中，condition 可以是任何表达式，assert 要求这个表达式的值必须等价于 True，否则会引发异常，information 用来指定异常具体信息的字符串。assert 语句常和异常处理结构结合使用，下面的代码演示了 assert 语句的用法。在 Python 3.8 以及之后的版本中，assert 语句中可以使用赋值运算符“:=”，简化了代码的编写。

```
>>> assert 3==5, '两个数字不相等'
AssertionError: 两个数字不相等
>>> a = input('输入密码:')
输入密码: 1234
>>> b = input('再输入一次密码:')
再输入一次密码: 12345
>>> try:
    assert a==b
except:
    print('两次输入的密码不一样')
```

```
两次输入的密码不一样
>>> assert int(a:=input('请输入一个大于 0 的正整数:'))>0
请输入一个大于 0 的正整数: 3
>>> print(a)
3
```

（3）raise 关键字

raise 关键字可以用来在程序中显式引发异常或者重新抛出最后一个异常。如果 raise 关键字后面没有任何表达式就重新抛出当前程序执行过程中最后一个异常，如果当前没有异常就简单地抛出一个 RuntimeError 异常表示发生了错误，下面的代码演示了这个用法，更多用法请读者自行查阅资料。

```
# 当前没有异常，直接抛出 RuntimeError 异常
>>> raise
RuntimeError: No active exception to reraise
# 重新抛出最后发生的一个错误
>>> try:
    print('A' + 32)
except:
    raise

Traceback (most recent call last):
  File "<pyshell#19>", line 2, in <module>
    print('A' + 32)
TypeError: can only concatenate str (not "int") to str
```

3.5　综合例题解析

例 3-7

例 3-7　编写程序，接收一个正整数 *n*，输出所有的 *n* 位水仙花数。如果一个 *n* 位正整数的各位数字的 *n* 次方之和等于这个数字本身，那么这个正整数是水仙花数。例如 153 是 3 位水仙花数，因为 $153=1^3+5^3+3^3$，再例如 370、371、407 是 3 位水仙花数，1634、8208、9474 是 4 位水仙花数，54748、92727、93084 是 5 位水仙花数，只有 548834 这一个 6 位水仙花数，1741725、4210818、9800817、9926315 是 7 位水仙花数。程序如下：

```
from time import time

try:
    n = int(input('请输入一个正整数:'))
    assert n > 0
except:
    print('输入的不是正整数。')
else:
    func = lambda d: int(d)**n
    # 记录当前时间
    start = time()
    # 遍历所有 n 位正整数
    for num in range(10**(n-1), 10**n):
```

```
        if sum(map(func, str(num))) == num:
            print(num)
    # 记录当前时间
    end = time()
    # 输出两次调用 time() 函数的时间差，也就是中间一段代码的运行时间
    print(f'用时：{end-start} 秒')
```

运行结果为：

```
请输入一个正整数：8
24678050
24678051
88593477
用时：428.76689076423645 秒
```

例 3-8　编写程序，打印九九乘法表。程序如下：

例 3-8

```
for i in range(1, 10):
    for j in range(1, i+1):
        # {i*j:<2d} 表示计算并替换表达式 i*j 的值
        # 把计算结果格式化为 2 位字符串，不足 2 位的使用空格填充
        # < 表示左对齐，也就是在右侧填充空格
        print(f'{i}*{j}={i*j:<2d}', end=' ')
    print()
```

运行结果为：

```
1*1=1
2*1=2  2*2=4
3*1=3  3*2=6  3*3=9
4*1=4  4*2=8  4*3=12 4*4=16
5*1=5  5*2=10 5*3=15 5*4=20 5*5=25
6*1=6  6*2=12 6*3=18 6*4=24 6*5=30 6*6=36
7*1=7  7*2=14 7*3=21 7*4=28 7*5=35 7*6=42 7*7=49
8*1=8  8*2=16 8*3=24 8*4=32 8*5=40 8*6=48 8*7=56 8*8=64
9*1=9  9*2=18 9*3=27 9*4=36 9*5=45 9*6=54 9*7=63 9*8=72 9*9=81
```

例 3-9　编写程序，求解鸡兔同笼问题。通过键盘输入鸡和兔的总数以及腿的数量，计算并输出鸡、兔各有多少只。在数学上，这是一个二元一次方程组的求解问题，假设使用 m 表示鸡和兔的头的数量，使用 n 表示腿的数量，使用 x 表示鸡的数量，使用 y 表示兔的数量，那么求解方程组的过程为：

例 3-9

$$\begin{cases} x+y=m \\ 2x+4y=n \end{cases} \Rightarrow y=\frac{n-2m}{2}, x=m-y$$

虽然在数学上可以直接这样做，但求解实际的鸡兔同笼问题时还要保证鸡和兔的数量都必须是正整数。程序如下：

```
try:
    m = int(input('请输入鸡和兔的总数:'))
    n = int(input('请输入笼子里腿的总数:'))
except:
    print('两个数字必须都是整数。')
```

```
else:
    y = (n-2*m) / 2
    x = m - y
    if y==int(y) and y>0 and x>0:
        print(f'鸡{x}只，兔{y}只。')
    else:
        print('无解。')
```

运行结果为：

```
请输入鸡和兔的总数：30
请输入笼子里腿的总数：90
鸡 15.0 只，兔 15.0 只。
```

例 3-10

例 3-10　编写程序，求解百钱买百鸡问题。假设公鸡 5 元 1 只，母鸡 3 元 1 只，小鸡 1 元 3 只，现在有 100 元，想买 100 只鸡，输出所有可能的购买方案。程序如下：

```
# 假设能买 x 只公鸡，x 最大为 20
for x in range(21):
    # 假设能买 y 只母鸡
    for y in range((100-5*x)//3+1):
        # 假设能买 z 只小鸡
        z = 100 - x - y
        # 仔细体会两个条件的先后顺序
        if z%3==0 and (5*x + 3*y + z//3 == 100):
            print(f'公鸡{x}只，母鸡{y}只，小鸡{z}只')
```

运行结果为：

```
公鸡 0 只，母鸡 25 只，小鸡 75 只
公鸡 4 只，母鸡 18 只，小鸡 78 只
公鸡 8 只，母鸡 11 只，小鸡 81 只
公鸡 12 只，母鸡 4 只，小鸡 84 只
```

例 3-11

例 3-11　编写程序，输入一个正整数 *n*，然后计算前 *n* 个正整数的阶乘之和 1!+2!+3!+…+*n*! 的值。程序如下：

```
try:
    n = int(input('请输入一个正整数:'))
    assert n > 0
except:
    print('必须输入正整数。')
else:
    # result 表示前 n 项的和，temp 表示每一项
    result, temp = 0, 1
    # 充分利用相邻两项之间的关系，减少不必要的计算，提高执行效率
    for i in range(1, n+1):
        temp = temp * i
        result = result + temp
    print(result)
```

连续运行程序两次，运行结果为：

```
请输入一个正整数：4
33
请输入一个正整数：30
2744108184701421342097037809403l3
```

例 3-12 编写程序，验证 6174 猜想。1955 年，卡普耶卡（Kaprekar）对 4 位数字进行了研究，发现了一个规律：对任意各位数字不相同的 4 位数，使用各位数字能组成的最大数减去能组成的最小数，对得到的差重复这个操作，最终会得到 6174 这个数字，并且这个操作最多不会超过 7 次。程序如下：

例 3-12

```
from string import digits
from itertools import combinations

for item in combinations(digits, 4):
    times = 0
    while True:
        # 当前选择的 4 个数字能够组成的最大数和最小数
        big = int(''.join(sorted(item, reverse=True)))
        little = int(str(big)[::-1])
        difference = big - little
        times = times + 1
        # 如果最大数和最小数相减得到 6174 则退出
        # 否则对得到的差重复这个操作，最多 7 次，总能得到 6174
        if difference == 6174:
            if times > 7:
                print(times)
            break
        else:
            item = str(difference)
```

例 3-13 编写程序，输入一个正整数，如果是偶数就除以 2，如果是奇数就乘以 3 再加 1，对得到的数字重复这个操作，计算经过多少次之后会得到 1，输出所需要的次数。程序如下：

```
num = int(input('请输入一个正整数:'))
times = 0
while True:
    if num%2 == 0:
        num = num // 2
    else:
        num = num*3 + 1
    times = times + 1
    if num == 1:
        print(times)
        break
```

运行结果为：

```
请输入一个正整数：123456
61
```

例 3-14 编写程序，模拟决赛现场最终成绩的计算过程。程序如下：

例 3-14

```
while True:            # 这个 while 循环用来保证必须输入大于 2 的整数作为评委人数
    try:
        n = int(input('请输入评委人数:'))
        if n <= 2:
            print('评委人数太少，必须多于 2 个人。')
        else:
            break          # 如果输入大于 2 的整数，就结束循环
    except:
        pass

scores = []                # 用来保存所有评委的打分
for i in range(n):
    while True:            # 这个 while 循环用来保证用户必须输入 0 ～ 100 的数字
        try:
            score = input('请输入第 {0} 个评委的分数:'.format(i+1))
            score = float(score)
            assert 0<=score<=100
            scores.append(score)
            break          # 数据合法，跳出 while 循环，继续输入下一个评委的得分
        except:
            print('分数错误')

highest = max(scores)      # 计算并删除最高分与最低分
lowest = min(scores)
scores.remove(highest)
scores.remove(lowest)
#计算平均分，最多保留 2 位小数
finalScore = round(sum(scores)/len(scores), 2)
formatter = '去掉一个最高分{0}\n 去掉一个最低分{1}\n 最后得分{2}'
print(formatter.format(highest, lowest, finalScore))
```

本章知识要点

- 在 Python 语言中，几乎所有合法表达式都可以作为条件表达式。条件表达式的值等价于 True 时表示条件成立，等价于 False 时表示条件不成立。
- 程序控制结构包括顺序结构、选择结构、循环结构和异常处理结构。
- 解决实际问题时，一定要先深入分析问题和数据本身，设计好模型、算法或思路，最后写代码实现。
- 在编写和测试循环结构时，要重点测试边界条件，防止少一次或者多一次循环。
- for 循环结构非常适合用来遍历可迭代对象（如列表、元组、字典、集合、字符串以及 map、zip 等迭代器对象）中的元素。
- while 循环结构主要适用于无法提前确定循环次数的场合，while True 循环 +break 这样的结构在开发中很常见。
- break 语句和 continue 语句在 while 循环结构和 for 循环结构中都可以使用，并且一般常与选择结构或异常处理结构结合使用。一旦 break 语句被执行，将使 break 语句所属层次

的循环提前结束，如果当前循环带有 else 子句，不会执行其中的代码；continue 语句的作用是提前结束本次循环，忽略 continue 语句之后的所有语句，提前进入下一次循环。

- 异常是指代码运行时由于输入的数据不合法或者某个条件临时不满足而发生的错误。
- assert 语句常用来确保某个条件必须成立，常用于开发和测试阶段。代码测试通过之后，一般会删除 assert 语句再发布，可以适当提高运行速度。
- 一个好的代码应该能够充分考虑可能发生的异常并进行处理，要么给出友好提示信息，要么忽略异常继续执行，表现出很好的鲁棒性，在临时出现的不正常条件下仍有较好的表现。

习题

一、填空题

1. 表达式 isinstance([3, 5, 7], list) 的值为 ______________。
2. 表达式 bool(3+5) 的值为 ______________。
3. ______________ 语句用来提前结束循环，继续执行循环结构后面的代码。
4. ______________ 语句用来提前结束本次循环，跳过循环结构中该语句后面的代码，提前进入下一次循环。
5. 已知 a = 3 和 b = 5，执行语句 a, b = b, a+b 之后，b 的值为 ______________。
6. 下面代码的运行结果为 ______________。

```
item = [3, 5, 6, 2, 1, 4]
big = int(''.join(sorted(map(str,item), reverse=True)))
little = int(str(big)[::-1])
print(little)
```

二、选择题

1. 单选题：下面代码的输出结果是（　　）。

```
for s in 'HelloWorld':
    if s == 'W':
        continue
    print(s, end='')
```

A. Hello　　B. World　　C. HelloWorld　　D. Helloorld

2. 单选题：下面代码的输出结果是（　　）。

```
for i in range(3):
    print(2, end=',')
```

A. 2,2,2,　　B. 2,2,2　　C. 2 2 2　　D. 2 2 2,

3. 多选题：关键字 else 可以在下面哪几种场合使用？（　　）

A. ...if...else... 表达式　　B. 选择结构

C. 异常处理结构　　D. 循环结构

4. 多选题：作为条件表达式时，下面等价于 True 的表达式有哪些？（　　）

A. 5　　B. []　　C. {1,2,3}　　D. (3,4,5)

5. 多选题：下面只能在循环结构中使用的关键字有哪些？（　　）

A. break　　B. continue　　C. except　　D. else

6. 多选题：下面可以用来实现异常处理结构的关键字有哪些？（　　）

A. except　　B. try　　C. else　　D. finally

三、判断题

1. 在 Python 语言中，作为条件表达式时，[3] 和 {5} 是等价的，都表示条件成立。（　　）

2. 在 Python 语言中，else 只能用于选择结构，也就是说，else 必须和前面代码中的某个 if 或 elif 对齐。（　　）

3. 在 Python 语言中，选择结构的 if 必须有对应的 else，否则程序无法执行。（　　）

4. 对于带有 else 的循环结构，如果由于循环结构中执行了 break 语句而提前结束循环，将会继续执行 else 块中的代码。（　　）

5. Python 语言中的异常处理结构必须带有 finally 子句。（　　）

6. Python 语言中的异常处理结构可以不带 else 子句。（　　）

7. 对于带有 else 的异常处理结构，如果 try 块中的代码发生错误抛出异常，会继续执行 else 块中的代码。（　　）

8. 假设变量 x 已定义，那么下面的两段代码是等价的。（　　）

```
if isinstance(x, str) and len(x)>6:
    pass

if len(x)>6 and isinstance(x, str):
    pass
```

四、程序设计题

1. 编写程序，准备好一些备用的汉字，然后随机生成 100 个人名，要求其中大概 70% 左右的人名是 3 个字的，20% 左右的人名是 2 个字的，10% 左右的人名是 4 个字的。程序运行后，在屏幕上输出这些人名。

2. 某天小猴子摘了很多桃子，它一口气吃掉一半还不“过瘾”，就多吃了一个，第二天小猴子又吃掉剩下的桃子的一半多一个，之后小猴子每天都吃掉前一天剩余桃子的一半多一个，到了第 5 天小猴子再想吃的时候发现只剩下一个了。编写程序，计算小猴子最初摘了多少个桃子。

3. 有一座八层宝塔，每层都有一些琉璃灯，从上往下每层琉璃灯越来越多，并且每层的灯数都是上一层的 2 倍，已知共有 765 盏琉璃灯。编写程序，求解每层各有多少盏琉璃灯。

4. 一辆卡车违反交通规则后逃逸。现场有 3 人目击了整个事件，但都没有记住车牌号，只记住车牌号的一些特征。甲说：“车牌号的前两位数字是相同的。”乙说：“车牌号的后两位数字是相同的，但与前两位数字不同。”丙是数学家，他说：“4 位的车牌号刚好是一个整数的平方。”编写程序，根据以上线索求出车牌号。

5. 小明在步行街开了一家豆腐脑店，他在豆腐脑里面放了一种使用“祖传秘方”腌制的小咸菜，吃过的顾客都赞不绝口，每天早上都有很多顾客排队来买。为了进一步吸引顾客，小明尝试着加了一点麻汁，顾客品尝之后大呼这麻汁简直就是“神来之笔”。于是，小明又陆续开发出加辣椒油、加蒜蓉、加香菜等不同口味，这几种辅料可以自由组合，但顾客反馈说辣椒油和麻汁一起放了不好吃，于是小明删除了同时包含辣椒油和麻汁的组合。这样的话，祖传秘制小咸菜是必须放的，麻汁、辣椒油、蒜蓉、香菜这 4 种辅料可以放 1 ～ 3 种，但麻汁和辣椒油不能同时放。编写程序，输出小明的豆腐脑口味的所有组合，输出格式为类似于 ('小咸菜','麻汁')、('小咸菜','麻汁','香菜') 这样形式的若干元组，每个元组占一行。程序中可以使用标准库 itertools 中的组合函数，但不允许使用集合。

第 4 章 列表与元组

【本章学习目标】

- 理解列表和元组的概念与区别
- 熟练掌握列表对象和元组对象的常用方法
- 熟练掌握常用内置函数、运算符对列表和元组的操作
- 了解部分标准库与扩展库对列表和元组的操作
- 熟练掌握列表推导式、生成器表达式的语法和应用
- 熟练掌握切片操作
- 理解浅复制与深复制的区别
- 熟练掌握序列解包的语法和应用

4.1 列表

列表是包含若干元素的有序连续内存空间，是 Python 内置的有序容器对象和有序序列对象，是 Python 语言中最重要的可迭代对象之一。在形式上，列表的所有元素放在一对方括号中，相邻元素之间使用逗号分隔。在 Python 语言中，同一个列表中元素的数据类型可以各不相同。下面几个都是合法的列表对象：

```
[3.141592653589793, 9.8, 2.718281828459045]
['Python', 'C#', 'PHP', 'JavaScript', 'Go', 'Julia', 'VB']
['spam', 2.0, 5, 3+4j, [10, 20], (5,)]
[['file1', 200, 7], ['file2', 260, 9]]
[{8}, {'a':97}, (1,)]
[range, map, filter, zip, lambda x: x**6]
```

4.1.1 列表创建与删除

除了使用方括号包含若干元素直接创建列表，也可以使用 list() 函数把任意有限长度的可迭代对象转换为列表，还可以使用列表推导式（见 4.1.5 节）创建列表，某些内置函数、标准库函数和扩展库函数也会返回列表。当一个列表不再使用时，可以使用 del 命令将其删除。例如：

```
>>> data = [1, 2, 3, 4, 5]                          # 使用方括号直接创建列表
>>> print(data)
[1, 2, 3, 4, 5]
```

```
>>> data = list('Python')                          # 把字符串转换为列表
>>> print(data)
['P', 'y', 't', 'h', 'o', 'n']
>>> data = list(range(5))                          # 把 range 对象转换为列表
>>> print(data)
[0, 1, 2, 3, 4]
>>> data = list(map(str, range(5)))                # 把 map 对象转换为列表
>>> print(data)
['0', '1', '2', '3', '4']
>>> data = list(zip(range(5)))                     # 把 zip 对象转换为列表
>>> print(data)
[(0,), (1,), (2,), (3,), (4,)]
>>> data = list(enumerate('Python'))               # 把 enumerate 对象转换为列表
>>> print(data)
[(0, 'P'), (1, 'y'), (2, 't'), (3, 'h'), (4, 'o'), (5, 'n')]
>>> data = list(filter(lambda x: x%2==0, range(10)))
                                                   # 把 filter 对象转换为列表
>>> print(data)
[0, 2, 4, 6, 8]
>>> import random
>>> random.shuffle(data)                           # 随机打乱顺序
>>> print(data)
[2, 4, 6, 0, 8]
>>> print(sorted(data))                            # 内置函数 sorted() 返回列表
[0, 2, 4, 6, 8]
>>> data = random.choices('01', k=20)              # 随机选择 20 个元素返回列表，允许重复
>>> print(data)
['1', '1', '0', '1', '1', '0', '0', '1', '0', '0', '1', '1', '1', '1', '1', '1', '0',
'0', '0', '0']
>>> data = random.sample(range(100), k=20)         # 随机选择 20 个元素返回列表，不允许重复
>>> print(data)
[48, 5, 32, 37, 7, 20, 31, 69, 3, 0, 88, 46, 38, 39, 54, 43, 14, 40, 15, 66]
# 下面一行代码适用于 Python 3.9 以及之后的版本
# counts 参数用来指定元素的重复次数，也就是从 3 个 'a' 和 9 个 'b' 中选择 5 个
>>> print(random.sample(['a','b'], 5, counts=[3,9]))
['b', 'b', 'a', 'a', 'b']
>>> print('Beautiful is better than ugly.'.split())
                                                   # 分隔字符串，返回列表
['Beautiful', 'is', 'better', 'than', 'ugly.']
>>> from jieba import lcut                         # 需要先安装扩展库 jieba
>>> text = '列表是包含若干元素的有序连续内存空间，是 Python 内置的有序容器对象或有序序列对象，
是 Python 中最重要的可迭代对象之一。'
>>> words = lcut(text)                             # 分词结果以列表形式返回
>>> print(words)
['列表', '是', '包含', '若干', '元素', '的', '有序', '连续', '内存空间', '，', '是', 'Python',
'内置', '的', '有序', '容器', '对象', '或', '有序', '序列', '对象', '，', '是', 'Python', '中', '最',
'重要', '的', '可', '迭代', '对象', '之一', '。']
>>> import itertools
```

```
    >>> dir(itertools)                          # 查看模块中的成员，返回列表
    ['__doc__', '__loader__', '__name__', '__package__', '__spec__', '_grouper', '_tee',
'_tee_dataobject', 'accumulate', 'chain', 'combinations', 'combinations_with_replacement',
'compress', 'count', 'cycle', 'dropwhile', 'filterfalse', 'groupby', 'islice',
'permutations', 'product', 'repeat', 'starmap', 'takewhile', 'tee', 'zip_longest']
    >>> import re
    >>> print(re.findall('\w+', 'Explicit is better than implicit.'))
                                                # 提取所有单词
    ['Explicit', 'is', 'better', 'than', 'implicit']
    >>> print(re.findall('\d+', '1234567890ab999c888'))
                                                # 提取所有数字子串
    ['1234567890', '999', '888']
```

4.1.2 列表元素访问

列表、元组和字符串属于有序序列，其中的元素有严格的先后顺序，可以很确定地说第几个元素是什么，可以使用整数作为下标来随机访问其中任意位置上的元素，也支持使用切片（详细内容见 4.1.6 节）访问其中的多个元素。

列表、元组和字符串都支持双向索引，有效索引范围为 [-*L*, *L*-1]，其中 *L* 表示列表、元组或字符串的长度。使用正向索引时下标 0 表示第 1 个元素，下标 1 表示第 2 个元素，下标 2 表示第 3 个元素，以此类推；使用反向索引时下标 -1 表示最后 1 个元素，下标 -2 表示倒数第 2 个元素，下标 -3 表示倒数第 3 个元素，以此类推。另外，列表属于可迭代对象，除支持下标和切片之外，也可以使用 for 循环从前向后逐个遍历其中的元素。例如：

```
from random import sample, seed

# 设置随机数种子，使每次运行结果一样
seed(202208132245)
values = [89, 92, 97, 69, 81, 19]
length = len(values)
for index in sample(range(-length, length), 5):
    print(f'{index=}, {values[index]=}')
```

运行结果为：

```
index=-3, values[index]=69
index=3, values[index]=69
index=-2, values[index]=81
index=5, values[index]=19
index=2, values[index]=97
```

4.1.3 列表常用方法

4.1.3

列表定义之后，其中元素的数量和引用都是可变的，可以通过列表方法和相关操作来增加、删除、修改元素。列表对象常用的方法如表 4-1 所示，这些方法必须通过一个列表对象来调用，表格中的“当前列表”指正在调用该方法的列表对象，如对 data.append(3) 而言，data 就是当前列表。

表 4-1 列表对象常用的方法

方法	说明
append(object, /)	将任意对象 object 追加至当前列表的尾部
clear()	清空当前列表中的所有元素
copy()	返回当前列表的浅复制
count(value, /)	返回值为 value 的元素在当前列表中的出现次数
extend(iterable, /)	将有限长度的可迭代对象 iterable 中所有元素追加至当前列表的尾部
insert(index, object, /)	在当前列表的 index 位置前面插入对象 object
index(value, start=0, stop=9223372036854775807, /)	返回当前列表指定范围中第一个值为 value 的元素的索引，若不存在值为 value 的元素则抛出异常
pop(index=-1, /)	删除并返回当前列表中下标为 index 的元素，index 非法时抛出异常
remove(value, /)	删除当前列表中第一个值为 value 的元素，不存在时抛出异常
reverse()	对当前列表中的所有元素进行原地翻转，首尾交换
sort(*, key=None, reverse=False)	对当前列表中的元素进行原地排序

（1）append()、insert()、extend() 方法

列表方法 append(object, /) 用于向当前列表的尾部追加一个元素，参数 object 可以是任意类型的对象，不影响列表引用和原有元素的引用；insert(index, object, /) 用于向参数 index 指定的列表位置插入一个元素，下标 index 以及后面的所有元素向后移动一个位置，下标加 1，参数 object 可以是任意类型的对象；extend(iterable, /) 用于将参数 iterable 指定的列表、元组、字典、集合、字符串、map 对象、zip 对象等任意可迭代对象中的所有元素追加至当前列表的尾部，不影响列表引用和原有元素的引用。Python 解释器会在列表增加或删除元素时自动扩展或收缩内存，使元素之间没有空隙。在列表开头或中间位置插入元素时，该位置后面的所有元素自动向后移动，索引会发生变化。

这 3 个方法都没有返回值，或者说返回 None，这意味着不能使用 ret = data.append(3) 类似形式的语句，这时 ret 将会是 None，这样的赋值没有意义。下面的代码演示了这 3 个方法的用法。

```
>>> data = [1, 2, 3]
>>> data.append(4)
# 使用 insert() 方法在指定的位置插入元素，该位置及后面的所有元素向后移动
>>> data.insert(0, 0)
>>> data.insert(2, 1.5)
# insert() 方法的第一个参数可以是正整数或负整数
# 如果当前列表存在这个位置，就在这个位置上插入元素
>>> data.insert(-2, 2.5)
# 如果指定的负整数位置不存在，就在列表头部插入元素
>>> data.insert(-20, -1)
# 如果指定的正整数位置不存在，就在列表尾部追加元素
>>> data.insert(20, 5)
>>> print(data)
[-1, 0, 1, 1.5, 2, 2.5, 3, 4, 5]
# 使用 extend() 方法把列表、元组、字符串、集合
# 或其他有限长度的可迭代对象中所有元素添加到当前列表尾部
```

```
# 如果参数是字典，默认把字典中的“键”添加到当前列表尾部
>>> data.extend([6, 7])
>>> data.extend(map(int, '89'))
>>> print(data)
[-1, 0, 1, 1.5, 2, 2.5, 3, 4, 5, 6, 7, 8, 9]
# 注意 append() 方法与 extend() 方法的不同
# 不管 append() 方法的参数是什么对象，都直接追加到当前列表尾部
>>> data.append([10])
>>> print(data)
[-1, 0, 1, 1.5, 2, 2.5, 3, 4, 5, 6, 7, 8, 9, [10]]
```

（2）pop()、remove()、clear() 方法

列表方法 pop(index=-1, /) 用于删除并返回当前列表中下标为 index 的元素，不指定参数 index 时默认删除并返回当前列表中最后一个元素，如果当前列表为空或者指定的位置不存在则抛出异常；remove(value, /) 用于删除当前列表中第一个值为 value 的元素，如果不存在则抛出异常；clear() 用于清空当前列表中的所有元素。其中，remove() 和 clear() 方法都没有返回值，pop() 方法有返回值。另外，Python 会在列表增加或删除元素时自动扩展或收缩内存，使元素之间没有空隙。删除列表非尾部元素时，会使被删除元素位置后面的所有元素向前移动，索引会发生变化。下面的代码演示了这 3 个方法的用法。

```
>>> data = list('Readability count.')
>>> print(data)
['R', 'e', 'a', 'd', 'a', 'b', 'i', 'l', 'i', 't', 'y', ' ', 'c', 'o', 'u', 'n', 't', '.']
>>> print(data.pop())                  # 删除并返回最后一个元素
.
>>> print(data.pop(3))                 # 删除并返回下标为 3 的元素
d
>>> print(data.pop(-3))                # 删除并返回下标为 -3 的元素
u
>>> print(data)
['R', 'e', 'a', 'a', 'b', 'i', 'l', 'i', 't', 'y', ' ', 'c', 'o', 'n', 't']
>>> data.remove('i')                   # 删除列表中第一个字符 i
>>> print(data)
['R', 'e', 'a', 'a', 'b', 'l', 'i', 't', 'y', ' ', 'c', 'o', 'n', 't']
>>> data.clear()                       # 清空列表，删除所有元素
>>> print(data)
[]
```

（3）count()、index() 方法

列表方法 count(value, /) 用于返回当前列表中值为 value 的元素出现的次数；index(value, start=0, stop=9223372036854775807, /) 用于返回值为 value 的元素在当前列表中首次出现的位置，如果不存在则抛出异常。index() 方法的参数 start 和 stop 用来指定搜索的下标范围，其中 start 默认值为 0，表示从头开始搜索；stop 默认值为 9223372036854775807（8 个字节能表示的最大正整数，十六进制形式为 0x7fffffffffffffff，适用于 64 位 Python）或 2147483647（4 个字节能表示的最大正整数，十六进制形式为 0x7fffffff，适用于 32 位 Python），分别表示 64 位和 32 位允许的最大下标范围。

这两个方法都有返回值，可以将其返回值赋给变量进行保存后使用，也可以直接输出或者作为其他函数的参数。另外，对于 remove()、pop()、index() 和其他类似的可能引发异常的方法，

调用时应结合使用选择结构和异常处理结构，避免程序崩溃。创建程序文件，输入并运行下面的代码：

```
data = [1, 2, 2, 3, 3, 3, 4, 4, 4, 4]
print(data.count(4), data.count(8))
number = 3
if number in data:
    print(data.index(number))              # 与选择结构结合使用
else:
    print('列表中没有这个元素')
number = 8
try:
    print(data.index(number))              # 与异常处理结构结合使用
except:
    print('列表中没有这个元素')
```

运行结果为：

```
4 0
3
列表中没有这个元素
```

（4）sort()、reverse() 方法

列表方法 sort(*, key=None, reverse=False) 用于按照指定的规则对当前列表中所有元素进行排序，其中 key 参数与内置函数 sorted()、max()、min() 的 key 参数作用相同，用来指定排序规则，可以是任意单参数可调用对象，不指定排序规则时默认按照元素的大小直接进行排序；reverse 参数用来指定升序排列还是降序排列，默认为升序排列，如果需要降列排列可以指定参数 reverse=True。列表方法 reverse() 用于原地翻转当前列表中所有元素。这两个方法都没有返回值，类似于 ret=lst.sort() 这样的语句都会使变量 ret 得到 None。

创建程序文件，输入并运行下面的代码：

```
from random import shuffle, seed

data = list(range(15))
print(f'原始数据：\n{data}')

seed(202209092155)
shuffle(data)
print(f'随机打乱顺序：\n{data}')
data.sort(key=str)
print(f'按转换为字符串后的大小升序排列：\n{data}')

shuffle(data)
print(f'随机打乱顺序：\n{data}')
# 按转换为字符串后的长度升序排列，长度相同的保持原来的相对顺序
data.sort(key=lambda num: len(str(num)))
print(f'按转换为字符串后的长度升序排列：\n{data}')
data.sort(key=lambda num: len(str(num)), reverse=True)
print(f'按转换为字符串后的长度降序排列：\n{data}')

shuffle(data)
```

```
    print(f'随机打乱顺序：\n{data}')
    # 不指定排序规则，按元素本身的大小排列
    data.sort(reverse=True)
    print(f'直接按数值大小降序排列：\n{data}')

    shuffle(data)
    print(f'随机打乱顺序：\n{data}')
    data.reverse()
    print(f'翻转后的数据：\n{data}')
```

运行结果为：

```
原始数据：
[0, 1, 2, 3, 4, 5, 6, 7, 8, 9, 10, 11, 12, 13, 14]
随机打乱顺序：
[3, 12, 2, 6, 7, 9, 5, 1, 8, 4, 13, 0, 11, 14, 10]
按转换为字符串后的大小升序排列：
[0, 1, 10, 11, 12, 13, 14, 2, 3, 4, 5, 6, 7, 8, 9]
随机打乱顺序：
[9, 3, 12, 7, 14, 4, 2, 10, 8, 5, 6, 13, 0, 11, 1]
按转换为字符串后的长度升序排列：
[9, 3, 7, 4, 2, 8, 5, 6, 0, 1, 12, 14, 10, 13, 11]
按转换为字符串后的长度降序排列：
[12, 14, 10, 13, 11, 9, 3, 7, 4, 2, 8, 5, 6, 0, 1]
随机打乱顺序：
[9, 13, 4, 8, 0, 10, 3, 1, 6, 2, 5, 12, 7, 11, 14]
直接按数值大小降序排列：
[14, 13, 12, 11, 10, 9, 8, 7, 6, 5, 4, 3, 2, 1, 0]
随机打乱顺序：
[6, 4, 5, 11, 1, 2, 14, 10, 8, 13, 7, 9, 3, 0, 12]
翻转后的数据：
[12, 0, 3, 9, 7, 13, 8, 10, 14, 2, 1, 11, 5, 4, 6]
```

（5）copy() 方法

列表方法 copy() 返回当前列表的浅复制。所谓浅复制，是指只对列表中第一级元素（如对于列表 [[3], [4]]，第一级元素为子列表 [3] 和 [4]，数字 3 和 4 不是原列表的元素）的引用进行复制，在浅复制完成的瞬间，新列表和原列表包含同样的引用。如果原列表中只包含整数、实数、复数、元组、字符串、range 对象以及 map 对象、zip 对象等可哈希对象（或称为不可变对象），浅复制和深复制是一样的。但是如果原列表中包含列表、字典、集合这样的不可哈希对象（或称为可变对象），那么浅复制得到的列表和原列表之间可能会互相影响。下面的代码演示了浅复制的原理和可能带来的问题。

```
data = [1, 2.0, 3+4j, '5', (6,)]          # 原列表中所有元素都是可哈希对象
data_new = data.copy()                    # 得到的新列表与原列表互相不影响
data_new[3] = 3
print(data)
print(data_new)

data = [[1], [2], [3]]                    # 原列表中包含不可哈希的子列表
data_new = data.copy()                    # 浅复制
```

```
# 直接修改新列表中元素的引用，不影响原列表
data_new[1] = 3
# 调用新列表中可哈希元素的原地操作方法，影响原列表
data_new[0].append(4)
data[2].extend([5,6,7])
print(data)
print(data_new)
```

运行结果为：

```
[1, 2.0, (3+4j), '5', (6,)]
[1, 2.0, (3+4j), 3, (6,)]
[[1, 4], [2], [3, 5, 6, 7]]
[[1, 4], 3, [3, 5, 6, 7]]
```

上面的代码分别演示了列表中只包含可哈希数据和列表中包含不可哈希数据的两种情况，其原理分别如图 4-1 和图 4-2 所示。

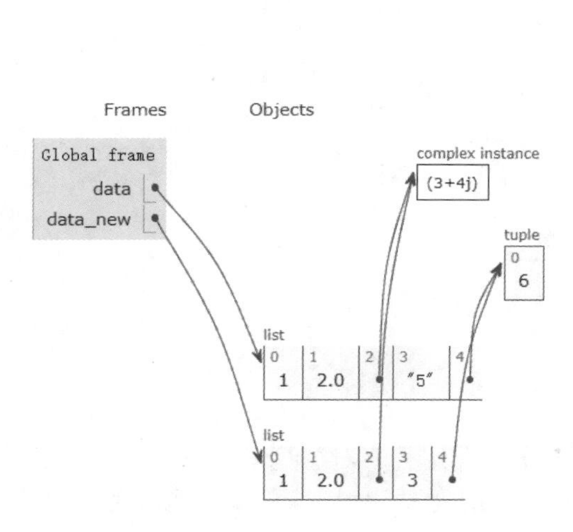

图4-1　列表中只包含可哈希数据

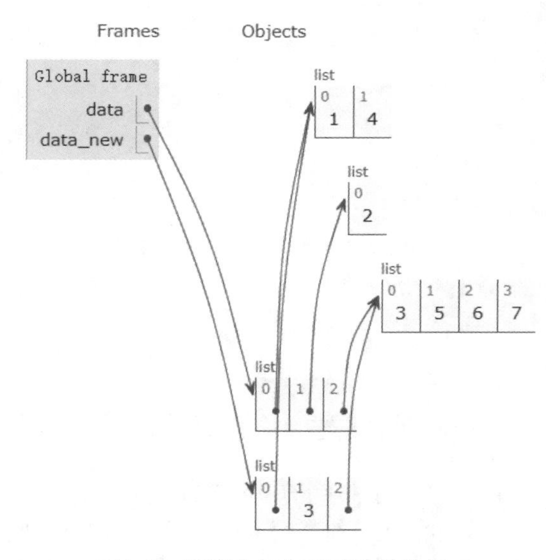

图4-2　列表中包含不可哈希数据

对于包含列表、字典、集合等可变对象的列表，如果想使复制得到的新列表和原列表完全独立、互相不影响，应使用标准库 copy 提供的 deepcopy() 函数进行深复制。

创建程序文件，输入并运行下面的代码：

```
from copy import deepcopy

data = [[1], [2], [3]]
data_new = deepcopy(data)          # 深复制
data_new[1] = 3                    # 修改新列表元素的引用，不影响原列表
data_new[0].append(4)              # 调用新列表元素的原地操作方法，不影响原列表
data[2].extend([5,6,7])            # 调用原列表元素的原地操作方法，不影响新列表
print(data)
print(data_new)
```

运行结果为：

```
[[1], [2], [3, 5, 6, 7]]
[[1, 4], 3, [3]]
```

深复制内部工作过程与原理如图 4-3 所示。

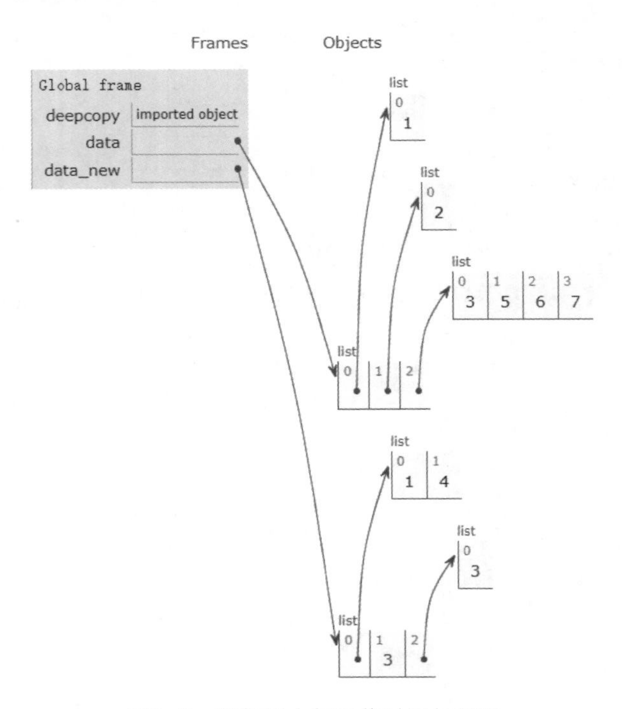

图4-3　深复制内部工作过程与原理

4.1.4　列表支持的运算符

列表、元组和字符串支持的运算符基本类似，本节重点介绍列表对这些运算符的支持。

（1）加法运算符“+”可以用于连接两个列表，得到一个新列表。使用这种方式连接多个列表，会涉及大量元素的复制，效率较低，不推荐使用。

（2）乘法运算符“*”可以用于列表与整数相乘（或整数与列表相乘），对列表中的元素进行重复，返回新列表。在使用时需要注意的是，该运算符类似于浅复制，只对列表中的第一级元素的引用进行重复。

创建程序文件，输入并运行下面的代码：

```
values = [1, 2, 3] * 3
values[3] = 666                    # 修改特定元素的引用，不影响其他元素
print(values)
values = [[1, 2, 3]] * 3           # 内部的 3 个子列表其实是同一个列表的 3 个引用
values[0][1] = 888                 # 通过任何 1 个引用都可以影响另外 2 个引用
print(values)
```

运行结果为：

```
[1, 2, 3, 666, 2, 3, 1, 2, 3]
[[1, 888, 3], [1, 888, 3], [1, 888, 3]]
```

（3）成员测试运算符 in 可用于测试列表中是否包含某个元素，如果包含则返回 True，否则返回 False。与该运算符相反，not in 用于测试列表中是否不包含某个元素，如果不包含则返回 True，否则返回 False。当作用于列表、元组和字符串时，这两个运算符具有惰性求值的特点，并且采用了线性搜索的算法，也就是从前往后逐个遍历其中的元素，如果遇到满足条件的元素就返回 True 且不再检查后面的元素，如果所有元素都不满足条件就返回 False。列表、元组、字符串的长度越长，所需要的平均时间也越长。由于内部实现方式不同，当 in 运算符作用于字典和集合时，长度对所需时间的影响非常小。

（4）关系运算符可以用来比较两个列表的大小，从前向后逐个比较两个列表中对应位置上的元素的值，直到能够得出明确的结论为止。关系运算符具有惰性求值的特点，任何时候只要能够确定表达式的值，后面的元素就不再进行比较。

（5）属性访问运算符“.”可以用来访问列表或其他任意类型对象的方法，也可以用来访问模块中的成员。下标运算符“[]”可以用来获取列表中指定位置的元素，或者定义切片访问列表中的部分元素。

除了本节介绍的这些运算符，列表、元组和字符串还支持“+=”这样的复合赋值分隔符，但由于内部实现各有不同，没有统一的表现，所以不推荐使用这样的复合赋值分隔符，更建议使用相应的方法来实现需要的功能。

4.1.5　列表推导式语法与应用

4.1.5

列表推导式（list comprehension，也称为列表解析式）可以使用非常简洁的形式对列表或其他任意类型且长度有限的可迭代对象的元素进行遍历、过滤或再次计算，快速生成满足特定需求的列表。列表推导式的完整语法格式为：

```
[expression  for element1 in iterable1 if condition1
             for element2 in iterable2 if condition2
             for element3 in iterable3 if condition3
             ...
             for elementN in iterableN if conditionN]
```

列表推导式在逻辑上等价于循环结构，第一个循环相当于最外层的循环，最后一个循环相当于最内层的循环。实际使用时一般建议不超过两层循环，否则应使用循环结构改写。

例 4-1　编写程序，使用列表模拟向量，使用列表推导式模拟两个等长向量的加法、减法、内积运算以及向量与标量的除法运算。程序如下：

```
vector1 = [1, 3, 9, 30]
vector2 = [-5, -17, 22, 0]
print(vector1, vector2, sep='\n')
print('向量相加:')
print([x+y for x, y in zip(vector1,vector2)])
print('向量相减:')
print([x-y for x, y in zip(vector1,vector2)])
print('向量内积:')
print(sum([x*y for x, y in zip(vector1,vector2)]))
print('向量与标量相除:')
print([num/5 for num in vector1])
```

运行结果为：

```
[1, 3, 9, 30]
[-5, -17, 22, 0]
向量相加：
[-4, -14, 31, 30]
向量相减：
[6, 20, -13, 30]
向量内积：
142
向量与标量相除：
[0.2, 0.6, 1.8, 6.0]
```

4.1.6 切片语法与应用

4.1.6

切片（slice）是用来获取列表、元组、字符串等有序序列中部分元素的一种语法，也适用于 range 对象，但很少这样使用。在语法格式上，切片使用 2 个冒号分隔的 3 个整数来表示。

```
[start:stop:step]
```

其中 start 表示切片开始位置，默认为 0（step>0 时）或 -1（step<0 时）；stop 表示切片截止（但不包含）位置，当 step>0 时 stop 默认为 *L*（*L* 表示列表长度），当 step<0 时 stop 默认为 -*L*-1；step 表示切片的步长（默认为 1），省略步长时还可以同时省略第二个冒号，写作 [start:stop]。另外，当 step<0 时表示反向切片，这时 start 应该在 stop 的右侧，否则切片为空。

切片作用于元组和字符串时仅能访问其中的部分元素，作用于列表时具有最强大的功能：不仅可以使用切片来截取列表中的任何部分并返回得到一个新列表，也可以通过切片来修改和删除列表中的元素，甚至可以通过切片为列表增加元素。本节重点介绍访问有序序列中部分元素的用法。

使用切片可以返回列表中部分元素组成的新列表。当切片范围超出列表边界时，不会因为下标越界而抛出异常，而是简单地在列表尾部截断或者返回空列表，使代码具有更强的鲁棒性。下面的代码以列表为例演示了切片的这个用法，同样的用法也适用于元组和字符串。

```
>>> values = list('Beautiful is better than ugly.')
# 切片，start、stop、step 均使用默认值，返回所有元素组成的新列表
>>> print(f'{values[:]=}')
values[:]=['B', 'e', 'a', 'u', 't', 'i', 'f', 'u', 'l', ' ', 'i', 's', ' ', 'b', 'e', 't', 't', 'e', 'r', ' ', 't', 'h', 'a', 'n', ' ', 'u', 'g', 'l', 'y', '.']
>>> print(f'{values[:3]=}')            # 下标介于区间 [0,3) 的元素
values[:3]=['B', 'e', 'a']
>>> print(f'{values[5:9]=}')           # 下标介于区间 [5,9) 的元素
values[5:9]=['i', 'f', 'u', 'l']
>>> print(f'{values[-3:]=}')           # 最后 3 个元素
values[-3:]=['l', 'y', '.']
>>> print(f'{values[::2]=}')           # 从下标 0 开始，返回偶数位置上的元素
values[::2]=['B', 'a', 't', 'f', 'l', 'i', ' ', 'e', 't', 'r', 't', 'a', ' ', 'g', 'y']
# 从下标 0 开始，每 3 个元素取 1 个，或者说每隔 2 个元素取 1 个
>>> print(f'{values[::3]=}')
values[::3]=['B', 'u', 'f', ' ', ' ', 't', 'r', 'h', ' ', 'l']
```

```
# 下标介于区间 [6,100) 的元素，由于 100 大于实际长度，所以在尾部截断
>>> print(f'{values[6:100]=}')
values[6:100]=['f', 'u', 'l', ' ', 'i', 's', ' ', 'b', 'e', 't', 't', 'e', 'r', ' ', 't', 'h', 'a', 'n', ' ', 'u', 'g', 'l', 'y', '.']
# 下标大于等于 100 的所有元素，由于 100 大于实际长度，所以返回空列表
>>> print(f'{values[100:]=}')
values[100:]=[]
# -100 不在有效下标范围之内并且 -100 小于 0，所以在列表头部截断
>>> print(f'{values[-100:-21]=}')
values[-100:-21]=['B', 'e', 'a', 'u', 't', 'i', 'f', 'u', 'l']
```

在使用切片时要注意的是，切片得到的是原列表的浅复制。如果原列表中包含列表、字典、集合这样的可变对象，切片得到的新列表和原列表之间可能会互相影响。下面的代码演示了这种情况，更多关于浅复制的描述请参考 4.1.3 节。

```
>>> data = [[1], [2], [3], [4]]           # 包含子列表的列表
>>> data_new = data[:2]                   # 返回前两个元素的引用组成的新列表
>>> print(f'{data=}')
data=[[1], [2], [3], [4]]
>>> print(f'{data_new=}')
data_new=[[1], [2]]
>>> data_new[0].append(666)               # 通过 data_new 可以影响原列表 data
>>> data_new[1].extend([0, 0])
>>> print(f'{data=}')
data=[[1, 666], [2, 0, 0], [3], [4]]
>>> print(f'{data_new=}')
data_new=[[1, 666], [2, 0, 0]]
```

4.2 元组

在形式上，元组的所有元素放在一对圆括号中，元素之间使用逗号分隔，如果元组中只有一个元素则必须在最后增加一个逗号。严格来说，是逗号创建了元组，圆括号只是一种好看的辅助形式。我们可以把元组看作轻量级列表或者简化版列表，它支持很多和列表类似的操作，但功能要比列表简单很多，并且元组定义后其中元素数量和每个元素的引用都不能发生改变。

4.2.1 元组创建

除了把元素放在圆括号内表示元组，还可以使用内置函数 tuple() 把任意有限长度的可迭代对象转换为元组。另外还有很多内置函数、标准库函数、扩展库函数也会返回元组或者包含元组的对象。例如：

```
# 表示颜色的三元组，分别表示红、绿、蓝 3 个分量的值
>>> red = (255, 0, 0)
# 测试 3 是否为 3 种类型之一的对象
>>> print(isinstance(3, (int,float,complex)))
True
# divmod() 函数返回元组，其中包含整商和余数
>>> print(divmod(60, 13))
(4, 8)
```

```
>>> text = 'abcde'
# 把字符串转换为元组
>>> keys = tuple(text)
# 把 map 对象转换为元组
>>> values = tuple(map(ord, text))
>>> print(keys, values, sep='\n')
('a', 'b', 'c', 'd', 'e')
(97, 98, 99, 100, 101)
# zip() 函数返回包含若干元组的 zip 对象
# * 表示序列解包，一次性输出 zip 对象中的所有元素
>>> print(*zip(keys,values), sep=',')
('a', 97),('b', 98),('c', 99),('d', 100),('e', 101)
# enumerate() 函数返回包含若干元组的 enumerate 对象
>>> print(*enumerate('Python'), sep=',')
(0, 'P'),(1, 'y'),(2, 't'),(3, 'h'),(4, 'o'),(5, 'n')
>>> from itertools import combinations, permutations, product
# 从 5 个元素中任选 3 个组成的所有组合
>>> print(*combinations(range(5), 3), sep=',')
(0, 1, 2),(0, 1, 3),(0, 1, 4),(0, 2, 3),(0, 2, 4),(0, 3, 4),(1, 2, 3),(1, 2, 4),(1, 3, 4),(2, 3, 4)
# 从 5 个元素中任选 3 个的所有排列
>>> print(*permutations(range(5), 3), sep=',')
(0, 1, 2),(0, 1, 3),(0, 1, 4),(0, 2, 1),(0, 2, 3),(0, 2, 4),(0, 3, 1),(0, 3, 2),(0, 3, 4),(0, 4, 1),(0, 4, 2),(0, 4, 3),(1, 0, 2),(1, 0, 3),(1, 0, 4),(1, 2, 0),(1, 2, 3),(1, 2, 4),(1, 3, 0),(1, 3, 2),(1, 3, 4),(1, 4, 0),(1, 4, 2),(1, 4, 3),(2, 0, 1),(2, 0, 3),(2, 0, 4),(2, 1, 0),(2, 1, 3),(2, 1, 4),(2, 3, 0),(2, 3, 1),(2, 3, 4),(2, 4, 0),(2, 4, 1),(2, 4, 3),(3, 0, 1),(3, 0, 2),(3, 0, 4),(3, 1, 0),(3, 1, 2),(3, 1, 4),(3, 2, 0),(3, 2, 1),(3, 2, 4),(3, 4, 0),(3, 4, 1),(3, 4, 2),(4, 0, 1),(4, 0, 2),(4, 0, 3),(4, 1, 0),(4, 1, 2),(4, 1, 3),(4, 2, 0),(4, 2, 1),(4, 2, 3),(4, 3, 0),(4, 3, 1),(4, 3, 2)
# 3 个字符串 'abc' 中元素的笛卡儿积
>>> print(*product('abc', repeat=3), sep=',')
('a', 'a', 'a'),('a', 'a', 'b'),('a', 'a', 'c'),('a', 'b', 'a'),('a', 'b', 'b'),('a', 'b', 'c'),('a', 'c', 'a'),('a', 'c', 'b'),('a', 'c', 'c'),('b', 'a', 'a'),('b', 'a', 'b'),('b', 'a', 'c'),('b', 'b', 'a'),('b', 'b', 'b'),('b', 'b', 'c'),('b', 'c', 'a'),('b', 'c', 'b'),('b', 'c', 'c'),('c', 'a', 'a'),('c', 'a', 'b'),('c', 'a', 'c'),('c', 'b', 'a'),('c', 'b', 'b'),('c', 'b', 'c'),('c', 'c', 'a'),('c', 'c', 'b'),('c', 'c', 'c')
# 需要安装扩展库 pillow，其中的 Image 是图像处理常用模块
>>> from PIL import Image
# 打开一个图像文件
>>> im = Image.open('test.jpg')
# 获取并输出指定位置像素的颜色值
# (300,400) 中的数字分别表示像素横坐标和纵坐标
# 返回的结果元组中元素分别是红、绿、蓝 3 个分量的值
>>> print(im.getpixel((300, 400)))
(52, 52, 52)
```

4.2.2 元组方法与常用操作

元组属于有序序列，支持使用下标和切片访问其中的元素。作为 Python 语言中重要的可迭

代对象之一，元组也适用于大多数可以使用列表的场合。元组支持使用加号进行连接，支持与整数相乘进行重复，支持使用关键字 in 测试是否包含某个元素，支持使用 count() 方法获取元素出现次数，以及使用 index() 方法返回元素的首次出现位置。例如：

```
>>> data = (1, 2, 3, 4)
>>> print(len(data))              # 元组长度，即元素数量
4
>>> print(max(data), min(data))   # 最大值和最小值
4 1
>>> print(data[0])                # 元组中下标为 0 的元素
1
>>> print(data[-2])               # 元组中倒数第 2 个元素
3
>>> print(data + (5,6))           # 使用加号连接两个元组
(1, 2, 3, 4, 5, 6)
>>> print(data * 3)               # 元组与整数相乘，返回新元组
(1, 2, 3, 4, 1, 2, 3, 4, 1, 2, 3, 4)
>>> print(data[2:])               # 切片，元组中下标为 2 以及后面的元素
(3, 4)
>>> print(data.count(3))          # 元组中元素 3 出现的次数
1
>>> print(data.index(3))          # 元组中元素 3 首次出现的下标
2
```

4.2.3　元组与列表的区别

元组和列表都属于有序序列，都支持使用双向索引随机访问其中的元素，以及使用 count() 方法统计指定元素的出现次数和使用 index() 方法获取指定元素首次出现的索引，len()、map()、zip()、enumerate()、filter() 等大量内置函数以及 +、*、in 等运算符也都可以作用于元组和列表。虽然有一定的相似之处，但元组与列表的外在表现和内部实现都有很大的不同。

元组是不可变的，定义之后不可以修改元组中元素的数量和引用，也不支持任何增加、删除、修改元素的操作。元组在内部实现上不允许修改其元素的引用，从而使代码更加安全，如调用函数时使用元组传递参数可以防止在函数中修改元组，而使用列表则无法保证这一点。

元组也支持切片操作，但是只能通过切片来访问元组中的元素，不允许使用切片来修改元组中元素的值，也不支持使用切片来为元组增加或删除元素。而列表支持使用切片进行元素的访问、增加、删除、修改等操作。

元组的访问速度比列表的略快，开销略小。如果定义了一系列常量值，主要用途只是对它们进行遍历或其他类似操作，那么一般建议使用元组而不使用列表。

最后，作为不可变序列，与整数、字符串一样，元组可以作为字典的“键”，也可以作为集合的元素。列表则不能用作字典的“键”，也不能作为集合的元素，因为列表是可变的。

4.2.4　生成器表达式

4.2.4

生成器表达式（generator expression）的形式与列表推导式的类似，只不过生成器表达式使用圆括号作为定界符。生成器表达式与列表推导式本质的区别是，生成器表达式的结果是一个生成器对象，属于迭代器对象，具有惰性求值的特点。生成器表达式的空间占用非常少，尤其适合大数据处理。

生成器对象可以根据需求转换为列表、元组、字典、集合，也可以使用内置函数 next() 从前向后逐个访问其中的元素，或者直接使用 for 循环来遍历其中的元素。下面的代码在 IDLE 交互模式中演示了生成器对象的元素只能使用一次和惰性求值的特点。

```
# 创建生成器对象
>>> g = (i**2 for i in range(10))
# 把生成器对象转换为列表，用完了生成器对象中的所有元素
>>> list(g)
[0, 1, 4, 9, 16, 25, 36, 49, 64, 81]
# 此时生成器对象中已经没有任何元素，转换得到空列表
>>> list(g)
[]
# 重新创建生成器对象
>>> g = (i**2 for i in range(10))
# 生成器对象中包含 4，返回 True，不再检查后面的元素
# 这时用完了原来的生成器对象中元素 4 以及前面的所有元素
>>> 4 in g
True
# 从原来的生成器对象中元素 4 的下一个元素开始检查
# 因为生成器对象中不再包含元素 4，所以检查完所有元素才能得出结论
# 这次测试用完了生成器对象中的所有元素
>>> 4 in g
False
# 此时生成器对象中已经没有任何元素
>>> 49 in g
False
```

4.3 序列解包

4.3

序列解包（sequence unpack）的本质是对多个变量同时赋值，要求等号左侧变量的数量和等号右侧可迭代对象中元素的数量必须一致。例如：

```
# 同时给多个变量赋值，等号右侧虽然没有圆括号，但实际上这是一个元组
# 元组、列表、字符串属于有序序列，其中的元素有严格的先后顺序
# 序列解包时把其中元素的引用按顺序依次赋值给等号左侧的变量
>>> x, y, z = 1, 2, 3
>>> x, y, z = [1, 2, 3]
# 交换两个变量的引用，也可以简单地理解为交换两个变量的值
>>> x, y = y, x
# 等号右侧可以是 range 对象
>>> x, y, z = range(3)
# 等号右侧可以是 map 对象
>>> x, y, z = map(str, range(3))
>>> s = {'a':97, 'b':98, 'c':99}
# 把字典的“键”赋值给等号左侧的变量
>>> x, y, z = s
# 把字典的“值”赋值给等号左侧的变量
>>> x, y, z = s.values()
# 把字典的“键:值”元素赋值给等号左侧的变量
```

```
>>> x, y, z = s.items()
# 如果可迭代对象中每个元素是包含两个元素的可迭代对象
# 那么使用 for 循环遍历时可以使用两个循环变量
>>> for key, value in s.items():
    print(key, value, sep=':')

a:97
b:98
c:99
>>> for index, value in enumerate('Python'):
    print(f'{index}:{value}')

0:P
1:y
2:t
3:h
4:o
5:n
>>> for index, (v1, v2, v3) in enumerate(zip('abcd', (1,2,3), range(5))):
    print(f'{index}:{v1},{v2},{v3}')

0:a,1,0
1:b,2,1
2:c,3,2
```

4.4 综合例题解析

例 4-2 编写程序，给定一个包含若干子列表的列表，其中每个子列表都包含若干整数，且每个子列表的长度相等，要求输出每个子列表中元素之和组成的列表。程序如下：

```
data =[[1,2,3], [4,5,6], [7,8,9]]
print(list(map(sum, data)))
```

例 4-3 编写程序，给定一个包含若干整数的元组，要求判断其中每个自然数的奇偶性，返回表示每个自然数是奇数还是偶数的新元组。例如，`main((1,2,3,5,7,9))` 返回 `('奇数','偶数','奇数','奇数','奇数','奇数')`。程序如下：

```
data = (111, 2345, 3332, 10, 666, 996)
labels = ('偶数', '奇数')
print(tuple((labels[num%2] for num in data)))
```

例 4-4 编写程序，从区间 `[1,10]` 中随机选择 `20` 个自然数并创建包含这些随机数的列表，然后输出其中最大值所有出现的下标。程序如下：

```
from random import choices

data = choices(range(1, 11), k=20)
print(data)
max_value = max(data)
print([index for index, value in enumerate(data) if value==max_value])
```

```
# 等价写法
print(list(filter(lambda i: data[i]==max_value, range(len(data)))))
```

例 4-5 编写程序，计算并输出若干数字的平均绝对离差，也就是每个数字与平均值之差的绝对值的平均值，要求最终结果最多保留 2 位小数。例如，[6,49,32,31,50] 这些数字的平均绝对离差为 12.72。这些数字的平均值为 33.6，然后计算 |6-33.6|+|49-33.6|+|32-33.6|+|31-33.6|+|50-33.6|=63.6，再除以 5 得 12.72。程序如下：

```
data = [6, 49, 32, 31, 50]
avg = sum(data) / len(data)
result = sum([abs(x-avg) for x in data]) / len(data)
print(round(result, 2))
```

例 4-6 编写程序，模拟报数游戏。有 *n* 个人围成一圈，从 1 到 *n* 顺序编号，从第一个人开始从 1 到 *k*（如 *k*=3）报数，报到 *k* 的人退出圈子，然后圈子缩小，从下一个人继续游戏，重复这个过程，问最后留下的是原来的第几号。程序如下：

例 4-6

```
k = int(input('请输入一个正整数:'))
numbers = list(range(1, 11))
# 游戏一直进行到只剩下最后一个人
for _ in range(9):
    # 一个人出局，圈子缩小
    index = (k-1) % len(numbers)
    numbers = numbers[index+1:] + numbers[:index]
print(f'最后一个人的编号为:{numbers[0]}')
```

第一次运行结果为：

```
请输入一个正整数:3
最后一个人的编号为:4
```

第二次运行结果为：

```
请输入一个正整数:5
最后一个人的编号为:3
```

本章知识要点

- 在形式上，列表的所有元素放在一对方括号中，相邻元素之间使用逗号分隔；在 Python 语言中，同一个列表中元素的数据类型可以各不相同。
- 列表和元组中不直接存储元素值，都是存储元素的引用。
- 除了使用方括号包含若干元素直接创建列表，也可以使用 list() 函数把元组、range 对象、字符串、字典、集合或其他有限长度的可迭代对象转换为列表，某些内置函数、标准库函数和扩展库函数也会返回列表。
- 列表、元组和字符串都支持双向索引，有效索引范围为 [-*L*,*L*-1]，其中 *L* 表示列表、元组或字符串的长度。
- 在插入和删除元素时要注意，在列表中间位置插入或删除元素时，会导致该位置之后的所有元素后移或前移，存在额外开销，并且该位置后面所有元素在列表中的索引也会发生变化。
- 列表的 copy() 方法和切片都是返回原列表的浅复制。

- 深复制得到的新列表和原列表之间不会互相影响，不论原列表中的元素是什么类型。
- 列表推导式可以使用非常简洁的形式对列表或其他任意类型且长度有限的可迭代对象的元素进行遍历、过滤或再次计算，快速生成满足特定需求的列表。
- 如果要删除列表中某个值的所有出现，最好从后向前删，避免下标变化导致错误。
- 如果元组中只有一个元素则必须在最后增加一个逗号。
- 列表是可变的，元组是不可变的。
- 生成器表达式的结果是一个生成器对象，属于迭代器对象，具有惰性求值的特点，只能从前往后逐个访问其中的元素，且每个元素只能使用一次。
- 切片适用于列表、元组、字符串和 range 对象，但作用于元组和字符串时仅能用来访问其中的部分元素，而作用于列表时具有更强大的功能。
- 序列解包的本质是对多个变量同时赋值，要求等号左侧变量的数量和等号右侧可迭代对象中元素的数量必须一致。

习题

一、填空题

1. 对于长度大于 3 的列表，如果使用负数作为索引，那么列表中倒数第 3 个元素的下标为______________。

2. 已知 data=[1, 2, 3]，现在连续两次执行语句 print(3 in data)，第一次执行输出的结果是______________，第二次执行输出的结果是______________。

3. 已知 data=(num**2 for num in [1,2,4])，现在连续两次执行语句 print(4 in data)，第一次执行输出的结果是______________，第二次执行输出的结果是______________。

4. 已知 values=[3, 4, 5, 6, 7, 9, 11, 13, 15, 17]，那么表达式 values[-100:-7] 的值为______________。

5. 已知 x=[1, 2, 3]，执行语句 x.insert(-5, 4) 之后，x 的值为______________。

6. 已知 x 为非空列表，那么表达式 x.sort()==sorted(x) 的值为______________。

7. 表达式 (1,)+(2,) 的值为______________。

8. 表达式 sorted([111,2,33], key=lambda x:-len(str(x))) 的值为______________。

二、选择题

1. 单选题：表达式 list(map(str, range(5,8,-1))) 的值为（　　）。

A. []　　B. [5, 6, 7]　　C. [8, 7, 6]　　D. [5, 6, 7, 8]

2. 单选题：已知 values = [89, 92, 97, 69, 81, 19]，那么表达式 values[-4] 的值为（　　）。

A. 69　　B. 81　　C. 97　　D. 表达式错误

3. 单选题：已知 values = [1, 3, 9, 30]，那么表达式 values[-3:100] 的值为（　　）。

A. [30]　　B. [1, 3, 9]　　C. [3, 9, 30]　　D. 表达式错误

4. 单选题：下面代码的执行结果是（　　）。

```
ls = [[1, 2, 3], [[4, 5], 6], [7, 8]]
print(len(ls))
```

A. 3　　B. 4　　C. 8　　D. 1

5. 单选题：已知 x = [1, 2, 3]，执行语句 x.append([4]) 之后，x 的值是（　　）。

A. [1, 2, 3, [4]]　　B. [4]

C. [1, 2, 3, 4]　　　　　　　　D. 4

6. 单选题：执行语句 x = 1, 2, 3 之后，变量 x 的类型是（　　）。

A. 列表　　　　B. 元组　　　　C. 字典　　　　D. 集合

7. 单选题：已知 x = [8, 3, 4, 3, 7]，那么执行语句 x.remove(3) 之后，x 的值为（　　）。

A. [8, 4, 7]　　B. [8, 4, 3, 7]　C. [8, 3, 4, 7]　D. [8, 3, 4, 3, 7]

8. 多选题：下面属于合法列表对象的有哪些？（　　）

A. ['spam', 2.0, 5, 3+4j, [10, 20], (5,)]

B. [['file1', 200, 7], ['file2', 260, 9]]

C. [{8}, {'a': 97}, (1,)]

D. [range, map, filter, zip, lambda x: x**6]

三、判断题

1. 同一个列表中元素的数据类型必须相同，如必须同时都是整数或者实数，不能同时包含整数、实数、字符串或其他不同类型的元素。（　　）

2. 表达式 (3)*5 和 (3,)*5 的结果是一样的。（　　）

3. 列表、元组和字符串都支持双向索引，有效索引范围为 [-*L*,*L*-1]，其中 *L* 表示列表、元组或字符串的长度。（　　）

4. 假设 data 是包含若干元素的列表，那么语句 data.pop(3) 的作用是删除列表中所有的 3。（　　）

5. 假设 data 是包含若干元素的列表，那么语句 data.remove(3) 的作用是删除列表中所有的 3。（　　）

6. 列表的切片和 copy() 方法得到的都是浅复制。（　　）

7. 生成器表达式的结果是一个生成器对象，其中的元素可以反复使用。（　　）

8. 生成器对象也支持使用下标和切片访问其中的元素。（　　）

9. 已知 data = (1, 2, 3)，执行语句 data[0] = 4 之后，data 的值为 (4, 2, 3)。（　　）

10. range 对象中的每个元素只能使用一次，并且只能从前往后逐个进行访问，不能使用下标直接访问任意位置的元素。（　　）

四、程序设计题

1. 假设列表 data 中每个元素都是包含若干整数的子列表，且每个子列表的长度相等。要求输出每个子列表对应位置元素之和组成的列表，也就是纵向求和。例如，data = [[1,2,3], [4,5,6], [7,8,9]] 时输出 [12, 15, 18]。

2. 编写程序，输入一个包含若干元素的列表，输出其中出现次数最多的元素。

3. 编写程序，输入两个正整数 *m* 和 *n*，然后创建一个 *m* 行 *n* 列的矩阵（包含子列表的列表），其中每个元素都是区间 [1,100) 内的随机整数，最后输出这个矩阵和对角线元素之和。

4. 改写例 4-1 的代码，使用标准库 operator 中的运算符和内置函数 map()、list()，采用函数式编程模式，实现同样的功能。

5. 改写例 4-6 的代码，使用列表方法 pop() 和 append() 实现同样的功能。

6. 编写程序，输入一个包含若干整数的列表 diag，创建一个矩阵（包含子列表的列表），以列表 diag 中的元素为矩阵对角线上的元素，矩阵中所有非对角线元素都是 0。例如，输入列表 [1, 2, 3]，程序输出

```
[1, 0, 0]
[0, 2, 0]
[0, 0, 3]
```

第5章 字典与集合

【本章学习目标】

- 理解字典与集合的概念
- 熟练掌握创建字典与集合的不同方法
- 理解字典“键”与集合元素的相似之处
- 熟练掌握字典对象与集合对象的常用方法
- 理解并熟练掌握字典对象使用下标赋值的含义与功能
- 熟练掌握字典方法 get() 的应用
- 熟练掌握字典与集合对运算符和内置函数的支持

5.1 字典

字典是 Python 内置容器类，是重要的可迭代对象之一，用来表示一种对应关系或映射关系。字典中可以包含任意多个元素，每个元素包含“键”和“值”两部分，两部分之间使用冒号分隔，不同元素之间使用逗号分隔，所有元素放在一对花括号中。

字典中元素的“键”可以是 Python 中任意不可变或可哈希类型的对象，如整数、实数、复数、字符串、元组等，但不能使用列表、集合、字典或其他可变类型的对象作为字典的“键”，包含列表等可变类型对象的元组也不能作为字典的“键”。

字典是可变的，可以动态地增加、删除元素，也可以随时修改元素的“值”。在任何时刻，字典中的“键”都不允许重复，而“值”可以重复。

在 Python 3.5 以及之前的版本中，字典中的元素是没有顺序的，先放入字典的元素不一定在前面，后放入字典的元素不一定在后面，使用字典时不需要关心元素顺序。在 Python 3.6 以及之后的版本中不仅提高了字典的处理效率，优化了内存管理，还通过二次索引技术使字典中的元素变得有序，但使用时仍不建议依赖元素顺序，也不能确定地说字典中第几个元素是什么。字典虽然支持使用“键”作为下标来访问“值”，但不支持切片。

5.1.1 创建字典

除了把很多“键 : 值”元素放在一对花括号内创建字典，还可以使用内置类 dict 的不同形式来创建字典，或者使用字典推导式创建字典，某些标准库函数和扩展库函数也会返回字典或类似的对象。如果确定一个字典对象不再使用，可以使用 del 语句进行删除。

下面的代码演示了创建字典的不同方法。

```
# 创建空字典
>>> data = {}
>>> data = dict()
# 直接使用花括号创建字典
>>> colors = {'red': (255,0,0), 'green': (0,255,0), 'blue': (0,0,255)}
# 在 Python 3.6 以及之后的版本中，元素加入的顺序与显示的顺序一致
>>> print(colors)
{'red': (255, 0, 0), 'green': (0, 255, 0), 'blue': (0, 0, 255)}
# 列表属于不可哈希对象，不能作为字典的“键”，会抛出异常
>>> data = {[1,2,3]: 'red'}
TypeError: unhashable type: 'list'
# 字典属于不可哈希对象
>>> hash({})
TypeError: unhashable type: 'dict'
# 把包含若干(key,value)形式元素的有限长度可迭代对象转换为字典
>>> data = dict(zip('abcd', '1234'))
>>> print(data)
{'a': '1', 'b': '2', 'c': '3', 'd': '4'}
>>> data = dict([('a',97), ('b',98), ('c',99)])
>>> print(data)
{'a': 97, 'b': 98, 'c': 99}
>>> data = dict(enumerate('Python'))
>>> print(data)
{0: 'P', 1: 'y', 2: 't', 3: 'h', 4: 'o', 5: 'n'}
# 以参数的形式指定“键”和“值”
>>> data = dict(language='Python', version='3.10.6')
>>> print(data)
{'language': 'Python', 'version': '3.10.6'}
# 以可迭代对象中的元素作为“键”，创建“值”为空值的字典
>>> data = dict.fromkeys('abcd')
>>> print(data)
{'a': None, 'b': None, 'c': None, 'd': None}
# 以可迭代对象中的元素作为“键”，创建字典，所有元素的“值”相等
>>> data = dict.fromkeys('abcd', 666)
>>> print(data)
{'a': 666, 'b': 666, 'c': 666, 'd': 666}
>>> data = dict.fromkeys('abcd', 777)
# 如果所有元素的“值”是同一个对象的引用，会互相影响
>>> data = dict.fromkeys('abc', [])
>>> print(data)
{'a': [], 'b': [], 'c': []}
>>> data['a'].append(3)
>>> print(data)
{'a': [3], 'b': [3], 'c': [3]}
# 使用字典推导式创建字典
>>> data = {num: chr(num) for num in range(97,100)}
>>> print(data)
{97: 'a', 98: 'b', 99: 'c'}
# 下面这两种形式采用函数式编程模式，运行速度比上面的字典推导式的略快
>>> data = dict(map(lambda num: (num,chr(num)), range(97,100)))
```

```
>>> print(data)
{97: 'a', 98: 'b', 99: 'c'}
>>> data = dict(zip(range(97,100), map(chr,range(97,100))))
>>> print(data)
{97: 'a', 98: 'b', 99: 'c'}
# 字符串对象的 maketrans() 方法返回表示映射关系的字典，见 6.1.6 节
>>> table = str.maketrans('abcd', '1234')
# 字典中的“键”和“值”是字符的 Unicode 编码
>>> print(table)
{97: 49, 98: 50, 99: 51, 100: 52}
# 标准库 collections 中的函数 Counter() 用来统计有限长度可迭代对象中元素的出现次数
# 返回类似于字典的 Counter 对象
>>> from collections import Counter
>>> data = Counter([1, 1, 2, 2, 3, 1, 2, 1])
# 每个元素作为“键”，出现次数作为“值”
>>> print(data)
Counter({1: 4, 2: 3, 3: 1})
```

5.1.2　字典常用方法

5.1.2

Python 内置类 dict 的常用方法如表 5-1 所示，读者可以使用内置函数 help() 查看每个方法更详细的用法和说明。

表 5-1　　Python 内置类 dict 的常用方法

方法	说明
clear()	不接收参数，删除当前字典中的所有元素，没有返回值
copy()	不接收参数，返回当前字典的浅复制
fromkeys(iterable, value=None, /)	以参数 iterable 中的元素作为“键”、以参数 value 作为“值”创建并返回字典
get(key, default=None, /)	返回当前字典中以参数 key 作为“键”的元素的“值”，不存在时返回 default 的值
items()	不接收参数，返回包含当前字典中所有元素的 dict_items 对象，其中每个元素形式为元组 (key, value)
keys()	不接收参数，返回当前字典中所有的“键”，结果为 dict_keys 类型的可迭代对象
pop(k[, d])	删除以参数 k 作为“键”的元素，返回对应的“值”，如果当前字典中没有以参数 k 作为“键”的元素，返回参数 d，此时如果没有指定参数 d，则抛出 KeyError 异常
popitem()	不接收参数，删除并按 LIFO（Last In First Out，后进先出）顺序返回一个元组 (key, value)，如果当前字典为空则抛出 KeyError 异常
setdefault(key, default=None, /)	如果当前字典中没有以参数 key 作为“键”的元素则插入以参数 key 作为“键”、以参数 default 作为“值”的新元素并返回 default 的值，如果有则直接返回对应的“值”
update([E,]**F)	使用参数 E 和 F 中的数据对当前字典进行更新，** 表示参数 F 只能接收字典或关键参数（详细内容见 7.2.4 节）。该方法没有返回值
values()	不接收参数，返回包含当前字典中所有的“值”的 dict_values 对象

（1）字典元素访问

字典支持下标，把“键”作为下标即可返回对应的“值”，如果字典中不存在这个“键”会抛出 KeyError 异常，并提示不存在指定的“键”。使用下标访问元素的“值”时，一般建议与选择结构或者异常处理结构结合使用，以免代码异常导致程序崩溃。下面的代码演示了这两种用法。

```
data = {'age': 43,  'name': 'Dong', 'sex': 'male'}
key = eval(input('请输入一个键:'))
# 与选择结构结合使用，先确定“键”在字典中再使用下标访问
if key in data:
    print(data[key])
else:
    print('字典中没有这个键')
key = eval(input('再输入一个键:'))
# 与异常处理结构结合使用，如果“键”不在字典中再进行相应的处理
try:
    print(data[key])
except:
    print('字典中没有这个键')
```

运行结果为：

```
请输入一个键:'age'
43
再输入一个键：123
字典中没有这个键
```

为了避免“键”不存在时程序崩溃抛出异常，一般推荐使用字典的 get(key, default=None, /) 方法获取指定“键”对应的“值”，当参数 key 指定的“键”不存在时，返回空值或参数 default 指定的值，这样代码的鲁棒性会更好一些，至少调用 get() 方法不会出错并抛出异常。但这并不意味着使用了 get() 方法就“万事大吉”了，我们仍需要对该方法的返回值进行必要的检查，以免后面的代码引发异常。在下面的代码的最后一段中，如果输入的内容不是字典 functions 的“键”，返回的是空值，func 得到的就是空值，把它直接当成函数进行调用会出错并抛出异常。虽然提示出错的代码是 func()，但真正的原因是 get() 返回空值引起的。这在调试代码时也是需要注意的，有时候提示错误的语句和真正导致错误的语句不是同一条，甚至有可能两者距离很远。例如：

```
data = {'age': 43,  'name': 'Dong', 'sex': 'male'}
print(data.get('age'))                    # 指定的“键”存在，返回对应的“值”
print(data.get('address'))                # 指定的“键”不存在，默认返回空值
print(data.get('address', '不存在'))      # 指定的“键”不存在，返回指定的值
# 使用 lambda 表达式作为字典的“值”
functions = {'f1': lambda :3, 'f2': lambda :5, 'f3': lambda :8}
key = input('请输入:')
func = functions.get(key)
# 这个检查非常有必要，如果输入的内容不是字典 functions 的“键”，返回的空值不是可调用对象
# func() 会抛出异常 TypeError: 'NoneType' object is not callable
if func:
    print(func())
else:
    print('error')
```

运行结果为：

```
43
None
不存在
请输入：f1
3
```

字典属于Python内置可迭代对象之一，可以将其转换为列表或元组，也可以使用for循环遍历其中的元素。在进行遍历时，默认情况下是遍历字典的“键”，如果需要遍历字典的元素则必须使用字典对象的items()方法明确说明，如果需要遍历字典的“值”则必须使用字典对象的values()方法明确说明。当使用len()、max()、min()、sum()、sorted()、enumerate()、map()、filter()等内置函数以及成员测试运算符in对字典对象进行操作时，也遵循同样的约定。下面的代码演示了相关的用法。

```
>>> data = {'host': '127.0.0.1', 'port': 80, 'protocol': 'TCP'}
>>> print(data)
{'host': '127.0.0.1', 'port': 80, 'protocol': 'TCP'}
>>> print(len(data))                      # 查看字典长度，也就是其中元素的个数
3
>>> print('port' in data)                 # 查看字典中是否存在以'port'作为“键”的元素
True
>>> print(80 in data.values())            # 查看字典中是否存在以80作为“值”的元素
True
>>> print(list(data))                     # 把字典中所有元素的“键”转换为列表
['host', 'port', 'protocol']
>>> print(list(data.keys()))              # 与上一行代码等价
['host', 'port', 'protocol']
>>> print(list(data.values()))            # 把字典中所有元素的“值”转换为列表
['127.0.0.1', 80, 'TCP']
>>> print(list(data.items()))             # 把字典中所有的元素转换为列表
[('host', '127.0.0.1'), ('port', 80), ('protocol', 'TCP')]
# 使用for循环遍历字典的“键”，直接使用data和使用data.keys()是等价的
>>> for key in data:
    print(key)

host
port
protocol
# 在字典前面加一个星号表示对“键”进行解包
>>> print(*data, sep=',')
host,port,protocol
# 在字典前面加两个星号表示把元素解包为关键参数或“键:值”对
>>> print({**data, 'test': 666})
{'host': '127.0.0.1', 'port': 80, 'protocol': 'TCP', 'test': 666}
# 使用for循环遍历字典的“值”，必须使用values()方法明确说明
>>> for value in data.values():
    print(value)

127.0.0.1
```

```
80
TCP
# 使用 for 循环遍历字典的元素，必须使用 items() 方法明确说明
>>> for item in data.items():
    print(item)

('host', '127.0.0.1')
('port', 80)
('protocol', 'TCP')
# items() 方法返回结果的每个元素是一个 (key,value) 形式的元组
# 请读者自行查看 data.keys() 和 data.values() 的返回结果
>>> print(data.items())
dict_items([('host', '127.0.0.1'), ('port', 80), ('protocol', 'TCP')])
# 使用两个循环变量同时遍历字典的“键”和“值”
# 下面的代码适用于 Python 3.8 以及之后的版本，低版本中可以把 f- 字符串中的等号删除
>>> for key, value in data.items():
    print(f'{key=},{value=}')

key='host',value='127.0.0.1'
key='port',value=80
key='protocol',value='TCP'
```

（2）字典元素添加与修改

当以指定的“键”作为下标为字典元素赋值时，有两种含义：①若该“键”存在，表示修改该“键”对应元素的“值”；②若该“键”不存在，表示添加一个新元素。例如：

```
>>> data = {'host': '127.0.0.1', 'port': 80}
>>> data['host'] = '192.168.9.1'          # 修改已有元素的“值”，不改变元素顺序
>>> print(data)
{'host': '192.168.9.1', 'port': 80}
>>> data['protocol'] = 'TCP'              # 在尾部添加新元素
>>> print(data)
{'host': '192.168.9.1', 'port': 80, 'protocol': 'TCP'}
```

（3）字典元素删除

字典对象的 pop(k[, d]) 方法用来删除参数 k 指定的“键”对应的元素，同时返回对应的“值”；如果字典中没有参数 k 指定的“键”并且指定了参数 d，就返回参数 d 的值；如果没有参数 k 指定的“键”并且没有指定参数 d，就抛出 KeyError 异常。字典方法 popitem() 用于按 LIFO 的顺序删除并返回一个元组 (key,value)，其中的两个元素分别是字典元素的“键”和“值”。字典方法 clear() 用于清空字典中所有元素。另外，也可以使用 del 删除指定的“键”对应的元素。下面的代码演示了相关的用法。

```
>>> data = {'host': '127.0.0.1', 'port': 8080, 'scheme': 'HTTP'}
# 指定的“键”不存在，并且没有指定参数 d，抛出异常
>>> print(data.pop('protocol'))
KeyError: 'protocol'
# 指定的“键”不存在，但是指定了参数 d，返回参数 d 的值
>>> print(data.pop('protocol', '不存在'))
不存在
# 指定的“键”存在，直接返回对应元素的“值”，忽略参数 d 的内容
```

```
>>> print(data.pop('scheme', '不存在'))
HTTP
>>> print(data)
{'host': '127.0.0.1', 'port': 8080}
# 删除并返回字典中最后一个元素
>>> print(data.popitem())
('port', 8080)
# 删除指定的“键”对应的元素，没有返回值
>>> del data['host']
>>> print(data)
{}
>>> data = {'host': '127.0.0.1', 'port': 8080, 'scheme': 'HTTP'}
# 原地删除字典里的所有元素
>>> data.clear()
>>> print(data)
{}
>>> data = {'host': '127.0.0.1', 'port': 8080, 'scheme': 'HTTP'}
# 按 LIFO 的顺序依次删除并返回字典中的元素
>>> for _ in range(3):
    print(data.popitem())

('scheme', 'HTTP')
('port', 8080)
('host', '127.0.0.1')
>>> print(data)
{}
```

5.2 集合

集合也是 Python 常用的内置可迭代对象之一。集合中所有元素放在一对花括号中，元素之间使用逗号分隔。同一个集合内的每个元素都是唯一的。

类似于字典的“键”，集合中的元素只能是整数、实数、复数、字符串、字节串、元组等不可变类型的对象，不能是列表、字典、集合等可变类型的对象，包含列表或其他可变类型对象的元组也不能作为集合的元素。如果试图把可变类型对象作为集合的元素，会抛出 TypeError 异常并提示“unhashable type”。

集合是可变的，创建之后可以动态地添加和删除元素。集合中的元素是无序的，元素存储顺序和添加顺序并不一致，先放入集合的元素不一定存储在前面。集合中的元素不存在“位置”或“索引”的概念，不支持下标和切片。

5.2.1 创建集合

除了把若干可哈希对象放在一对花括号内创建集合，也可以使用 set() 函数将任意有限长度的可迭代对象转换为集合。如果原来的数据中存在重复元素，在转换为集合的时候只保留其中一个，自动去除重复元素。如果原可迭代对象中有可变类型的数据，无法转换为集合，会抛出 TypeError 异常并提示“unhashable type”。当不再使用某个集合时，可以使用 del 语句删

除整个集合。例如：

```
# 直接使用花括号创建集合
>>> data = {'red', 'green', 'blue'}
# 注意，集合中的元素存储顺序和放入的先后顺序不一定相同
>>> print(data)
{'blue', 'red', 'green'}
# 注意，{} 表示空字典，不能用来创建空集合，应使用 set() 函数创建空集合
>>> data = set()
# 把 range 对象转换为集合
>>> data = set(range(5))
# 把列表转换为集合，自动去除重复元素
>>> data = set([1, 2, 3, 4, 3, 5, 3])
>>> print(data)
{1, 2, 3, 4, 5}
# 把字符串转换为集合，注意，不要在意集合中元素的顺序
# 并且在不同的 IDLE 会话中元素的顺序有可能不一样
>>> data = set('Python')
>>> print(data)
{'h', 't', 'y', 'n', 'P', 'o'}
# 把 map 对象转换为集合
>>> data = set(map(chr, [97,97,98,99,98,100]))
>>> print(data)
{'a', 'd', 'b', 'c'}
# 把 filter 对象转换为集合
>>> data = set(filter(None, (3,3,0,False,5,7,True,'a')))
>>> print(data)
{True, 3, 5, 7, 'a'}
# 把 zip 对象转换为集合
>>> data = set(zip('Python', range(3)))
>>> print(data)
{('y', 1), ('P', 0), ('t', 2)}
```

5.2.2 集合常用方法

5.2.2

运算符和内置函数对集合的支持见 2.2.4 节和 2.3 节，本节重点介绍 Python 内置集合类提供的方法，如表 5-2 所示。

表 5-2　Python 内置集合类提供的方法

方法	说明
add(...)	往当前集合中增加一个可哈希元素，如果元素已存在就什么也不做。该方法没有返回值
clear()	删除当前集合中的所有元素。该方法没有返回值
copy()	返回当前集合的浅复制
difference(...)	接收一个或多个集合（或有限长度的其他类型的可迭代对象），返回当前集合与所有参数对象的差集
difference_update(...)	接收一个或多个集合（或有限长度的其他类型的可迭代对象），从当前集合中删除所有参数对象中的元素，对当前集合进行更新。该方法没有返回值

续表

方法	说明
discard(...)	接收一个可哈希对象作为参数，从当前集合中删除该元素，如果当前集合中没有指定的元素就什么也不做。该方法没有返回值
intersection(...)	接收一个或多个集合（或有限长度的其他类型的可迭代对象），返回当前集合与所有参数对象的交集
intersection_update(...)	接收一个或多个集合（或有限长度的其他类型的可迭代对象），使用当前集合与所有参数对象的交集更新当前集合。该方法没有返回值
isdisjoint(...)	接收一个集合（或有限长度的其他类型的可迭代对象），如果当前集合与参数对象的交集为空则返回 True
issubset(...)	接收一个集合（或有限长度的其他类型的可迭代对象），测试当前集合的元素是否都存在于参数指定的可迭代对象中，是则返回 True，否则返回 False
issuperset(...)	接收一个集合（或有限长度的其他类型的可迭代对象），测试是否参数指定的可迭代对象中所有元素都存在于当前集合中，是则返回 True，否则返回 False
pop()	删除并返回当前集合中的任意一个元素，集合为空时抛出 KeyError 异常
remove(...)	从当前集合中删除参数指定的元素，元素不存在时抛出 KeyError 异常。该方法没有返回值
symmetric_difference(...)	接收一个集合（或有限长度的其他类型的可迭代对象），返回当前集合与参数对象的对称差集
symmetric_difference_update(...)	接收一个集合（或有限长度的其他类型的可迭代对象），使用当前集合与参数对象的对称差集更新当前集合。该方法没有返回值
union(...)	接收一个或多个集合（或有限长度的其他类型的可迭代对象），返回当前集合与所有参数对象的并集
update(...)	接收一个或多个集合（或有限长度的其他类型的可迭代对象），把参数对象中所有元素添加到当前集合中。该方法没有返回值

（1）原地增加与删除集合元素

集合方法 add()、update() 可以用于向集合中添加新元素，difference_update()、intersection_update()、pop()、remove()、symmetric_difference_update()、clear()、discard() 可以用于删除集合中的元素，这些方法都是对集合对象原地进行修改，没有返回值。下面的代码演示了部分方法的用法。

```
>>> data = {97, 98, 99, 666}
>>> print(data)
{97, 98, 99, 666}
# 当前集合中没有元素 100，成功加入
>>> data.add(100)
>>> print(data)
{97, 98, 99, 100, 666}
# 当前集合中已经存在元素 100，该操作被自动忽略，并且不会提示
>>> data.add(100)
>>> print(data)
{97, 98, 99, 100, 666}
# 把任意多个可迭代对象中的元素都合并到当前集合中，自动忽略已存在的元素
```

```
>>> data.update([97,101], (98,102), {99,103})
>>> print(data)
{97, 98, 99, 100, 101, 102, 103, 666}
# 从当前集合中删除所有参数可迭代对象中的元素
>>> data.difference_update([99], (100,105), {97})
>>> print(data)
{98, 101, 102, 103, 666}
# 计算当前集合与所有参数可迭代对象的交集，更新当前集合
>>> data.intersection_update(range(97,105), (103,105), {98,103,666})
>>> print(data)
{103}
# 从集合中删除并返回任意一个元素
>>> print(data.pop())
103
# 试图对空集合调用 pop() 方法会抛出异常
>>> print(data.pop())
KeyError: 'pop from an empty set'
# 对空集合调用 clear() 方法删除所有元素，不会抛出异常
>>> data.clear()
# 空集合使用 set() 函数创建和表示，而不是 {}
>>> print(data)
set()
>>> data = {1, 2, 3}
# 集合中没有 5，但代码不会出错
>>> data.discard(5)
>>> data
{1, 2, 3}
# 集合中有 3，删除该元素
>>> data.discard(3)
>>> data
{1, 2}
```

（2）计算差集 / 交集 / 并集 / 对称差集返回新集合

集合方法 difference()、intersection()、union() 分别用来返回当前集合与另外一个或多个集合（或有限长度的其他类型的可迭代对象）的差集、交集、并集，symmetric_difference() 用来返回当前集合与另外一个集合（或有限长度的其他类型的可迭代对象）的对称差集，这些方法的参数不必须是集合，可以是有限长度的任意可迭代对象。下面的代码演示了这几个方法的用法。

```
>>> data = {1, 2, 3, 4, 5}
# 差集
>>> print(data.difference({1}, (2,), map(int,'34')))
{5}
# 交集
>>> print(data.intersection({1,2,3}, [3], (5,)))
set()
# 并集
>>> print(data.union({0,1}, (2,3), [4,5,6], range(5,9)))
{0, 1, 2, 3, 4, 5, 6, 7, 8}
# 对称差集，参数不必须是集合，可以是有限长度的任意可迭代对象
```

```
>>> print(data.symmetric_difference({3,4,5,6,7}))
{1, 2, 6, 7}
>>> print(data.symmetric_difference(range(3,8)))
{1, 2, 6, 7}
>>> print(data.symmetric_difference([3,4,5,6,7]))
{1, 2, 6, 7}
```

（3）集合包含关系测试

集合方法 issubset()、issuperset()、isdisjoint() 分别用来测试当前集合是否为另一个集合的子集、是否为另一个集合的超集、是否与另一个集合不相邻（或交集是否为空），这几个方法的参数可以是任意类型的可迭代对象。下面的代码演示了 issubset() 方法的用法，另外几个方法请读者自行测试。

```
>>> print({1,2,3}.issubset({1,2,3,4,5}))
True
>>> print({1,2,3}.issubset(range(5)))
True
>>> print({1,2,3}.issubset(list(range(5))))
True
>>> print({1,2,3}.issubset(tuple(range(5))))
True
>>> print({1,2,3}.issubset(map(int,'1234')))
True
>>> print({1,2,3,4,5}.issubset(filter(None,range(6))))
True
>>> print({1,2,3,4,5}.issubset(filter(None,range(5))))
False
```

5.3 综合例题解析

例 5-1 编写程序，输入任意字符串，统计并输出每个唯一字符及其出现次数，要求按每个唯一字符的出现顺序输出。程序如下：

例 5-1

```
text = input('请输入任意内容:')
fre = dict()
for ch in text:
    fre[ch] = fre.get(ch, 0) + 1          #不影响元素顺序
for ch, number in fre.items():
    print(ch, number, sep=':')
```

运行结果为：

```
请输入任意内容: gabcddcbae
g:1
a:2
b:2
c:2
d:2
e:1
```

对于与频次统计相关的问题，更建议直接使用标准库 collections 提供的 Counter 类或者其他扩展库提供的函数（如扩展库 Pandas 中的函数 value_counts()）来解决。

例 5-2 检查一个集合是否为和谐集，也就是从中删除任意一个元素之后，剩余元素可以分成两个集合，并且两个集合中的元素相加之和相等。程序如下：

```
from itertools import combinations

def check(data):
    # 保存所有可能的拆分结果
    result = {}
    # 依次取出每个数，检查剩余元素是否能恰好等分
    for num in data:
        # t 是从 data 中取出 num 后的剩余元素组成的集合
        t = data - {num}
        s = sum(t)
        # 如果剩余元素之和为奇数，肯定不是和谐集，不需要再判断
        if s%2 == 1:
            break
        half = s // 2
        # 检查剩余元素是否存在和为 half 的组合
        for i in range(1, len(t)//2+1):
            for item in combinations(t, i):
                if sum(item) == half:
                    # 记录当前组合
                    tt = result.get(num, [])
                    tt.append((set(item), t-set(item)))
                    result[num] = tt
                    break
            else:
                continue
            break
    # 如果 result 和 data 长度相等，说明每个元素取出后剩余元素都能等分
    if len(result) == len(data):
        return result

# 需要检查是否为和谐集的数据，注意：最后一个集合自动去重后只剩 1 个元素 1
data = ({1, 3, 5, 7, 9, 11, 13}, {2, 4, 6, 8, 10, 12, 14},
        {1, 1, 1, 1, 1, 1, 1})
for d in data:
    print('='*10, d)
    result = check(d)
    if result:
        print('拆分结果:')
        for k, v in result.items():
            print(k, v, sep=':')
    else:
        print('不是和谐集')
```

运行结果为：

```
========== {1, 3, 5, 7, 9, 11, 13}
拆分结果:
1:[({11, 13}, {9, 3, 5, 7})]
3:[({1, 13, 9}, {11, 5, 7})]
5:[({9, 13}, {11, 1, 3, 7})]
7:[({1, 11, 9}, {13, 3, 5})]
9:[({13, 7}, {11, 1, 3, 5})]
11:[({1, 13, 5}, {9, 3, 7})]
13:[({11, 7}, {1, 3, 5, 9})]
========== {2, 4, 6, 8, 10, 12, 14}
不是和谐集
========== {1}
不是和谐集
```

例 5-3 编写程序，过滤无效书评。判断一条书评是否有效的规则有很多种，不同的规则会得到不同的结果。这里假设正常书评中重复字数不会超过一定的比例，如果一条书评中重复字数超过一定的比例则认为有凑数嫌疑，判断为无效书评。程序如下：

例 5-3

```
comments = ['这是一本非常好的书，作者用心了',
            '作者大大辛苦了',
            '好书，感谢作者提供了这么多的好案例',
            '书在运输的路上破损了，我好悲伤。。。',
            '为啥我买的书上有菜汤。。。。',
            '啊啊啊啊啊啊，我怎么才发现这么好的书啊，相见恨晚',
            '书的质量有问题啊，怎么会开胶呢??????',
            '好好好好好好好好好好好',
            '好难啊看不懂好难啊看不懂好难啊看不懂',
            '书的内容很充实',
            '你的书上好多代码啊，不过想想也是，编程的书嘛，肯定代码多一些',
            '书很不错!!一级棒!!买书就上当当，正版，价格又实惠，让人放心!!!',
            '无意中来到你小铺就淘到心仪的宝贝，心情不错!',
            '送给朋友的、很不错',
            '这是一本好书，讲解内容深入浅出又清晰明了，推荐给所有喜欢阅读的朋友同好们。']

result = filter(lambda s: len(set(s))/len(s) > 0.7, comments)
print('过滤后的书评:')
for comment in result:
    print(comment)
```

运行结果为：

```
过滤后的书评:
这是一本非常好的书，作者用心了
作者大大辛苦了
好书，感谢作者提供了这么多的好案例
书在运输的路上破损了，我好悲伤。。。
为啥我买的书上有菜汤。。。。
书的质量有问题啊，怎么会开胶呢??????
书的内容很充实
```

```
你的书上好多代码啊，不过想想也是，编程的书嘛，肯定代码多一些
书很不错!!一级棒!!买书就上当当，正版，价格又实惠，让人放心!!!
无意中来到你小铺就淘到心仪的宝贝，心情不错!
送给朋友的、很不错
这是一本好书，讲解内容深入浅出又清晰明了，推荐给所有喜欢阅读的朋友同好们。
```

本章知识要点

- 字典中元素的“键”可以是 Python 语言中任意不可变或可哈希类型的对象，如整数、实数、复数、字符串、字节串、元组等，但不能使用列表、集合、字典或其他可变类型的对象作为字典的“键”，包含列表等可变类型对象的元组也不能作为字典的“键”。这个要求同样适用于集合的元素。
- 集合中的元素和字典中元素的“键”不允许重复，字典中元素的“值”是可以重复的。
- 使用字典和集合时不要依赖元素的顺序。
- 字典和集合是可变的，可以动态地增加、删除元素，也可以随时修改字典中元素的“值”。
- 除了把很多“键:值”元素放在一对花括号内创建字典，还可以使用内置类 dict 的不同形式来创建字典，或者使用字典推导式创建字典，某些标准库函数和扩展库函数也会返回字典或类似的对象。
- 使用下标访问字典中元素的“值”时，一般建议与选择结构或者异常处理结构结合使用，以免代码异常导致程序崩溃。
- 推荐使用字典的 get() 方法获取指定“键”对应的“值”，如果指定的“键”不存在，get() 方法会返回空值或指定的默认值。
- 字典对象支持元素迭代，可以将其转换为列表或元组，也可以使用 for 循环遍历其中的元素。在进行遍历时，默认情况下是遍历字典的“键”，如果需要遍历字典的元素则必须使用字典对象的 items() 方法明确说明，如果需要遍历字典的“值”则必须使用字典对象的 values() 方法明确说明。当使用 len()、max()、min()、sum()、sorted()、enumerate()、map()、filter() 等内置函数以及成员测试运算符 in 对字典对象进行操作时，也遵循同样的约定。
- 可以使用字典对象的 pop() 方法删除指定“键”对应的元素，同时返回对应的“值”。字典方法 popitem() 用于按 LIFO 的顺序删除并返回一个元组 (key,value)，其中的两个元素分别是字典元素的“键”和“值”。
- 除了把若干可哈希对象放在一对花括号内创建集合，也可以使用 set() 函数将列表、元组、字符串、range 对象等其他有限长度的可迭代对象转换为集合。如果原来的数据中存在重复元素，在转换为集合的时候只保留其中一个，自动去除重复元素。
- 集合中的元素不存在“位置”或“索引”的概念，不支持使用下标直接访问指定位置上的元素，也不支持使用切片访问其中的元素。
- 集合方法 add()、update() 可以用于向集合中添加新元素，difference_update()、intersection_update()、pop()、remove()、symmetric_difference_update()、clear()、discard() 可以用于删除集合中的元素，这些方法都是对集合对象原地进行修改，没有返回值。
- 集合方法 difference()、intersection()、union() 分别用来返回当前集合与另外一个或多个集合的差集、交集、并集，symmetric_difference() 用来返回当前集合与另外一个集合的对称差集。
- 集合方法 issubset()、issuperset()、isdisjoint() 分别用来测试当前集合是否为另一个集合或有限长度可迭代对象的子集、是否为另一个集合或有限长度可迭代对象的超集、是否与另一个集合或有限长度可迭代对象不相邻（或交集是否为空）。

习题

一、填空题

1. 字典对象的______________方法可以获取指定“键”对应的“值”，并且可以在指定的“键”不存在的时候返回指定的值，如果不指定则返回 None。

2. 已知 x = {1:2}，那么执行语句 x[2] = 3 之后，x 的值为______________。

3. 已知 x = {'a':97, 'b':98}，那么表达式 x.get('a', 65) 的值为______________。

4. 已知 x = {'a':97, 'b':98}，那么表达式 x.get('c', 99) 的值为______________。

5. 已知 x = {'a':97, 'b':98}，那么表达式 max(x) 的值为______________。

6. 表达式 {1,2,3}.issubset([1,2,3,4,5]) 的值为______________。

7. 表达式 {1,2,3,4} - {3,4,5,6} 的值为______________。

8. 表达式 {1,2,3} & {3,4,5} 的值为______________。

9. 表达式 {1,2,3} < {1,2,4} 的值为______________。

10. 表达式 {1,2,3} == {3,1,2} 的值为______________。

11. 表达式 min([{1}, {2}, {3}]) 的值为______________。

12. 表达式 max([{1}, {2}, {3}]) 的值为______________。

13. 已知字典 x = {i:str(i+3) for i in range(3)}，那么表达式 sum(x) 的值为______________。

14. 表达式 2 in {65:97,66:98,3:2} 的值为______________。

15. 表达式 len(set([1,2,3,4,2,3,4,1])) 的值为______________。

二、选择题

1. 单选题：执行语句 x = {3} 之后，变量 x 的类型是（　　）。

A. 列表　　B. 元组　　C. 字典　　D. 集合

2. 单选题：执行语句 x = {1:3} 之后，变量 x 的类型是（　　）。

A. 列表　　B. 元组　　C. 字典　　D. 集合

3. 单选题：执行语句 x = {} 之后，变量 x 的类型是（　　）。

A. 列表　　B. 元组　　C. 字典　　D. 集合

4. 单选题：执行语句 x = {1:3, 5} 之后，变量 x 的类型是（　　）。

A. 语句出错，无法执行　　B. 元组

C. 字典　　D. 集合

5. 单选题：表达式 {'a':97,'b':98,'c':99}.keys() & {'a','b',98,99} 的值为（　　）。

A. {'a','b'}　　B. {98,99}　　C. {}　　D. 表达式错误

6. 单选题：表达式 {'a':97,'b':98,'c':99}.values() & {'a','b',98,99} 的值为（　　）。

A. {'a', 'b'}　　B. {98, 99}　　C. {}　　D. 表达式错误

7. 单选题：表达式 {'a':97,'b':98,'c':99}.items() & {'a','b',98,99} 的值为（　　）。

A. {'a','b'}　　B. {98,99}　　C. set()　　D. {}

8. 单选题：已知 x = {1:'a', 2:'b', 3:'c'} 和 y = {1, 3, 4}，那么表达式 x.keys() - y 的值为（　　）。

A. {2}　　B. {3}

C. {1,3}　　D. 表达式错误，无法计算

9. 单选题：已知 x = {1:3, 2:1, 3:1} 和 y = {1, 3, 4}，那么表达式 x.values() - y 的值为（　　）。

A. {2}　　B. {3}

C. {1,3}　　D. 表达式错误，无法计算

10. 单选题：已知 x = {'a':97}，那么表达式 hash(x) 的值为（　　）。

A. 'a'　　B. 97

C. ('a', 97)　　D. 代码出错，无法执行

11. 单选题：下面代码的输出结果为（　　）。

```
data = dict.fromkeys([1, 2, 3], [])
data[2].append(666)
print(data[3])
```

A. [666]　　B. 666

C. []　　D. 代码出错，无法运行

12. 单选题：下面代码的输出结果为（　　）。

```
data = dict.fromkeys([1, 2, 3], [])
data[2] = 666
print(data[3])
```

A. [666]　　B. 666

C. []　　D. 代码出错，无法运行

13. 单选题：表达式 set().union([1,2,3], (4,5), {6,7}) 的值为（　　）。

A. {1,2,3,4,5,6,7}　　B. {1,2,3,4,5}

C. {4,5,6,7}　　D. {4,5}

14. 多选题：下面可以使用表示位置或序号的整数作为下标访问其中元素的有哪些？（　　）

A. 列表　　B. 元组　　C. 字典　　D. 集合

E. 字符串

15. 多选题：下面可以支持下标的有哪些？（　　）

A. 列表　　B. 元组　　C. 字典　　D. 集合

E. 字符串

三、判断题

1. 字典中元素的“键”和“值”都不能重复。（　　）

2. 列表可以作为字典中元素的“键”，但不能作为集合的元素。（　　）

3. 字符串 '[1,2,3]' 不能作为字典的“键”或集合的元素，因为其中包含的列表是不可哈希对象。（　　）

4. 字典中元素的“值”可以是另一个字典，也可以是一个集合。（　　）

5. 字典对象的 index() 方法用于获取某个“值”对应的“键”。（　　）

6. 集合对象的 index() 方法可以返回某个元素的下标。（　　）

7. 使用字典方法 update() 进行更新时，会自动忽略已有的“键”。（　　）

8. 已知 x = {'a':97, 'b':98}，那么语句 x['c'] = 99 无法执行，会抛出异常。（　　）

9. 集合不支持下标，无法直接访问某个位置上的元素，但集合支持切片，可以访问集合中的一部分元素。（　　）

10. 在把列表、元组或其他可迭代对象转换为集合时，会自动去除重复元素。（　　）

11. 一对空的花括号 {} 既可以表示空字典也可以表示空集合。（　　）

12. 在使用 add() 方法往集合中增加新元素时，如果元素已经存在于当前集合中，会自动忽略这个操作。（　　）

13. 在使用 remove() 方法从集合中删除元素时，如果要删除的元素不存在，remove() 方法会抛出异常，而 discard() 方法不会抛出异常。（　　）

14. 表达式 {1,2,3} < [1,2,3,4,5] 的值为 True。（　　）

15. 下面代码的执行结果为 {'a':[3], 'b':[3], 'c':[3]}。（　　）

```
data = dict.fromkeys('abc', [])
data['a'].append(3)
print(data)
```

四、程序设计题

1. 编写程序，设计一个嵌套的字典，形式为 { 姓名 1:{ 课程名称 1: 分数 1, 课程名称 2: 分数 2,...},...}，输入一些数据，然后计算每个同学的总分、各科平均分。

2. 设计一个字典里嵌套集合的数据结构，形式为 { 用户名 1:{ 电影名 1, 电影名 2,...}, 用户名 2:{ 电影名 3,...},...}，表示若干用户分别喜欢看的电影名称。往设计好的数据结构中输入一些数据，然后计算并输出爱好最相似的两个人，也就是共同喜欢的电影数量最多的两个人以及这两个人共同喜欢的电影名称。

3. 编写程序，程序执行后用户输入任意内容，然后检查是否只包含大小写英文字母，是则输出 True，否则输出 False。

4. 编写程序，输入两个列表，以第一个列表中的元素作为“键”、以第二个列表中的元素作为“值”创建字典，如果两个列表长度不相等就以短列表为准而直接丢弃长列表中后面的元素，最后输出这个字典。要求对用户输入进行检查，如果第一个列表中包含不可哈希对象就提示“数据不符合要求”。

5. 在 IDLE 交互模式中执行语句 import this 会输出下面的一段文本，这是编写代码时应遵循的一些总体原则。

```
Beautiful is better than ugly.
Explicit is better than implicit.
Simple is better than complex.
Complex is better than complicated.
Flat is better than nested.
Sparse is better than dense.
Readability counts.
Special cases aren't special enough to break the rules.
Although practicality beats purity.
Errors should never pass silently.
Unless explicitly silenced.
In the face of ambiguity, refuse the temptation to guess.
There should be one-- and preferably only one --obvious way to do it.
Although that way may not be obvious at first unless you're Dutch.
Now is better than never.
Although never is often better than *right* now.
If the implementation is hard to explain, it's a bad idea.
If the implementation is easy to explain, it may be a good idea.
Namespaces are one honking great idea -- let's do more of those!
```

编写程序，处理这些文本，输出重复字符不超过一半的行。（提示：字符串方法 splitlines() 可以用来把一段使用三引号括起来的文本拆分成独立的行。）

第 6 章 字符串

【本章学习目标】

➢ 了解字符串不同编码格式的区别

➢ 理解字符串编码与字节串解码的作用

➢ 熟练掌握字符串格式化、切分与连接、替换、排版与对齐、大小写转换、删除首尾字符、测试首尾子串等方法的应用

➢ 了解扩展库 jieba 在中英文分词、词性判断方面的应用

➢ 了解扩展库 pypinyin 在中文拼音处理方面的应用

6.1 字符串方法及应用

字符串、转义字符与原始字符串的基本概念在 2.1.3 节已经介绍过，此处不赘述。内置函数、运算符对字符串的操作请参考 2.3 节，切片对字符串的操作请参考 4.1.6 节，本节重点介绍字符串自身提供的方法以及部分标准库函数和扩展库函数对字符串的处理和操作。

6.1.1 字符串常用方法

Python 字符串类 str 的常用方法如表 6-1 所示，可以使用任意字符串作为参数调用内置函数 dir() 来查看完整清单。表 6-1 中的“当前字符串”指调用该方法的字符串对象，如在表达式 s.strip() 中的 s 就是当前字符串或原字符串。

表 6-1 中列出的大部分方法可以通过字符串类 str 和字符串对象来调用，后者用得更多一些。如果通过字符串对象调用则方法直接作用于当前字符串，如果通过字符串类 str 调用则必须通过第一个参数指定要对哪一个字符串进行处理，如 'Python'.upper() 和 str.upper('Python') 是等价的，'abc'.replace('a','c') 和 str.replace('abc','a','c') 是等价的，一般使用第一种形式，第二种形式了解一下即可。两种形式都不会对原字符串做任何修改。

表 6-1　Python 字符串类 str 的常用方法

方法	说明
capitalize()	返回首字母大写（如果是字母的话）、其余字母全部小写的新字符串；如果当前字符串首字符不是字母，则其功能与 lower() 的相似
casefold()	返回当前字符串所有字符都变为小写得到的新字符串，比 lower() 功能强大一些。例如，'ß'.casefold() 的结果为 'ss'，而 'ß'.lower() 的结果仍为 'ß'

续表

方法	说明
center(width, fillchar=' ', /) ljust(width, fillchar=' ', /) rjust(width, fillchar=' ', /)	返回指定长度的新字符串，当前字符串所有字符在新字符串中居中/居左/居右，必要时在两侧/右侧/左侧使用参数 fillchar 指定的字符进行填充；如果参数 width 指定的长度小于或等于当前字符串的长度，直接返回当前字符串，不会进行截断
count(sub[, start[, end]])	返回子串 sub 在当前字符串下标范围 [start,end) 内不重叠出现的次数，参数 start 默认值为 0，参数 end 默认值为字符串长度。例如，'abababab'.count('aba') 的值为 2
encode(encoding='utf-8', errors='strict')	返回当前字符串使用参数 encoding 指定的编码格式编码后的字节串
endswith(suffix[, start[, end]]) startswith(prefix[, start[, end]])	如果当前字符串下标范围 [start,end) 的子串以某个字符串 suffix/prefix 或元组 suffix/prefix 指定的几个字符串之一结束/开始则返回 True，否则返回 False
expandtabs(tabsize=8)	返回当前字符串中所有 Tab 键都替换为指定数量的空格之后的新字符串，默认一个 Tab 键占 8 个字符的宽度
find(sub[, start[, end]]) rfind(sub[, start[, end]])	返回子串 sub 在当前字符串下标范围 [start,end) 内出现的最小/最大下标位置，不存在时返回 -1
format(*args, **kwargs) format_map(mapping)	返回对当前字符串进行格式化（格式化是指把字符串中的占位符替换为实际值并以指定的格式呈现）后的新字符串，其中 args 表示位置参数，kwargs 表示关键参数；mapping 一般为字典形式的参数。例如，'{a},{b}'.format_map({'a':3,'b':5}) 的结果为 '3,5'，原字符串中的 {a} 和 {b} 是占位符，在格式化时会分别替换为 a 和 b 的值
index(sub[, start[, end]]) rindex(sub[, start[, end]])	返回子串 sub 在当前字符串下标范围 [start,end) 内出现的最小/最大下标位置，不存在时抛出 ValueError 异常
isalnum()、isalpha()、isascii()、isprintable()、islower()、isupper()、isspace()、isnumeric()、isdecimal()、isdigit()	测试当前字符串（要求至少包含一个字符）是否所有字符都是字母或数字、字母、ASCII 字符、可打印字符、小写字母、大写字母、空白字符（包括空格、换行符、制表符等）、数字字符，是则返回 True，否则返回 False
isidentifier()	如果当前字符串可以作为标识符（如变量名、函数名、类名等）则返回 True，否则返回 False
istitle()	如果当前字符串中每个单词（一段连续的英文字母）的第一个字母为大写而其他字母都为小写则返回 True，否则返回 False。例如，'3Ab1324Cd' 和 '3Ab Cd' 都符合这样的要求
join(iterable, /)	使用当前字符串作为连接符把参数 iterable 中的所有字符串连接成一个长字符串并返回它，要求参数 iterable 指定的可迭代对象中所有元素全部为字符串
lower() upper()	返回当前字符串中所有字母都变为小写/大写之后的新字符串，非字母字符保持不变
lstrip(chars=None, /) rstrip(chars=None, /) strip(chars=None, /)	返回当前字符串删除左侧/右侧/两侧的空白字符（chars=None 时）或参数字符串 chars 中所有字符之后的新字符串
maketrans(...)	根据参数给定的字典或者两个等长字符串对应位置的字符构造并返回字符映射表（形式上是字典，“键”和“值”都是字符的 Unicode 编码），如果指定了第三个参数（必须为字符串），则该参数中所有字符都被映射为空值。该方法是字符串类 str 的静态方法，可以通过任意字符串进行调用，也可以直接通过字符串类 str 进行调用

续表

方法	说明
partition(sep, /) rpartition(sep, /)	在当前字符串中从左向右 / 从右向左查找参数字符串 sep 第一次出现的位置，然后把当前字符串切分为 3 部分并返回包含这 3 部分的元组（原字符串中 sep 前面的子串，sep，原字符串中 sep 后面的子串）。如果当前字符串中没有子串 sep，则返回包含当前字符串和 2 个空串的元组（当前字符串，''，''）
removeprefix(prefix, /) removesuffix(suffix, /)	如果当前字符串以参数 prefix/suffix 指定的非空字符串开始 / 结束，就返回删除 prefix/suffix 之后的字符串，否则返回原字符串。该方法适用于 Python 3.9 以及更高的版本
replace(old, new, count=-1, /)	返回当前字符串中所有子串 old 都被替换为子串 new 之后的新字符串，参数 count 用来指定最大替换次数，-1 表示全部替换
rsplit(sep=None, maxsplit=-1) split(sep=None, maxsplit=-1)	使用参数 sep 指定的字符串对当前字符串从后向前 / 从前向后进行切分，返回包含切分后所有子串的列表。参数 sep=None 时表示使用所有空白字符作为分隔符并丢弃切分结果中的所有空字符串，参数 maxsplit 表示最大切分次数，-1 表示没有限制
splitlines(keepends=False)	使用换行符作为分隔符把当前字符串切分为多行，返回包含每行字符串的列表，默认情况下参数 keepends=False，得到的每行字符串最后不包含换行符；参数 keepends=True 时得到的每行字符串最后包含换行符
swapcase()	返回当前字符串大小写交换之后的新字符串，非字母字符保持不变
title()	返回当前字符串中每个单词（一串连续的英文字母，不一定是英语中存在的单词）都变为首字母大写而其他字母小写的新字符串。例如，'1abc234de5f ghi'.title() 的结果为 '1Abc234De5F Ghi'
translate(table, /)	根据参数 table 指定的映射表对当前字符串中的字符进行替换并返回替换后的新字符串，参数 table 一般为字符串方法 maketrans() 创建的映射表，其中映射为空值的字符将会被删除，不会出现在新字符串中
zfill(width, /)	返回长度为 width 的新字符串，原字符串在新字符串中居右，必要时新字符串左侧以字符 '0' 填充。功能相当于参数 fillchar 为字符 '0' 的 rjust() 方法

6.1.2　字符串编码与字节串解码

6.1.2

字符串编码格式用于确定如何把字符串转换为二进制数据（字节串）来进行存储和传输，以及如何把二进制数据还原为正确的字符串。

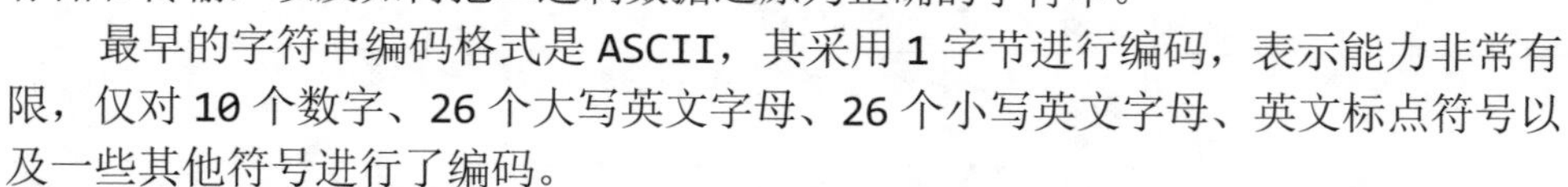

最早的字符串编码格式是 ASCII，其采用 1 字节进行编码，表示能力非常有限，仅对 10 个数字、26 个大写英文字母、26 个小写英文字母、英文标点符号以及一些其他符号进行了编码。

GB2312 是我国制定的编码格式，使用 1 字节兼容 ASCII。GBK 是 GB2312 的扩充，CP936 是微软在 GBK 基础上开发的编码格式。GB2312、GBK 和 CP936 都使用 2 字节表示中文字符。UTF-8 对世界上所有国家的文字进行了编码，使用 1 字节兼容 ASCII，使用 3 字节表示常见汉字和标点符号，还有少量字符使用 2 字节或 4 字节表示。GB2312、GBK、CP936、UTF-8 对 ASCII 字符的处理方式是一样的，同一串 ASCII 字符使用这几种编码格式编码得到的字节串是一样的。

对于中文字符，不同编码格式之间的实现细节相差很大，同一个中文字符串使用不同编码格式编码得到的字节串不一样是完全正常的。在理解字节串内容时必须清楚所使用的编码格式并进行正确的解码，如果解码方法不正确就无法还原信息，代码抛出 UnicodeDecodeError 异常。

字符串方法 encode(encoding='utf-8', errors='strict') 用于对当前字符串进行编码并返回字节串，默认使用 UTF-8 编码格式。参数 encoding 的值不区分大小写，'utf8'、'utf-8'、'UTF-8' 和 'UTF8' 都表示使用 UTF-8 编码格式，'gbk' 和 'GBK' 也是等价的。与之对应，字节串方法 decode(encoding='utf-8', errors='strict') 用于对当前字节串进行解码并返回字符串。

由于不同编码格式的规则不一样，使用一种编码格式编码得到的字节串一般无法使用另一种编码格式进行正确解码。下面的代码演示了字符串方法 encode() 和字节串方法 decode() 的用法，可以看出，同一个中文字符串使用 GBK 编码得到的字节串比使用 UTF-8 编码得到的字节串短很多，这在网络传输时会节约带宽，存储为二进制文件时也会占用更少的存储空间。但 GBK 字符集比 UTF-8 字符集小，能表示的字符少很多。

```
>>> book_name = '《Python 程序设计与数据采集》，董付国著'
# 使用 UTF-8 编码格式编码为字节串
>>> print(book_name.encode())
b'\xe3\x80\x8aPython\xe7\xa8\x8b\xe5\xba\x8f\xe8\xae\xbe\xe8\xae\xa1\xe4\xb8\x8e\xe6\x95\xb0\xe6\x8d\xae\xe9\x87\x87\xe9\x9b\x86\xe3\x80\x8b\xef\xbc\x8c\xe8\x91\xa3\xe4\xbb\x98\xe5\x9b\xbd\xe8\x91\x97'
# 使用 GBK 编码格式编码为字节串
>>> print(book_name.encode('gbk'))
b'\xa1\xb6Python\xb3\xcc\xd0\xf2\xc9\xe8\xbc\xc6\xd3\xeb\xca\xfd\xbe\xdd\xb2\xc9\xbc\xaf\xa1\xb7\xa3\xac\xb6\xad\xb8\xb6\xb9\xfa\xd6\xf8'
# 把字符串编码为字节串后使用 decode() 方法解码为字符串
>>> print(book_name.encode('gbk').decode('gbk'))
《Python 程序设计与数据采集》，董付国著
# 使用 GBK 编码得到的字节串无法使用 UTF-8 正常解码
# 使用 UTF-8 编码得到的字节串也无法使用 GBK 正常解码
>>> print(book_name.encode('gbk').decode('utf8'))
UnicodeDecodeError: 'utf-8' codec can't decode byte 0xa1 in position 0: invalid start byte
# 即使偶尔能解码成功，也得不到原来的字符串，如下面的情况
>>> print('伟大'.encode().decode('gbk'))
浼熷ぇ
>>> '©'.encode('gbk')          # 有些字符没有对应的 GBK 编码
UnicodeEncodeError: 'gbk' codec can't encode character '\xa9' in position 0: illegal multibyte sequence
>>> '©'.encode('utf8')         # 但存在对应的 UTF-8 编码
b'\xc2\xa9'
```

6.1.3　字符串格式化

6.1.3

在 Python 语言目前的主流版本中，主要支持 3 种字符串格式化的语法——运算符“%”、format() 方法和格式化字符串字面值，本节将逐一进行介绍。

（1）运算符“%”

运算符“%”除了用于计算整数和实数的余数，还可以用于字符串格式化。运算符“%”用于字符串格式化时的语法如图 6-1 所示，如果需要同时对多个值进行格式化，应

把这些值放到元组中，也就是图中最后的 x 应该是一个元组。使用这种方式对多个值进行格式化时，要求格式字符和数据的数量、顺序都严格一致，很不灵活，现在已经很少使用了。

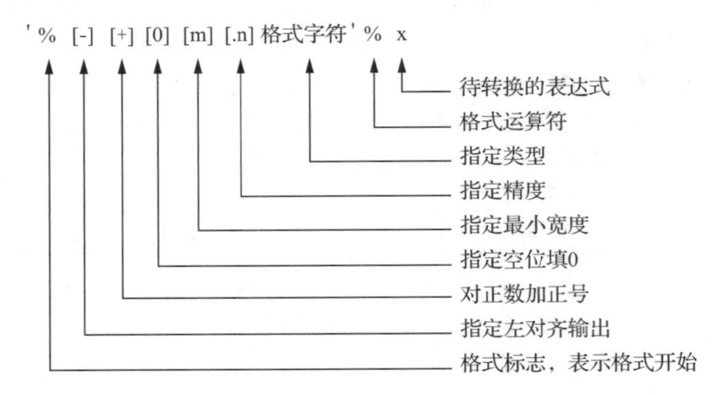

图6-1　运算符“%”用于字符串格式化时的语法

其中常用的格式字符如表 6-2 所示。

表 6-2　常用的格式字符

格式字符	简要说明
%s	字符串（等价于内置函数 str()）
%r	字符串（等价于内置函数 repr()）
%c	单个字符
%d、%i	十进制整数
%o	八进制整数
%x	十六进制整数
%e	指数（基底写为 e）
%E	指数（基底写为 E）
%f、%F	浮点数
%g	指数（e）或浮点数（根据长度决定使用哪种显示方式）
%G	指数（E）或浮点数（根据长度决定使用哪种显示方式）
%%	一个字符 %

下面的代码演示了运算符“%”的用法。

```
# 把 65 作为 Unicode 编码转换为对应的字符，等价于 chr(65)
>>> print('%c' % 65)
A
# 支持汉字 Unicode 编码到字符的转换
>>> print('%c%c%c' % (33891,20184,22269))
董付国
# %-3d 表示把整数格式化为长度为 3 的字符串，左对齐
# %.2f 表示把实数格式化为保留 2 位小数的字符串
# %7x 表示把整数格式化为长度为 7 的十六进制形式的字符串，右对齐，前面补空格
>>> print('a%-3db%.2fc%7x' % (6, 3.1415926, 666))
a6  b3.14c    29a
# %08d 表示把整数格式化为长度为 8 的字符串，右对齐，前面补 0
```

```
# %#o 表示格式化为带引导符 0o 的八进制数，%x 表示格式化为不带引导符 0x 的十六进制数
>>> print('%d,%c,%x,%#o,%08d' % (33891,33891,33891,33891,33891))
33891, 董 ,8463,0o102143,00033891
# %+d 表示把整数格式化为字符串，正数前面显示正号“+”
>>> print('%d,%+d' % (666,666))
666,+666
```

（2）format() 方法

字符串方法 format(*args, **kwargs) 用于把数据格式化为特定格式的字符串，可以接收位置参数和关键参数，但一般二者不同时使用。该方法通过格式字符串进行调用，在格式字符串中使用 {index/name:fmt} 作为占位符，其中 index 表示 format() 方法的参数序号，name 表示 format() 方法的参数名称，fmt 表示格式以及相应的修饰。常用的格式主要有 b（二进制格式）、c（把整数转换成 Unicode 字符）、d（十进制格式）、o（八进制格式）、x（小写十六进制格式）、X（大写十六进制格式）、e/E（科学计数法格式）、f/F（固定长度的浮点数格式）、%（使用固定长度的浮点数显示百分数），还可以定义字符串长度、小数位数、分组方式、填充符以及对齐方式，读者可以使用 help('FORMATTING') 查看完整说明。例如：

```
# 0 表示 format() 方法的参数下标，对应第一个参数
# .4f 表示格式化为实数，并且保留 4 位小数，如果原始值不足 4 位小数，右侧补 0
>>> print('{0:.4f}'.format(10/4))
2.5000
>>> print('{0:.4f}'.format(10/3))
3.3333
>>> print('{0:.4f}'.format(1000/3))
333.3333
# .4 表示保留 4 位有效数字
# 按顺序格式化每个参数时格式字符串中可以不写下标
>>> print('{:.4},{:.4},{:.4}'.format(10/3, 1000/3, 100000/3))
3.333,333.3,3.333e+04
# 格式化为百分数，保留 2 位小数
>>> print('{0:.2%}'.format(1/3))
33.33%
# 对同一个数据进行多次格式化，格式化为实数形式，总宽度为 10，保留 2 位小数
# < 表示左对齐，^ 表示居中，> 表示右对齐
>>> print('{0:<10.2f},{0:^10.2f},{0:>10.2f}'.format(1/3))
0.33      ,   0.33   ,      0.33
# 逗号表示在数字中插入逗号作为千分符
# #x 表示格式化为十六进制数，#o 表示格式化为八进制数
>>> print('{0:,} in hex is:{0:#x}, in oct is:{0:#o}'.format(66666))
66,666 in hex is:0x1046a, in oct is:0o202152
# 先格式化下标为 1 的参数，再格式化下标为 0 的参数
# o 表示格式化为八进制数，但不带前面的引导符 0o
# x 表示格式化为十六进制数，但不带前面的引导符 0x
>>> print('{1} in hex is:{1:x},{0} in oct is:{0:o}'.format(6666, 66666))
66666 in hex is:1046a,6666 in oct is:15012
# _ 表示在数字中插入下画线作为千分符，这是从 Python 3.6 开始支持的
>>> print('{0:_},{0:#_x},{0:_o}'.format(10000000))
10_000_000,0x98_9680,4611_3200
# 使用逗号作为千分符，仅适用于十进制数
```

```
>>> print('{0:,d}'.format(10000000))
10,000,000
# 试图在八进制数中插入逗号作为千分符，抛出异常
>>> print('{0:,o}'.format(10000000))
ValueError: Cannot specify ',' with 'o'.
# 其他进制数可以使用下画线作为千分符来提高可读性
>>> print('{0:_o},{0:_x}'.format(1000000000))
73_4654_5000,3b9a_ca00
# 在正数前面显示正号
>>> print('{0:+d},{0:+.3f}'.format(333))
+333,+333.000
# 使用变量名作为占位符，使用关键参数指定要格式化的数据
>>> print('{name},{age}'.format(name='Zhang San', age=40))
Zhang San,40
# name 格式化为长度为 10 的字符串，左对齐，右侧补空格
# age 格式化为长度为 6 的字符串，右对齐，左侧补空格
>>> print('{name:<10},{age:>6}'.format(name='Zhang San', age=40))
Zhang San ,    40
# - 和 = 表示当指定的宽度大于实际长度时使用的填充字符
>>> print('{name:-<10},{age:=>6}'.format(name='Zhang San', age=40))
Zhang San-,====40
# 可以同时使用位置参数和关键参数，但一般不建议这样使用
>>> print('{0},{1},{a},{b}'.format(34, 45, a=97, b=98))
34,45,97,98
# 试图以位置参数的方式访问关键参数的值，抛出异常
>>> print('{0},{1},{2},{b}'.format(34, 45, a=97, b=98))
IndexError: Replacement index 2 out of range for positional args tuple
# 字符串对象的方法也属于可调用对象，可以作为 map() 函数的第一个参数
>>> print(list(map(r'subdir\{}.txt'.format, range(5))))
['subdir\\0.txt', 'subdir\\1.txt', 'subdir\\2.txt', 'subdir\\3.txt', 'subdir\\4.txt']
```

（3）格式化字符串字面值

从 Python 3.6 开始支持一种更加简洁的字符串格式化形式，叫作格式化字符串字面值（Formatted String Literals），简称 f- 字符串。其含义和功能都类似于字符串对象的 format() 方法，但形式更加简洁。在字符串前面加字母 f 或 F，在字符串中使用花括号里面的变量名表示占位符，在进行格式化时，使用前面定义的同名变量的值对字符串中的占位符进行替换并以指定的格式呈现。如果没有该变量的定义，代码抛出异常。例如：

```
>>> width, height = 8, 6
>>> print(f'Rectangle of {width}*{height}\nArea:{width*height}')
Rectangle of 8*6
Area:48
# 下面花括号内以等号结束的语法只有 Python 3.8 及以上版本才支持
>>> print(f'{width*height=}')
width*height=48
# 低版本中需要改成下面的形式
>>> print(f'width*height={width*height}')
width*height=48
>>> print(f'{width=},{height=},Area={width*height}')
```

```
width=8,height=6,Area=48
# 冒号后面是格式描述，左对齐，长度为10，保留3位小数
# 最后的逗号是为了更清楚地观察左对齐的效果
>>> print(f'{width/height=:<10.3f},')
width/height=1.333     ,
# 冒号后面的0表示填充符
>>> print(f'{width/height=:0<10.3f}')
width/height=1.33300000
# 把幂运算结果格式化为八进制数和十六进制数
>>> print(f'{width**height=:#o},{width**height=:#x}')
width**height=0o1000000,width**height=0x40000
>>> directory = 'subdir'
# 在字符串前面同时加f和r，二者顺序可交换，也可以使用大写字母F和R
>>> files = [fr'{directory}\{i}.txt' for i in range(5)]
>>> print(files)
['subdir\\0.txt', 'subdir\\1.txt', 'subdir\\2.txt', 'subdir\\3.txt', 'subdir\\4.txt']
```

6.1.4 find()、rfind()、index()、rindex() 方法

6.1.4

字符串方法 `find(sub[, start[, end]])` 和 `rfind(sub[, start[, end]])` 分别用来查找另一个字符串在当前字符串下标范围 `[start,end)` 内首次和最后一次出现的位置，如果不存在则返回 `-1`。字符串支持双向索引，`-1` 还可以表示最后一个字符的位置，为避免混淆，在使用这一对方法时，应检查返回值是否为 `-1`。

`index(sub[, start[, end]])` 和 `rindex(sub[, start[, end]])` 方法用来返回另一个字符串在当前字符串下标范围 `[start,end)` 内首次和最后一次出现的位置，如果不存在则抛出异常。

例 6-1 编写程序，查找并输出字符串中除中文逗号、句号和换行符之外每个唯一字符及其第一次出现的位置。程序如下：

```
text = '''
石狮寺前有四十四个石狮子，
寺前树上结了四十四个涩柿子，
四十四个石狮子不吃四十四个涩柿子，
四十四个涩柿子倒吃四十四个石狮子。
'''

for index, ch in enumerate(text):
    # 注意代码中是中文逗号和句号，逗号和句号后面没有空格
    if ch not in ('\n，。') and index == text.index(ch):
        print((index, ch), end='')
```

运行结果为：

```
(1, '石')(2, '狮')(3, '寺')(4, '前')(5, '有')(6, '四')(7, '十')(9, '个')(12, '子')(17, '树')
(18, '上')(19, '结')(20, '了')(25, '涩')(26, '柿')(37, '不')(38, '吃')(55, '倒')
```

6.1.5　split()、rsplit()、splitlines()、join() 方法

6.1.5

字符串对象的 split(sep=None, maxsplit=-1) 和 rsplit(sep=None, maxsplit=-1) 方法以参数 sep 指定的字符串作为分隔符，分别从左往右或从右往左把字符串分隔成多个字符串，返回包含分隔结果的列表。如果不指定分隔符，那么字符串中的任何空白字符（包括空格、换行符、换页符、制表符等）的连续出现都将被认为是分隔符，返回包含分隔结果的列表，并自动丢弃列表中的空字符串。但是，当明确传递参数 sep 指定 split() 或 rsplit() 方法所使用的分隔符时，连续的两个相邻分隔符之间会切分出一个空字符串，并且不会丢弃分隔结果列表中的空字符串。参数 maxsplit 用来指定最大分隔次数，-1 表示尽最大能力分隔。

字符串对象的 splitlines(keepends=False) 方法使用单个回车符 '\r'、单个换行符 '\n' 或回车换行符 '\r\n' 作为分隔符把当前字符串切分为多行并返回包含每行字符串的列表，参数 keepends=True 时得到的每行字符串最后包含换行符，默认情况下不包含换行符。

字符串对象的 join(iterable, /) 方法以调用该方法的当前字符串作为连接符将只包含字符串的可迭代对象中所有字符串进行连接并返回连接后的新字符串。

创建程序文件，输入并运行下面的代码。

```
text = '''Beautiful is better than ugly.
   red \t\t green    blue
one,two,,three,,,four,,,,'''
# 切分为多行
lines = text.splitlines()
# 不指定分隔符，默认使用空白字符作为分隔符进行分隔，丢弃切分结果中的空字符串
print(lines[0].split())
print(lines[1].split())
# 使用空格作为分隔符，相邻空格之间会得到一个空字符串，并且不会被丢弃
print(lines[1].split(' '))
# 使用逗号作为分隔符，相邻逗号之间会得到一个空字符串，并且不会被丢弃
print(lines[2].split(','))
# 使用逗号连接多个字符串
print(','.join(lines[1].split()))
# 使用冒号连接多个字符串
print(':'.join(lines[1].split()))
# 先使用星号连接字符串得到 '1*2*3*4*5*6*7'
# 然后使用内置函数 eval() 计算字符串的值，相当于计算 7 的阶乘
print(eval('*'.join(map(str, range(1,8)))))
# 回车符、换行符以及回车换行符都会作为分隔符
print('a\r\nb\nc\rd'.splitlines())
```

运行结果为：

```
['Beautiful', 'is', 'better', 'than', 'ugly.']
['red', 'green', 'blue']
['', '', '', 'red', '\t\t', 'green', '', '', '', 'blue']
['one', 'two', '', 'three', '', '', 'four', '', '', '', '']
red,green,blue
red:green:blue
5040
['a', 'b', 'c', 'd']
```

6.1.6 replace()、maketrans()、translate() 方法

6.1.6

字符串对象的replace(old, new, count=-1, /)方法用来把当前字符串中所有子串old都替换为另一个字符串new并返回替换后的新字符串，如果不指定参数count则全部替换，如果指定了参数count则只把前count个子串old替换为字符串new。

字符串对象的maketrans(...)方法根据参数给定的字典（其中每个元素的“键”和“值”都必须是字符或range(0x110000)范围内的整数）或者两个等长字符串对应位置的字符构造并返回字符映射表，如果指定了第三个参数（必须为字符串），则该参数中所有字符都被映射为空值。

字符串对象的translate(table, /)方法根据参数table指定的映射表对当前字符串中的字符进行替换并返回替换后的新字符串，参数table一般为字符串方法maketrans()创建的映射表，其中映射为空值的字符将会被删除，不会出现在新字符串中。

创建程序文件，输入并运行下面的代码。

```
text = '''Beautiful is better than ugly.
Explicit is better than implicit.
Simple is better than complex.
Complex is better than complicated.
Flat is better than nested.
Sparse is better than dense.
Readability counts.'''
# 把所有小写单词 better 都替换为大写单词 BETTER
print(text.replace('better', 'BETTER'), end='\n===\n')
# 只把前 3 个小写单词 better 替换为大写单词 BETTER
print(text.replace('better', 'BETTER', 3), end='\n===\n')
# 构造映射表，P 对应 @，y 对应 #，t 对应 $，h 对应 %，o 对应 &，n 对应 *
# 可以通过 str 来调用 maketrans() 方法，也可以通过任意字符串来调用，结果一样
table = str.maketrans('Python', '@#$%&*')
# 查看创建的映射表，该语法适用于 Python 3.8 以及更高版本，低版本中则需要删除等号
print(f'{table=}')
# 使用刚刚创建的映射表替换字符串中的字符
print(text.translate(table), end='\n===\n')
# 构造映射表，指定第三个参数，把字符 a、b、c、d 都对应到 None
table = str.maketrans('Python', '@#$%&*', 'abcd')
print(f'{table=}')
# 映射表中与 None 对应的字符会被删除，不在结果字符串中出现
print(text.translate(table), end='\n===\n')
# 构造阿拉伯数字和汉字数字之间的映射表
table = ''.maketrans('0123456789', '〇一二三四五六七八九')
# 把字符串中的阿拉伯数字替换为对应的汉字数字，返回新字符串
print('2022 年 8 月 15 日 '.translate(table), end='\n===\n')
# 英文字母大小写，也可以导入标准库 string 使用预定义的常量
lower_case = 'abcdefghijklmnopqrstuvwxyz'
upper_case = 'ABCDEFGHIJKLMNOPQRSTUVWXYZ'
# 凯撒加密，把一段文本中每个英文字母替换为该字母在字母表中后面的第 k 个字母
# 大小写英文字母分别首尾相接，z 的下一个字母是 a，Z 的下一个字母是 A
# 变量 k 的值会影响置换结果，可以修改为 1 ～ 25 的其他值，重新运行并观察结果
```

```
k = 3
before = lower_case + upper_case
# 把前 k 个小写字母放到最后，大写字母也做同样的处理
after = lower_case[k:] + lower_case[:k] + upper_case[k:] + upper_case[:k]
# 构造映射表，定义置换关系
table = ''.maketrans(before, after)
# 替换字符串中的字符
print(text.translate(table))
```

运行结果为：

```
Beautiful is BETTER than ugly.
Explicit is BETTER than implicit.
Simple is BETTER than complex.
Complex is BETTER than complicated.
Flat is BETTER than nested.
Sparse is BETTER than dense.
Readability counts.
===
Beautiful is BETTER than ugly.
Explicit is BETTER than implicit.
Simple is BETTER than complex.
Complex is better than complicated.
Flat is better than nested.
Sparse is better than dense.
Readability counts.
===
table={80: 64, 121: 35, 116: 36, 104: 37, 111: 38, 110: 42}
Beau$iful is be$$er $%a* ugl#.
Explici$ is be$$er $%a* implici$.
Simple is be$$er $%a* c&mplex.
C&mplex is be$$er $%a* c&mplica$ed.
Fla$ is be$$er $%a* *es$ed.
Sparse is be$$er $%a* de*se.
Readabili$# c&u*$s.
===
table={80: 64, 121: 35, 116: 36, 104: 37, 111: 38, 110: 42, 97: None, 98: None, 99: None, 100: None}
Beu$iful is e$$er $%* ugl#.
Explii$ is e$$er $%* implii$.
Simple is e$$er $%* &mplex.
C&mplex is e$$er $%* &mpli$e.
Fl$ is e$$er $%* *es$e.
Sprse is e$$er $%* e*se.
Reili$# &u*$s.
===
二〇二二年八月一五日
===
Ehdxwlixo lv ehwwhu wkdq xjob.
Hasolflw lv ehwwhu wkdq lpsolflw.
```

```
Vlpsoh lv ehwwhu wkdq frpsoha.
Frpsoha lv ehwwhu wkdq frpsolfdwhg.
Iodw lv ehwwhu wkdq qhvwhg.
Vsduvh lv ehwwhu wkdq ghqvh.
Uhdgdelolwb frxqwv.
```

6.1.7 center()、ljust()、rjust() 方法

center(width, fillchar='', /)、ljust(width, fillchar='', /) 和 rjust(width, fillchar='', /) 方法用于对字符串进行排版，返回指定长度的新字符串，原字符串分别居中、居左或居右出现在新字符串中。如果参数 width 指定的长度大于原字符串长度，使用指定的字符（默认是空格）进行填充；如果参数 width 指定的长度小于或等于原字符串长度，直接返回原字符串。例如：

```
>>> text = 'Main Menu'
# 居中，3 小于原字符串长度，直接返回原字符串
# 15 大于原字符串长度，如果不指定参数 fillchar，默认使用空格填充
# 如果指定了参数 fillchar，就使用指定的字符填充两边的空白
>>> print((text.center(3), text.center(15), text.center(15,'=')))
('Main Menu', '   Main Menu   ', '===Main Menu===')
# 原字符串居左、居右
>>> print((text.ljust(15,'#'), text.rjust(15,'=')))
('Main Menu######', '======Main Menu')
```

6.1.8 字符串测试

字符串方法 startswith(prefix[, start[, end]]) 和 endswith(suffix[, start[, end]]) 用来测试字符串是否以指定的字符串开始或结束，如果当前字符串下标范围 [start,end) 的子串以某个字符串或几个字符串之一开始 / 结束则返回 True，否则返回 False。

字符串方法 isidentifier() 用来测试一个字符串是否可以作为标识符（如变量名、函数名、类名等），如果当前字符串可以作为标识符则返回 True，否则返回 False。

字符串方法 isalnum()、isalpha()、islower()、isupper()、isspace()、isdigit() 用来测试字符串的类型，如果当前字符串（要求至少包含一个字符）中所有字符都是字母或数字、字母、小写字母、大写字母、空白字符（包括空格、换行符、制表符等）、数字字符则返回 True，否则返回 False。

下面的代码演示了这几个方法的用法，其中标准库 os 中的函数 listdir() 返回包含指定文件夹（默认为当前文件夹）中所有文件和子文件夹名字的列表，标准库 keyword 中的函数 iskeyword() 用来测试一个字符串是否为 Python 关键字。

创建程序文件，输入并运行下面的代码。

```
from os import listdir
from keyword import iskeyword

# 变量名不能以数字开头
print(f"{'3name'.isidentifier()=}")
print(f"{'name3'.isidentifier()=}")
# 测试字符串是否为 Python 关键字
```

```
print(f"{iskeyword('def')=}")
# isidentifier() 方法只根据形式进行判断，并不准确
print(f"{'def'.isidentifier()=}")
# 测试大小写时会忽略非字母字符
print(f"{'123abc'.islower()=}")
print(f"{'123ABC'.isupper()=}")
# islower() 和 isupper() 方法要求字符串中有字母，否则都返回 False
print(f"{''.islower()=}")
print(f"{''.isupper()=}")
print(f"{'666'.islower()=}")
print(f"{'666'.isupper()=}")
# 遍历 C:\Windows 文件夹中所有文件和子文件夹
for fn in listdir(r'C:\Windows'):
    # 检查是否以字母 n 开头并且以 .txt 或 .exe 二者之一结束
    if fn.startswith('n') and fn.endswith(('.txt','.exe')):
        print(fn)
```

运行结果为：

```
'3name'.isidentifier()=False
'name3'.isidentifier()=True
iskeyword('def')=True
'def'.isidentifier()=True
'123abc'.islower()=True
'123ABC'.isupper()=True
''.islower()=False
''.isupper()=False
'666'.islower()=False
'666'.isupper()=False
notepad.exe
```

6.1.9　strip()、lstrip()、rstrip() 方法

6.1.9

字符串方法 strip(chars=None, /)、lstrip(chars=None, /)、rstrip(chars=None, /) 分别用来删除当前字符串两侧、左侧或右侧的连续空白字符或参数 chars 指定的字符串中所有字符，一层一层地从外往里“扒”。

创建程序文件，输入并运行下面的代码。

```
text = '  Beautiful is BETTER than ugly.    \n\r\t'
print((text.strip(),                # 删除两侧所有空白字符
       text.rstrip(),               # 删除右侧所有空白字符
       text.lstrip(),               # 删除左侧所有空白字符
       # 删除两侧的指定字符，虽然指定的字符在原字符串中都有，但不在最外层，所以没有被删除
       text.strip('B.guyl'),
       # 左侧删除空格之后，B 是最外层字符，继续删除
       # 右侧最外层的 \t 不在要删除的字符之中，保持不变
       text.strip(' B.guyl'),
       # 右侧最外层的 \t 是要删除的字符之一，删除，\r 变为最外层字符
       # \r 也是要删除的字符，继续删除，\n 变为最外层字符
```

```
    # \n也是要删除的字符，继续删除，以此类推
    text.rstrip(' B.\rgu\nyl\t'),
   ))
```

运行结果为：

```
('Beautiful is BETTER than ugly.', ' Beautiful is BETTER than ugly.', 'Beautiful is BETTER than ugly.   \n\r\t', ' Beautiful is BETTER than ugly.   \n\r\t', 'eautiful is BETTER than ugly.   \n\r\t', ' Beautiful is BETTER than')
```

6.2 部分扩展库对字符串的处理

除了内置函数、运算符和字符串对象自身方法，部分标准库和扩展库也提供了对字符串的操作。正则表达式对字符串的操作可见10.2节，本节重点介绍中英文分词扩展库jieba和中文拼音处理扩展库pypinyin。

6.2.1 中英文分词

分词是指把长文本切分成若干单词或词组的过程。在文本情感分析、文本分类、垃圾邮件判断等自然语言处理领域经常需要对文字进行分词，分词的准确度直接影响了后续文本处理和挖掘算法的最终效果。Python扩展库jieba可以用于中英文分词，支持精确模式、全模式、搜索引擎模式等多种分词模式，支持繁体中文，支持自定义词典。除了用于分词，扩展库jieba还可以根据词频提取关键字用于文本分类以及其他处理。例如：

```
>>> import jieba
>>> text = 'Python之禅中有句话非常重要，Readability counts.'
>>> jieba.lcut(text)           # lcut()函数返回分词后的列表
['Python', '之禅', '中', '有', '句', '话', '非常', '重要', '，', 'Readability', ' ', 'counts', '.']
>>> jieba.lcut('花纸杯')
['花', '纸杯']
>>> jieba.add_word('花纸杯')   # 增加一个词条
>>> jieba.lcut('花纸杯')
['花纸杯']
>>> text = '在文本情感分析、文本分类、垃圾邮件判断等自然语言处理领域经常需要对文字进行分词，分词的准确度直接影响了后续文本处理和挖掘算法的最终效果。'
>>> print(jieba.lcut(text))   # 分词
['在', '文本', '情感', '分析', '、', '文本', '分类', '、', '垃圾邮件', '判断', '等', '自然语言', '处理', '领域', '经常', '需要', '对', '文字', '进行', '分词', '，', '分词', '的', '准确度', '直接', '影响', '了', '后续', '文本处理', '和', '挖掘', '算法', '的', '最终','效果', '。']
>>> import jieba.analyse
# 使用TF-IDF算法提取关键词，默认返回20个
>>> jieba.analyse.extract_tags(text)
['分词', '文本', '文本处理', '垃圾邮件', '自然语言', '准确度', '算法', '情感', '后续', '挖掘', '分类', '文字', '效果', '经常', '判断', '领域', '处理', '最终', '分析', '直接']
# 提取前10个重要的关键词及其重要程度，数值越大表示越重要
>>> jieba.analyse.extract_tags(text, topK=10, withWeight=True)
```

```
    [('分词', 0.936276245968001), ('文本', 0.7155880475495999), ('文本处理',
0.49164958958), ('垃圾邮件', 0.460111295168), ('自然语言', 0.417397669968), ('准确度',
0.3964677442164), ('算法', 0.3476476599652), ('情感', 0.2980082891932), ('后续',
0.29197790133), ('挖掘', 0.2886426369724)]
    # 使用 TextRank 算法提取重要的前 10 个关键词，同时显示其重要程度
    >>> jieba.analyse.textrank(text, topK=10, withWeight=True)
    [('分词', 1.0), ('文本', 0.8965387193718527), ('后续', 0.6156540426617422), ('算法',
0.5438724915841351), ('挖掘', 0.5398717803075287), ('需要', 0.5337964887358811), ('判断',
0.5315533212676871), ('分类', 0.5206961193726398), ('文字', 0.5194648203713825), ('文本处理',
0.514501382869386)]
    # 分词，并查看词性
    # 其中 'n' 表示普通名词，'nr' 表示人名，'s' 表示处所名词，'v' 表示普通动词
    # 'uz'、'uj'、'u' 表示助词，'m' 表示数量词，详见 https://github.com/fxsjy/jieba
    # 结果仅供参考，并不是特别准确
    >>> import jieba.posseg
    >>> jieba.posseg.lcut('公交车上小明手里拿着一本董老师的书在看')
    [pair('公交车', 'n'), pair('上小明', 'nr'), pair('手里', 's'), pair('拿', 'v'), pair('着',
'uz'), pair('一本', 'm'), pair('董', 'nr'), pair('老师', 'n'), pair('的', 'uj'), pair('书',
'n'), pair('在看', 'u')]
```

6.2.2　中文拼音处理

Python 扩展库 pypinyin 支持汉字到拼音的转换，可以使用 pip 命令安装后使用。例如：

```
    >>> from pypinyin import lazy_pinyin, pinyin
    >>> print(lazy_pinyin('董付国'))                        # 返回拼音
    ['dong', 'fu', 'guo']
    >>> print(lazy_pinyin('董付国', 1))                     # 带声调的拼音
    ['dǒng', 'fù', 'guó']
    >>> print(lazy_pinyin('董付国', 2))                     # 另一种拼音形式
                                                            # 数字表示前面字母的声调
    ['do3ng', 'fu4', 'guo2']
    >>> print(lazy_pinyin('董付国', 3))                     # 只返回声母
    ['d', 'f', 'g']
    >>> print(lazy_pinyin('重要', 1))                       # 根据词组智能识别多音字
    ['zhòng', 'yào']
    >>> print(lazy_pinyin('重阳', 1))
    ['chóng', 'yáng']
    >>> print(pinyin('重阳'))                               # 返回拼音
    [['chóng'], ['yáng']]
    >>> print(pinyin('重阳节', heteronym=True))             # 返回多音字的所有读音
    [['chóng'], ['yáng'], ['jié', 'jiē']]
    >>> sentence = '我们正在学习董付国老师的 Python 教材'
    >>> print(lazy_pinyin(sentence))
    ['wo', 'men', 'zheng', 'zai', 'xue', 'xi', 'dong', 'fu', 'guo', 'lao', 'shi', 'de',
'Python', 'jiao', 'cai']
    >>> lazy_pinyin(sentence, 1)
    ['wǒ', 'men', 'zhèng', 'zài', 'xué', 'xí', 'dǒng', 'fù', 'guó', 'lǎo', 'shī', 'de',
'Python', 'jiào', 'cái']
    >>> sentence = '山东烟台的大樱桃真好吃啊'
```

```
>>> print(sorted(sentence, key=lazy_pinyin))       # 按拼音对汉字进行排序
['啊', '吃', '大', '的', '东', '好', '山', '台', '桃', '烟', '樱', '真']
```

6.3 综合例题解析

例 6-2 对一段文本进行分词，把其中长度为 2 的词语中的两个字按拼音升序排列，其他长度的词语不变，再把处理后的所有词语按原来的相对顺序连接起来。程序如下：

例 6-2

```
from jieba import cut
from pypinyin import pinyin

def swap(word):
    return ''.join(sorted(word, key=pinyin)) if len(word)==2 else word

def antiCheck(text):
    ''' 分词，处理长度为 2 的词语，然后连接起来 '''
    words = cut(text)
    return ''.join(map(swap, words))

text = '由于人们阅读时一目十行的特点，有时候个别词语交换' +\
       '一下顺序并不影响，甚至无法察觉这种变化。' +\
       '更有意思的是，即使发现了顺序的调整，也不影响对内容的理解。'
print(antiCheck(text))
```

运行结果为：

```
由于们人读阅时一目十行的点特，有时候别个词语换交下一顺序并不响影，甚至法无察觉这种变化。更有意思的是，即使发现了顺序的调整，也不响影对内容的解理。
```

例 6-3 编写程序，输入一段任意中文文本，进行分词，根据分词结果生成词云图，出现次数多的词语在词云图中的字号大，出现次数少的词语在词云图中的字号小。程序如下：

例 6-3

```
from collections import Counter
from jieba import cut
from wordcloud import WordCloud

# 直接对输入的内容进行分词并统计词频
freq = Counter(cut(input('输入任意字符串:')))
# 把多行代码放在一对圆括号中，表示一个语句
# 使用串式调用方式，创建词云对象，生成词云图并显示，一气呵成
(WordCloud(r'C:\Windows\fonts\simfang.ttf',
           # 图像宽度与高度
           width=500, height=400,
           # 背景色
           background_color='white',
           # 相邻两种出现次数的词语在词云图中的字号之差
           font_step=3,
```

```
            # 不使用停用词，在词云图中显示所有词语
            stopwords={})
     .generate_from_frequencies(freq)
     .to_image().show())
```

词云图程序运行界面如图 6-2 所示，生成的词云图如图 6-3 所示。由于词云对象很多参数的默认值是随机数，每次运行得到略有不同的词云图是正常的，但总体特征是一致的。

```
输入任意字符串：编写程序，输入一段任意中文文本，进行分词，根据分词结果生成词云图，出现次数多的词语在词云图中的字号大，出现次数少的词语在词云图中的字号小。
Building prefix dict from the default dictionary ...
Loading model from cache C:\Users\dfg\AppData\Local\Temp\jieba.cache
Loading model cost 0.864 seconds.
Prefix dict has been built successfully.
```

图6-2　词云图程序运行界面

图6-3　生成的词云图

例 6-4　编写程序，判断待测单词与哪个候选单词最接近，判断标准为字母出现频次（直方图）最接近。代码只考虑了不小心的拼写错误，没有考虑故意的拼写错误，如故意把 god 写成 dog，再加上样本数量少，判断结果如果不正确是正常的。程序如下：

```
from collections import Counter

def checkAndModify(word):
    # 待测单词的字母出现频次
    fre = dict(Counter(word))
    # 待测单词中各字母出现频次与所有候选单词的距离，即字母出现频次之差
    similars = {w:[fre[ch]-words[w].get(ch,0) for ch in word]
                + [words[w][ch]-fre.get(ch,0) for ch in w]
              for w in words}
    # 返回最接近的单词，即字母出现频次之差的平方和最小的单词
    return min(similars.items(),
               key=lambda item:sum(map(lambda i:i**2, item[1])))[0]
# 候选单词
words = {'good', 'hello', 'world', 'python', 'fuguo',
         'yantai', 'shandong', 'great'}
# 每个单词中字母出现频次
words = {word:dict(Counter(word)) for word in words}
# 测试
for word in ['god', 'hood', 'wello', 'helo', 'pychon', 'guguo', 'shangdong']:
    print(word, ':', checkAndModify(word))
```

运行结果为：

```
god : good
hood : good
wello : hello
helo : hello
pychon : python
guguo : fuguo
shangdong : shandong
```

例 6-5　编写程序，把一个字符串中以逗号分隔的整数升序排列后仍以逗号分隔，输出处理后的新字符串。例如，'543,1,89,274,9051,666' 处理后得到 '1,89,274,543,666,9051'。程序如下：

```
s = '543,1,89,274,9051,666'
print(','.join(sorted(s.split(','), key=int)))
```

本章知识要点

- GB2312 是我国制定的编码格式，使用 1 字节兼容 ASCII。GBK 是 GB2312 的扩充，CP936 是微软在 GBK 基础上开发的编码格式。GB2312、GBK 和 CP936 都使用 2 字节表示中文字符。
- UTF-8 对世界上所有国家的文字进行了编码，使用 1 字节兼容 ASCII，使用 3 字节表示常见汉字和标点符号，还有少量字符使用 2 字节或 4 字节表示。
- GB2312、GBK、CP936、UTF-8 对 ASCII 字符的处理方式是一样的，同一串 ASCII 字符使用这几种编码格式编码得到的字节串是一样的。对于中文字符，不同编码格式之间的实现细节相差很大，同一个中文字符串使用不同编码格式编码得到的字节串不一样是完全正常的。
- 字符串方法 encode() 用于把当前字符串编码为字节串，默认使用 UTF-8 编码格式。与之对应，字节串方法 decode() 用于把当前字节串解码为字符串，默认使用 UTF-8 编码格式。
- 字符串方法 format() 用于把数据格式化为特定格式的字符串，该方法通过格式字符串进行调用，在格式字符串中使用 {index/name:fmt} 作为占位符，其中 index 表示 format() 方法的参数序号，name 表示 format() 方法的参数名称，fmt 表示格式以及相应的修饰。
- 字符串方法 find() 和 rfind() 分别用来查找另一个字符串在当前字符串指定的范围内首次和最后一次出现的位置，不存在时返回 -1。index() 和 rindex() 方法用来返回另一个字符串在当前字符串指定的范围内首次和最后一次出现的位置，不存在时抛出异常。
- 字符串对象的 split() 和 rsplit() 方法以指定的字符串作为分隔符，分别从左往右或从右往左把字符串分隔成多个字符串，返回包含分隔结果的列表。如果不指定分隔符参数，会自动丢弃切分得到的所有空字符串；如果明确指定了分隔符参数，不会丢弃空字符串。
- 字符串对象的 join() 方法以调用该方法的当前字符串作为连接符将只包含字符串的可迭代对象中所有字符串进行连接并返回得到的新字符串。
- 字符串对象的 replace() 方法用来把当前字符串中子串 old 替换为另一个字符串 new 并返回替换后的新字符串。
- 字符串对象的 maketrans() 方法用来构造并返回字符映射表，如果指定了第三个参数则表示把第三个参数中的每个字符都映射为空值。
- 字符串对象的 translate() 方法根据映射表对当前字符串中的字符进行替换并返回替换后的新字符串，映射表中映射为空值的字符会被删除，不会出现在新字符串中。
- 字符串方法 startswith() 和 endswith() 用来测试字符串是否以指定的字符串开始或结束，如果当前字符串下标范围 [start,end) 的子串以某个字符串或几个字符串之一开始 / 结束则返回 True，否则返回 False。
- Python 扩展库 jieba 支持中英文分词。
- Python 扩展库 pypinyin 支持汉字到拼音的转换。

习题

一、填空题

1. 表达式 'abc' in ('abcdefg') 的值为______________。
2. 表达式 'abc' in ['abcdefg'] 的值为______________。
3. 表达式 list(str([1,2,3])) == [1,2,3] 的值为______________。
4. 已知列表对象 x = ['11', '2', '3']，则表达式 max(x) 的值为______________。
5. 表达式 'Hello world. I like Python.'.rfind('python') 的值为______________。
6. 表达式 r'C:\Windows\notepad.exe'.endswith(('.jpg', '.exe')) 的值为______________。
7. 在字符串前加上小写字母______________或大写字母______________表示原始字符串，不对其中的任何字符进行转义。
8. 表达式 eval('3+5') 的值为______________。
9. 表达式 'aaasdf'.lstrip('af') 的值为______________。
10. 表达式 len('abc 你好') 的值为______________。
11. 假设已成功导入 Python 标准库 string，那么表达式 len(string.digits) 的值为______________。
12. 表达式 'b123'.islower() 的值为______________。
13. 表达式 len('Hello world!'.ljust(20)) 的值为______________。
14. 表达式 chr(ord('A')+2) 的值为______________。
15. 已知 x = 4167，那么表达式 eval(''.join(sorted(str(x), reverse=True))) 的值为______________。
16. 表达式 ':'.join('a b c d'.split(maxsplit=2)) 的值为______________。

二、选择题

1. 单选题：表达式 ','.join(filter(str.isdigit, ['a12','345','67b','89'])) 的值为（　　）。

   A. '345,89'　　B. '12,345,67,89'
   C. '345,67,89'　　D. '12,345,89'

2. 单选题：表达式 'a\nb\nc'.splitlines(True) 的值为（　　）。

   A. ['a','b','','','c']　　B. ['a','b','c']
   C. ['a\n','b\n','c']　　D. ['abc']

3. 单选题：表达式 'a\nb\n\n\nc'.split() 的值为（　　）。

   A. ['a','b','','','c']　　B. ['a','b','c']
   C. ['a\n','b\n','c']　　D. ['abc']

4. 单选题：表达式 '{:->5.4s}'.format('abcdefg')[0] 的值为（　　）。

   A. 'a'　　B. '-'　　C. '>'　　D. 'g'

5. 单选题：表达式 '123aBc4De'.istitle() 的值为（　　）。

   A. True　　B. False
   C. 可能为 True 也可能为 False　　D. 表达式错误

6. 单选题：表达式 '1234'.isupper() 的值为（　　）。

   A. True　　B. False
   C. 可能为 True 也可能为 False　　D. 表达式错误

7. 单选题：表达式 'abc1234,.'.islower() 的值为（　　）。

A. True　　　　　　　　　　　　B. False

C. 可能为 True 也可能为 False　　D. 表达式错误

8. 单选题：已知 x = '123' 和 y = '456'，那么表达式 x+y 的值为（　　）。

A. '123456'　　B. '579'　　C. '123+456'　　D. '456123'

三、判断题

1. 以双下画线开始并以双下画线结束的特殊方法主要用来实现字符串对某些运算符或内置函数的支持，一般不直接调用。例如，__add__() 方法使字符串支持加法运算符，__contains__() 方法使字符串支持成员测试运算符 in。（　　）

2. 字符串方法 replace() 用于对字符串进行原地修改，没有返回值。（　　）

3. Python 3.x 中字符串对象的 encode() 方法只能使用默认的 UTF-8 编码格式把当前字符串转换为字节串，不支持其他编码格式。（　　）

4. ':'.join('1,2,3,4,5'.split(',')) 和 '1,2,3,4,5'.replace(',',':') 这两个表达式的值是一样的。（　　）

5. 表达式 len('微信公众号：Python 小屋'.center(5)) 的值为 5。（　　）

6. 表达式 'abababab'.count('aba') 的值为 3。（　　）

7. 表达式 'abcd'.index('e') 的值为 -1。（　　）

8. 表达式 len('a,,b'.split(',')) 的值为 3。（　　）

9. 表达式 'Python'.encode('utf8') == 'Python'.encode('gbk') 的值为 True。（　　）

10. 表达式 'Python小屋'.center(20,'#').count('#') 的值为 12。（　　）

11. 表达式 f'{10**8:_}'.count('_') 的值为 2。（　　）

12. 已知 x 和 y 是两个字符串，且已导入标准库 operator 中的 eq() 函数，那么表达式 sum(map(eq, x, y)) 可以用来计算两个字符串中对应位置字符相等的个数。（　　）

13. 已知 x = 'abcddcefag'，那么表达式 ''.join(sorted(set(x), key=x.rindex)) 的值为 'bdcefag'。（　　）

14. 已知 x 为非空字符串，那么表达式 ''.join(x.split()) == x 的值一定为 True。（　　）

15. 已知 x 为非空字符串，那么表达式 ','.join(x.split(',')) == x 的值一定为 True。（　　）

四、程序设计题

1. 编写程序，输入一个任意字符串，输出其中只出现了一次的字符及其出现的位置。

2. 编写程序，输入一个任意字符串，输出所有唯一字符组成的新字符串，要求所有唯一字符保持在原字符串中的先后顺序。

3. 重做例 6-2，改写程序，对于长度为 2 的词语，随机交换其中的一半左右。在函数 swap() 中生成一个介于区间 [1,100] 的随机数，如果长度为 2 且随机数大于 50 就交换两个汉字的顺序，否则不做处理直接返回。

4. 编写程序，输入任意正整数，输出其二进制形式中尾部有多少个连续的 0。

第 7 章 函数

【本章学习目标】

- 理解函数与代码复用的关系
- 熟练掌握函数定义与调用的语法
- 理解递归函数的语法和执行过程
- 理解嵌套定义函数的语法和执行过程
- 理解位置参数、默认值参数、关键参数和可变长度参数的原理并能够熟练使用
- 理解实参解包的语法
- 理解变量作用域的概念
- 熟练掌握 lambda 表达式语法与应用
- 理解生成器函数的工作原理

7.1 函数定义与调用

函数是代码复用的重要实现方式之一。把用来解决某一类问题的功能代码封装成函数，就可以重复利用这些功能，使代码更简洁，也更容易维护。除了内置函数、标准库函数和扩展库函数，Python 语言还允许用户自定义函数。

7.1.1 基本语法

在 Python 语言中，使用关键字 def 定义具名函数，使用 lambda 表达式定义匿名函数（2.1.4 节和 7.4 节已简单介绍）。具名函数定义语法格式如下：

```
def 函数名 ([ 形参列表 ]):
    ''' 文档字符串 '''
    函数体
```

定义函数时需要注意的问题主要有：

（1）函数名和形参名建议使用“见名知意”的英文单词或单词组合，详见 1.6 节关于标识符命名的要求和建议；

（2）不需要说明形参类型，调用函数时 Python 解释器会根据实参的值自动推断和确定形参类型；

（3）不需要指定函数返回值类型，这由函数中 return 语句返回的值来确定；

（4）上面的语法格式中，方括号表示其中的形参列表可有可无，即使该函数不需要接收任

何参数，也必须保留一对空的圆括号，如果需要接收多个形参应使用逗号分隔；

（5）函数头部括号后面的冒号必不可少；

（6）函数体相对于 def 关键字必须保持一定的空格缩进，函数体内部的代码缩进与前文讲过的选择结构、循环结构、异常处理结构以及 8.1.3 节的 with 语句具有相同的要求；

（7）函数体前面的三引号和里面的文档字符串可以不写，但最好写上，用简短语言描述函数功能、参数和返回值，使接口更加友好；

（8）在函数体中使用 return 语句指定返回值，如果函数没有 return 语句、有 return 语句但没有执行或者有 return 语句也执行了但是没有返回任何值，Python 解释器都认为返回的是空值。

上文提到，在定义函数时不需要说明形参类型和返回值类型。实际上，Python 语言允许在定义函数时说明形参类型和返回值类型，但仅仅是说明而已，并不会真正起作用，不属于强约束。例如，下面的代码中虽然指定参数 a 和 b 以及函数返回值都为整数，但实际上并不会进行任何限制，可以接收和返回任意类型的对象。

```
def func(a:int, b:int) -> int:
    return a + b

print(func(3, 5))
print(func(3.14, 9.8))
print(func('Python', '小屋'))
print(func([3], [4]))
```

运行结果为：

```
8
12.940000000000001
Python小屋
[3, 4]
```

例 7-1 定义函数，接收一个大于 0 的整数或实数 r 表示圆的半径，返回一个包含圆的周长与面积的元组，小数位数最多保留 3 位。然后编写程序，调用刚刚定义的函数。程序如下：

例 7-1

```
from math import pi

def get_area(r):
    '''接收圆的半径为参数，返回包含周长和面积的元组'''
    if not isinstance(r, (int, float)):
        return '半径必须为整数或实数'
    if r <= 0:
        return '半径必须大于0'
    return (round(2*pi*r,3), round(pi*r*r,3))

r = input('请输入圆的半径:')
try:
    r = float(r)
    assert r>0
except:
    print('必须输入大于0的整数或实数')
else:
    print(get_area(r))
```

运行结果为：

```
请输入圆的半径：6
(37.699, 113.097)
```

本例程序中函数各部分说明如图7-1所示。

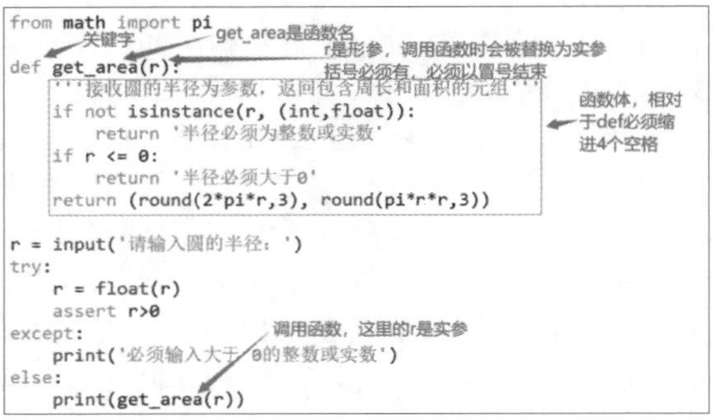

```
from math import pi
def get_area(r):
    '''接收圆的半径为参数，返回包含周长和面积的元组'''
    if not isinstance(r, (int,float)):
        return '半径必须为整数或实数'
    if r <= 0:
        return '半径必须大于0'
    return (round(2*pi*r,3), round(pi*r*r,3))

r = input('请输入圆的半径：')
try:
    r = float(r)
    assert r>0
except:
    print('必须输入大于0的整数或实数')
else:
    print(get_area(r))
```

关键字
get_area是函数名
r是形参，调用函数时会被替换为实参
括号必须有，必须以冒号结束
函数体，相对于def必须缩进4个空格
调用函数，这里的r是实参

图7-1 函数各部分说明

7.1.2 递归函数定义与调用

如果一个函数在执行过程中的特定条件下调用了函数自己，叫作递归调用。递归函数用来把一个大型的复杂问题转化为一个与原来问题本质相同但规模更小、更容易解决或描述的问题，只需要很少的代码就可以描述解决问题过程中需要的大量重复计算。在定义递归函数时，应注意以下几点：（1）每次递归应保持问题性质不变；（2）每次递归应使问题规模变小或使用更简单的输入；（3）必须有一个能够直接处理而不需要再次进行递归的特殊情况来保证递归过程可以结束；（4）函数递归深度不能太大，否则会引起内存崩溃。

例 7-2 已知正整数的阶乘计算公式为 $n!=n\times(n-1)!=n\times(n-1)\times(n-2)\times\cdots\times3\times2\times1$，并且已知 1 的阶乘为 1，也就是1!=1。编写递归函数，接收一个正整数 n，计算并返回 n 的阶乘。程序如下：

```
def fac(n):
    # 1 的阶乘为 1，这是保证递归过程可以结束的条件
    if n == 1:
        # 如果执行到这个 return 语句，函数直接结束，不会执行后面的代码
        return 1
    # 递归调用函数自己，使用越来越小的输入，使递归过程可以结束
    return n * fac(n-1)

# 调用函数，计算并输出 5 的阶乘
print(fac(5))
```

运行结果为：

```
120
```

7.2 函数参数

函数定义时圆括号内是使用逗号分隔的形参列表，函数可以有多个参数，也可以没有参数。调用函数时将实参的引用传递给形参，在进入被调用函数内部的瞬间，形参和实参引用的是同一个对象。在函数内部，形参相当于局部变量。由于 Python 语言中变量存储的是值的引用，直接修改形参的值实际上是修改形参变量的引用，不会影响实参。例如：

```
def demo(num):
    # 刚进入函数时，形参与实参引用相同的对象
    result = num
```

```
    # 内置函数 id() 用来查看对象的内存地址，不用过多关注
    # 这里重点关注的是变量 result、num 的内存地址与函数外的变量 num 的内存地址相同
    print(id(num), id(result))
    while num > 1:
        # 每次执行都会修改变量 num 和 result 的引用，此后 num 就和原来的实参没有关系了
        num = num - 1
        result = result * num
    return result

num = 5
print(num, id(num))
# 调用函数，传递实参
print(demo(num))
# 原来的实参变量没有受任何影响，内存地址不变
print(num, id(num))
```

运行结果为：

```
5 140726607419168
140726607419168 140726607419168
120
5 140726607419168
```

如果调用函数时传递的实参是列表、字典、集合这样的可变对象，那么函数内部的代码是否会影响实参的值要分两种情况：（1）如果在函数内部像上面的代码一样直接修改形参的引用，不会影响实参的值；（2）如果在函数内部使用下标的形式或者调用对象自身提供的原地操作方法，如列表的 append()、insert()、pop() 等方法，或者集合的 add()、discard() 等方法，则会影响实参的值。下面的代码演示了第二种情况。

```
def demo(test_list, test_dict, test_set):
    # 在列表尾部追加元素
    test_list.append(666)
    # 在列表开始位置插入元素
    test_list.insert(0, 666)
    # 如果字典中有“键”为 'name' 的元素就修改对应的“值”，否则插入新元素
    test_dict['name'] = 'xiaoming'
    # 如果集合中没有元素 666 就放进去，如果已经存在就忽略
    test_set.add(666)

data_list = [1, 2, 3]
data_dict = {'name': 'xiaohong', 'age': 23}
data_set = {1, 2, 3}
demo(data_list, data_dict, data_set)
print(data_list, data_dict, data_set, sep='\n')
```

运行结果为：

```
[666, 1, 2, 3, 666]
{'name': 'xiaoming', 'age': 23}
{1, 2, 3, 666}
```

7.2.1 位置参数

7.2.1

位置参数是指调用函数时实参没有任何说明，直接把实参放在括号内调用函数，按位置和顺序传递，第一个实参传递给第一个形参，第二个实参传递给第二个形参，以此类推。实参和形参的顺序必须严格一致，并且实参和形参的数量必须相同，否则会导致逻辑错误得到不正确结果或者抛出 TypeError 异常并提示参数数量不对。例如：

```
def func(a, b, c):
    return sum((a,b,c))

print(func(1,2,3))
print(func(4,5,6))
```

运行结果为：

```
6
15
```

在 Python 3.8 以及更高的版本中，允许在定义函数时设置一个斜线“/”作为形参，斜线“/”本身并不是真正的形参，仅用来说明该位置之前的所有形参必须以位置参数的形式进行传递。例如：

```
>>> def func(a, b, c, /):
    return sum((a,b,c))

>>> func(3, 5, 7)            # 所有参数都按位置传递
15
>>> func(3, 5, c=7)          # 参数 c 没有使用位置参数的形式，代码出错
TypeError: func() got some positional-only arguments passed as keyword arguments: 'c'
```

7.2.2 默认值参数

7.2.2

在定义函数时可以为形参设置默认值，调用这样的函数时，可以不用为设置了默认值的形参传递实参，此时函数将会直接使用函数定义时设置的默认值。也可以显式为带默认值的形参传递实参，本次调用中不再使用形参的默认值。

在定义带有默认值参数的函数时，任何一个默认值参数右边都不能出现没有默认值的普通位置参数，否则会抛出 SyntaxError 异常并提示“non-default argument follows default argument”。带有默认值参数的函数定义语法格式如下：

```
def 函数名(..., 形参名 = 默认值):
    函数体
```

下面的代码演示了带有默认值参数的函数用法，请读者自行运行程序并查看结果。

```
def func(message, times=3):
    return message*times


print(func('重要的事情说三遍!'))
print(func('不重要的事情只说一遍!', 1))
print(func('特别重要的事情说五遍!', 5))
```

如果定义函数时需要为部分形参设置默认值，一定要注意尽量使用整数、实数、复数、元组、字符串、空值或True/False这样的不可变对象，要避免使用列表、字典、集合这样的可变对象作为参数的默认值，除非有特殊需求。函数参数默认值是在定义函数时创建的对象，并且把默认值的引用保存在函数的特殊成员“__defaults__”中，这是一个元组，里面保存了函数每个参数默认值的引用，每次调用函数且不为带默认值的参数传递实参时，都会使用特殊成员“__defaults__”里保存的引用。如果参数默认值是可变对象并且在函数内部有使用下标或对象自身的原地操作方法对参数进行操作的语句，则会影响后续调用。

7.2.3 关键参数

7.2.3

关键参数是指调用函数时按参数名字进行传递的形式，明确指定哪个实参传递给哪个形参。通过这样的调用方式，实参顺序可以和形参顺序不一致，但不影响参数的传递结果，避免了用户需要牢记参数位置和顺序的麻烦，使函数的调用和参数传递更加灵活、方便。

下面的代码演示了关键参数的用法，该代码适用于Python 3.8以及更高的版本，如果使用较低版本则需要把f-字符串中花括号内的等号删除。

```
def func(a, b, c):
    return f'{a=},{b=},{c=}'

print(func(a=3, c=5, b=8))
print(func(c=5, a=3, b=8))
```

运行结果为：

```
a=3,b=8,c=5
a=3,b=8,c=5
```

在Python 3.8以及更高的版本中，允许在定义函数时使用单个星号“*”作为形参，但单个星号“*”并不是真正的形参，仅用来说明该位置后面的所有形参必须以关键参数的形式进行传递。下面的代码在IDLE交互模式中演示了这个用法。

```
>>> def func(a, *, b, c):
    return f'{a=},{b=},{c=}'

>>> print(func(3, 5, 8))            # 实参传递方式不对，代码出错
TypeError: func() takes 1 positional argument but 3 were given
>>> print(func(3, b=5, c=8))
a=3,b=5,c=8
>>> print(func(3, c=5, b=8))
a=3,b=8,c=5
# 关键参数的名称必须是在函数定义中存在的或者可以接收的，否则会出错
>>> print(func(3, b=4, c=5, d=6))
TypeError: func() got an unexpected keyword argument 'd'
```

在Python 3.8以及更高的版本中，可以在定义函数时同时使用单个斜线和星号作为形参来明确要求其他形参的传递形式。下面的代码在IDLE交互模式中演示了这个用法，形参a必须使用位置参数进行传递，形参b和c必须以关键参数的形式进行传递，否则会抛出TypeError异常。

```
>>> def func(a, /, *, b, c):
    return f'{a=},{b=},{c=}'

>>> print(func(3, b=5, c=8))
a=3,b=5,c=8
>>> print(func(a=3, b=5, c=8))      # 形参 a 不能使用关键参数传递
TypeError: func() got some positional-only arguments passed as keyword arguments: 'a'
>>> print(func(3, 5, 8))            # 形参 b 和 c 不能使用位置参数传递
TypeError: func() takes 1 positional argument but 3 were given
```

7.2.4　可变长度参数

7.2.4

可变长度参数是指形参对应的实参数量不确定，一个形参可以接收多个实参。在定义函数时主要有两种形式的可变长度参数——*parameter 和 **parameter，前者用来接收任意多个位置参数并将其放入一个元组中，后者用来接收任意多个关键参数并将其放入一个字典中。

下面的代码演示了第一种形式可变长度参数的用法。

```
def demo(a, b, c, *p):                  # 形参 p 是一个元组
    print(a, b, c)
    print(p)

demo(1, 2, 3, 4, 5, 6)
print('='*10)
demo(1, 2, 3, 4, 5, 6, 7, 8)
```

运行结果为：

```
1 2 3
(4, 5, 6)
==========
1 2 3
(4, 5, 6, 7, 8)
```

下面的代码演示了第二种形式可变长度参数的用法。

```
def demo(**p):                          # 形参 p 是一个字典
    for item in p.items():
        print(item)

demo(x=1, y=2, z=3)
print('='*10)
demo(a=4, b=5, c=6, d=7)
```

运行结果为：

```
('x', 1)
('y', 2)
('z', 3)
==========
('a', 4)
```

```
('b', 5)
('c', 6)
('d', 7)
```

7.2.5 实参解包

7.2.5

与可变长度参数用来收集任意多个实参相反，调用函数时可以对实参可迭代对象进行解包，将其中的元素作为参数传递给形参。在调用函数并且使用可迭代对象作为实参时，在实参可迭代对象前面加一个星号表示把其中的元素转换为普通的位置参数；在实参字典前面加一个星号表示把字典中的“键”转换为普通的位置参数；在实参字典前面加两个星号表示把其中的所有元素都转换为关键参数，元素的“键”作为实参的名字，元素的“值”作为实参的值。例如：

```
def func(a, b, c):
    print(f'{a=},{b=},{c=}')

func(*[3, 5, 7])
func(**{'a':97, 'b':98, 'c':99})
```

运行结果为：

```
a=3,b=5,c=7
a=97,b=98,c=99
```

7.3 变量作用域

变量起作用的代码范围称为变量的作用域，不同作用域内变量名字可以相同，互不影响。从变量的搜索顺序来看，由近及远有局部变量、nonlocal 变量、全局变量和内置对象。Python 解释器在访问变量时，会按照这个顺序进行搜索并使用遇到的第一个同名变量，如果搜索过程结束仍没有找到，则会引发异常并提示变量没有定义。

如果在函数内只有引用某个变量值的操作而没有为其赋值的操作，那么该变量默认为全局变量、外层函数的变量或者内置命名空间中的成员，如果都不是则会抛出异常并提示没有定义。如果在函数内有为变量赋值的操作，该变量就被认为是局部变量，除非在函数内赋值操作之前用关键字 global 或 nonlocal 进行了声明。

在 Python 语言中有两种定义全局变量的方式：（1）在函数外部使用赋值语句创建的变量默认为全局变量，其作用域为从定义的位置开始一直到文件结束；（2）在函数内部使用关键字 global 声明变量为全局变量，其作用域从调用该函数的语句开始一直到文件结束。

Python 关键字 global 有两个作用：（1）对于在函数外创建的全局变量，如果需要在函数内修改这个变量的值，并要将这个结果反映到函数外，可以在函数内使用关键字 global 声明要使用这个全局变量；（2）如果一个变量在函数外没有定义，在函数内也可以直接将一个变量声明为全局变量，该函数执行后，将增加一个新的全局变量。下面的代码演示了这两种用法，在实际开发中不建议使用第二种用法。

```
def demo():
    global x        # 声明或创建全局变量，必须在使用变量 x 之前执行该语句
    x = 3           # 修改全局变量的值
    y = 4           # 局部变量
```

```
    print(x, y)    # 使用变量 x 和 y 的值

x = 5              # 在函数外部定义了全局变量 x
demo()             # 本次调用修改了全局变量 x 的值
print(x)
try:
    print(y)
except:
    print('不存在变量 y')
del x              # 删除全局变量 x
try:
    print(x)
except:
    print('不存在变量 x')
demo()             # 本次调用创建了全局变量
print(x)
```

运行结果为：

```
3 4
3
不存在变量 y
不存在变量 x
3 4
3
```

除了局部变量和全局变量，Python 语言还支持使用关键字 nonlocal 定义一种介于二者之间的变量。关键字 nonlocal 声明的变量一般用于嵌套函数定义的场合（如在嵌套函数定义的场合中，内层函数可以把外层函数中的变量声明为 nonlocal 变量），要求声明的变量已经存在，关键字 nonlocal 不会创建新变量。

下面的代码演示了局部变量、nonlocal 变量和全局变量的用法。

```
def scope_test():
    def do_local():
        spam = '我是局部变量'

    def do_nonlocal():
        nonlocal spam          # 要求 spam 必须是外层函数中定义的变量
        spam = '我不是局部变量，也不是全局变量'

    def do_global():
        global spam            # 如果全局作用域内没有 spam，自动新建
        spam = '我是全局变量'

    spam = '原来的值'
    do_local()
    print('局部变量赋值后：', spam)
    do_nonlocal()
    print('nonlocal 变量赋值后：', spam)
    do_global()
    print('全局变量赋值后：', spam)
```

```
scope_test()
print('全局变量:', spam)
```

运行结果为：

```
局部变量赋值后: 原来的值
nonlocal 变量赋值后: 我不是局部变量，也不是全局变量
全局变量赋值后: 我不是局部变量，也不是全局变量
全局变量: 我是全局变量
```

7.4 lambda 表达式语法与应用

7.4

lambda 表达式常用来定义匿名函数，也就是没有名字的、临时使用的函数，虽然也可以使用 lambda 表达式定义具名函数，但很少这样使用。lambda 表达式只能包含一个表达式，表达式的计算结果相当于函数的返回值。lambda 表达式的语法格式如下：

```
lambda [形参列表]: 表达式
```

lambda 表达式属于 Python 可调用对象类型之一，下面代码中的函数 func() 和 lambda 表达式 func 在功能上是完全等价的。

```
def func(a, b, c):
    return sum((a,b,c))

func = lambda a, b, c: sum((a,b,c))
```

lambda 表达式常用在临时需要一个函数的功能但又不想定义函数的场合，如内置函数 sorted(iterable, /, *, key=None, reverse=False)、max(iterable, *[, default=obj, key=func])、min(iterable, *[, default=obj, key=func]) 和列表方法 sort(*, key=None, reverse=False) 的 key 参数，内置函数 map(func, *iterables)、filter(function or None, iterable) 以及标准库函数 functools.reduce(function, sequence[, initial]) 的第一个参数。lambda 表达式是 Python 语言支持函数式编程的重要体现。

下面的代码演示了 lambda 表达式的常见应用场景。

```
from functools import reduce
from random import sample, seed

seed(202208151630)
# 生成随机数据，包含 5 个子列表，每个子列表中包含 10 个整数
# 每个整数介于区间 [0,20)，同一个子列表中的整数不重复
data = [sample(range(20), 10) for i in range(5)]
# 按子列表的原始顺序输出，每个子列表占一行，星号的用法见 7.2.5 节
print(*data, sep='\n', end='\n===\n')
# 按子列表从小到大的顺序输出，每个子列表占一行
print(*sorted(data), sep='\n', end='\n===\n')
# 按每个子列表中第 2 个元素升序输出
print(*sorted(data, key=lambda row:row[1]), sep='\n', end='\n===\n')
# 按每个子列表中第 2 个元素升序输出，如果第 2 个元素相等再按第 4 个元素升序输出
```

```
print(*sorted(data, key=lambda row:(row[1],row[3])), sep='\n', end='\n===\n')
# 第一个子列表中所有元素连乘的结果
print(reduce(lambda x,y:x*y, data[0]), end='\n===\n')
# 第二个子列表中所有元素连乘的结果
print(reduce(lambda x,y:x*y, data[1]), end='\n===\n')
# 每个子列表的第一个元素组成的新列表
print(list(map(lambda row:row[0], data)), end='\n===\n')
# 对角线元素组成的新列表
print(list(map(lambda row:row[data.index(row)], data)), end='\n===\n')
# 最后一个元素最大的子列表
print(max(data, key=lambda row:row[-1]), end='\n===\n')
# 所有元素之和为偶数的子列表
print(*filter(lambda row:sum(row)%2==0, data), sep='\n', end='\n===\n')
# 所有元素之和小于等于 80 的子列表
print(*filter(lambda row:sum(row)<=80, data), sep='\n', end='\n===\n')
# 每列元素之和组成的新列表
print(reduce(lambda x,y:list(map(lambda i,j:i+j, x, y)), data))
```

运行结果为：

```
[6, 16, 13, 19, 17, 9, 5, 14, 1, 8]
[16, 14, 7, 5, 10, 2, 4, 6, 1, 0]
[5, 10, 13, 3, 7, 14, 4, 6, 0, 19]
[8, 10, 7, 17, 6, 2, 13, 11, 1, 19]
[1, 13, 3, 18, 14, 10, 8, 2, 4, 15]
===
[1, 13, 3, 18, 14, 10, 8, 2, 4, 15]
[5, 10, 13, 3, 7, 14, 4, 6, 0, 19]
[6, 16, 13, 19, 17, 9, 5, 14, 1, 8]
[8, 10, 7, 17, 6, 2, 13, 11, 1, 19]
[16, 14, 7, 5, 10, 2, 4, 6, 1, 0]
===
[5, 10, 13, 3, 7, 14, 4, 6, 0, 19]
[8, 10, 7, 17, 6, 2, 13, 11, 1, 19]
[1, 13, 3, 18, 14, 10, 8, 2, 4, 15]
[16, 14, 7, 5, 10, 2, 4, 6, 1, 0]
[6, 16, 13, 19, 17, 9, 5, 14, 1, 8]
===
[5, 10, 13, 3, 7, 14, 4, 6, 0, 19]
[8, 10, 7, 17, 6, 2, 13, 11, 1, 19]
[1, 13, 3, 18, 14, 10, 8, 2, 4, 15]
[16, 14, 7, 5, 10, 2, 4, 6, 1, 0]
[6, 16, 13, 19, 17, 9, 5, 14, 1, 8]
===
2031644160
===
0
===
[6, 16, 5, 8, 1]
===
[6, 14, 13, 17, 14]
```

```
===
[5, 10, 13, 3, 7, 14, 4, 6, 0, 19]
===
[6, 16, 13, 19, 17, 9, 5, 14, 1, 8]
[8, 10, 7, 17, 6, 2, 13, 11, 1, 19]
[1, 13, 3, 18, 14, 10, 8, 2, 4, 15]
===
[16, 14, 7, 5, 10, 2, 4, 6, 1, 0]
===
[36, 63, 43, 62, 54, 37, 34, 39, 7, 61]
```

7.5 生成器函数定义与使用

7.5

如果函数中包含 yield 语句，那么调用这个函数得到的返回值不是单个简单值，而是一个可以生成若干值的生成器对象，这样的函数称为生成器函数。

生成器对象属于迭代器对象，当通过内置函数 next()、for 循环遍历生成器对象或其他方式（如使用 list() 函数转换为列表、使用 tuple() 函数转换为元组）显式“索要”数据时，生成器函数中的代码开始执行，当执行到 yield 语句时，生成并提供一个值，然后暂停执行，下次“索要”数据时再恢复执行，如此不停地暂停与恢复，直到用完所有数据为止。

下面的代码演示了生成器函数定义与使用的几种形式。

```
def fib():
    a, b = 1, 1                    # 序列解包，同时为多个对象赋值
    while True:
        yield a                    # 产生一个值，然后暂停执行
        a, b = b, a+b              # 序列解包，修改对象的值

gen = fib()                        # 创建生成器对象
for i in range(10):                # 斐波那契数列中的前 10 个数字
    print(next(gen), end=' ')      # 使用内置函数 next() 获取下一个值
print()

for i in fib():                    # 创建生成器对象并使用 for 循环遍历所有的数字
    if i > 100:                    # 元素大于 100 时结束循环
        print(i, end=' ')
        break
print()

def func():
    yield from 'abcdefg'           # 使用 yield from 语句实现前面代码中循环结构的功能

gen = func()
print(next(gen))                   # 使用内置函数 next() 获取下一个值
print(next(gen))
for item in gen:                   # 遍历剩余的所有值
    print(item)
```

```
def gen():
    yield 1
    yield 2
    yield 3

x, y, z = gen()                      # 生成器对象支持序列解包
print(x, y, z)
print(*gen())                        # 这也是序列解包的用法，见7.2.5节
```

运行结果为：

```
1 1 2 3 5 8 13 21 34 55
144
a
b
c
d
e
f
g
1 2 3
1 2 3
```

例 7-3 编写生成器函数，模拟标准库 itertools 中 cycle() 函数的工作原理。程序如下：

```
def myCycle(iterable):
    iterable = tuple(iterable)
    while True:
        for item in iterable:
            yield item

c = myCycle(map(str, range(3)))
for i in range(20):
    print(next(c), end=',')
print()

c = myCycle(map(chr, range(65, 69)))
for i in range(20):
    print(next(c), end=',')
```

运行结果为：

```
0,1,2,0,1,2,0,1,2,0,1,2,0,1,2,0,1,2,0,1,
A,B,C,D,A,B,C,D,A,B,C,D,A,B,C,D,A,B,C,D,
```

7.6 综合例题解析

例 7-4

例 7-4 编写递归函数，判断给定的字符串 text 是否为回文，也就是从前向后读和从后向前读都一样的字符串。判断回文有很多种方法，使用 Python 语言判断最简单的方法应该是检查表达式 text == text[::-1] 的值是否为 True。

如果使用递归则思路是这样的：先检查字符串首尾字符是否一样，如果不一样就直接判断不是回文；如果首尾字符一样，那么原字符串是否为回文取决于去除首尾字符后得到的新字符串是否为回文。程序如下：

```
def check(text):
    # 递归结束条件，长度为 0 或 1 的字符串是回文
    if len(text) in (0,1):
        return True
    # 递归结束条件，首尾字符不相等的字符串不是回文
    if text[0] != text[-1]:
        return False
    return check(text[1:-1])

texts = ('eye', 'rotator', 'madam', 'level', 'indeed', 'sky', 'python',
         '画中画', '天外天', '拜拜', '您吃了吗',
         '上海自来水来自海上', '雾锁山头山锁雾')
for text in texts:
    print(f'{text}:{check(text)}')
```

运行结果为：

```
eye:True
rotator:True
madam:True
level:True
indeed:False
sky:False
python:False
画中画:True
天外天:True
拜拜:True
您吃了吗:False
上海自来水来自海上:True
雾锁山头山锁雾:True
```

例 7-5　编写函数，模拟猜数游戏。系统随机在参数指定的范围内产生一个数，玩家最大猜测次数也由参数指定，每次猜测之后系统会根据玩家的猜测进行提示，玩家则可以根据系统的提示对下一次的猜测进行适当调整，直到猜对或者次数用完。程序如下：

例 7-5

```
from random import randint

def guess(start, stop, maxTimes):
    # 随机生成一个整数
    value = randint(start, stop)
    for i in range(maxTimes):
        prompt = '开始猜吧:' if i==0 else '再猜一次:'
        try:                    # 防止输入不是整数的情况
            x = int(input(prompt))
        except:
            print('必须输入整数')
```

```
        else:
            if x == value:
                print('恭喜，猜对了!')
                break
            elif x > value:
                print('太大了。')
            else:
                print('太小了。')
    else:
        print('次数用完了，游戏结束。')
        print('正确的数字是:', value)

guess(100, 110, 3)
```

运行结果为：

```
开始猜吧:105
太大了。
再猜一次:103
太小了。
再猜一次:104
恭喜，猜对了!
```

例 7-6 编写函数，计算形式如 a+aa+aaa+aaaa+…+aaa…aaa 的表达式前 n 项的值，其中 a 为小于 10 的自然数。程序如下：

例 7-6

```
def demo(a, n):
    assert type(a)==int and 0<a<10, '参数 a 必须介于 [1,9] 区间'
    assert isinstance(n,int) and n>0, '参数 n 必须为正整数'
    result, t = 0, 0
    for i in range(n):
        t = t*10 + a
        result = result + t
    return result

print(demo(1, 9))
print(demo(6, 8))
```

运行结果为：

```
123456789
74074068
```

例 7-7 假设一段楼梯共 15 个台阶，小明一步最多能上 3 个台阶，编写程序计算小明上这段楼梯一共有多少种方法。程序如下：

例 7-7

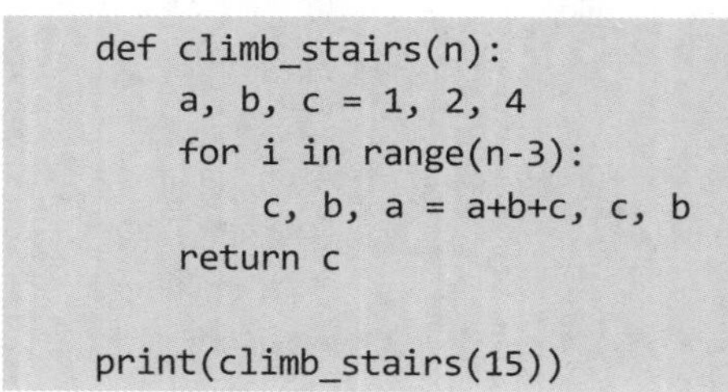

```
def climb_stairs(n):
    a, b, c = 1, 2, 4
    for i in range(n-3):
        c, b, a = a+b+c, c, b
    return c

print(climb_stairs(15))
```

运行结果为：

```
5768
```

例 7-8 编写程序，查找两个字符串首尾交叉的最大子串长度，连接两个字符串，首尾重叠部分只保留一份。例如，1234 和 2347 连接为 12347。程序如下：

例 7-8

```
def join(s1, s2):
    length = min(len(s1), len(s2))
    k = max(range(0, length+1), key=lambda i: i if s1[-i:]==s2[:i] else 0)
    return s1 + s2[k:]

print(join('1234', '23457'))
print(join('12341', '123457'))
print(join('1234', '5678'))
```

运行结果为：

```
123457
1234123457
12345678
```

例 7-9 编写程序，使用秦九韶算法求解多项式的值。秦九韶算法是一种高效计算多项式值的算法，该算法的核心思想是通过改写多项式来减少计算量。例如，对于多项式 $f(x)=3x^5+8x^4+5x^3+9x^2+7x+1$，如果直接计算，需要做 15 次乘法和 5 次加法。改写成 $f(x)=((((3x+8)x+5)x+9)x+7)x+1$ 这样的形式之后，只需要做 5 次乘法和 5 次加法就可以了，大幅度提高了计算速度。下面代码中的函数 func() 接收一个元组，其中的元素分别表示多项式中从高阶到低阶各项的系数，缺少的项用系数 0 表示，然后函数使用秦九韶算法计算多项式的值并返回。程序如下：

例 7-9

```
from functools import reduce

def func(factors, x):
    result = reduce(lambda a, b: a*x+b, factors)
    return result

factors = [(3, 8, 5, 9, 7, 1), (5, 0, 0, 0, 0, 1), (5,), (5, 1)]
for factor in factors:
    print(func(factor, 2))
```

运行结果为：

```
315
161
5
11
```

例 7-10 学校举办亲子趣味运动会，规定每个孩子必须有一个家长陪同。所有的家长一组，孩子一组，为确保孩子们的安全，上场后每位家长最多只能照看一个孩子（不一定是自己的孩子），要求家长组先派人上场之后孩子组才能派人上场，每个孩子上场时必须保证场上至少有一个家长能照看孩子。假设每组 3 个

例 7-10

人，那么可能的出场方案有 5 种（根据中国传媒大学胡凤国老师交流的问题改编）：

```
大大大小小小
大大小小大小
大大小大小小
大小大大小小
大小大小大小
```

编写函数，参数 n 表示孩子的数量（3 ≤ n ≤ 15），计算并返回有多少种出场方案。程序如下：

```
def main(n):
    result = 0
    n2 = n * 2
    def func(already, sum_, len_):
        # already 是元组，其中的 1 表示大人，-1 表示小孩
        # sum_ 表示 already 中所有元素之和，len_ 表示元素个数
        # 参数 already 是为了方便获取所有的方案，只关心方案数量的话可以统一删除
        nonlocal result
        if len_ == n2:
            # sum_=0 表示大人小孩组合是闭合的
            if sum_ == 0:
                result = result + 1
            return
        if sum_ == 0:
            # 前面的大人小孩组合已闭合，下一个只能是大人
            func(already+(1,), sum_+1, len_+1)
        elif sum_ > 0:
            # 前面的大人比小孩多，下一个可以是大人或小孩
            func(already+(1,), sum_+1, len_+1)
            func(already+(-1,), sum_-1, len_+1)

    func((1,), 1, 1)
    return result

print(main(3))
print(main(13))
```

本章知识要点

- 函数只是一种封装代码的方式，在函数内部用到的仍然是内置函数、运算符、内置类型、选择结构、循环结构、异常处理结构、with 块等内容，只是把这些功能代码封装起来然后提供一个接收输入和返回结果的接口。
- 在 Python 语言中可以使用关键字 def 和 lambda 表达式来定义函数。
- 函数是 Python 语言中的可调用对象类型之一。
- 如果一个函数在执行过程中的特定条件下调用了函数自己，叫作递归调用。
- 在 Python 语言中，允许嵌套定义函数，也就是在一个函数的定义中再定义另一个函数。在内部定义的函数中，可以直接访问外部函数的参数和外部函数定义的变量以及全局变量和内置对象。
- 在函数内部，形参相当于局部变量，调用函数时将实参的引用传递给形参。在进入被调用函数的瞬间，形参和对应的实参引用的是同一个对象。

- 位置参数是比较常用的形式，第一个实参传递给第一个形参，第二个实参传递给第二个形参，以此类推。实参和形参的顺序必须严格一致，并且实参和形参的数量必须相同。
- 在Python 3.8以及更高的版本中，允许在定义函数时使用一个斜线“/”作为形参，斜线“/”本身并不是真正的形参，仅用来说明该位置之前的所有形参必须以位置参数的形式进行传递。
- 在Python 3.8以及更高的版本中，允许在定义函数时使用单个星号“*”作为形参，但单个星号“*”本身并不是真正的形参，仅用来说明该位置之后的所有形参必须以关键参数的形式进行传递。
- 调用函数时，可以在实参可迭代对象前面加一个星号“*”表示解包，用来把可迭代对象中所有元素取出来作为函数的位置参数。如果实参是字典对象，在前面加一个星号“*”表示把字典中所有元素的“键”取出来作为位置参数传递给函数。如果实参是字典对象，在前面加两个星号“**”表示把字典中所有元素的“键”和“值”作为关键参数传递给函数。
- 在调用带有默认值参数的函数时，可以不用为设置了默认值的形参进行传值，此时将直接使用其默认值，如果显式传递实参则不使用其默认值而使用本次调用传递的实参。
- 关键参数是指调用函数时按名字传递实参，明确指定哪个实参传递给哪个形参。传递实参的顺序可以和形参顺序不一致，但不影响参数的传递结果。
- 可变长度参数是指形参对应的实参数量不确定，一个形参可以接收多个实参。在定义函数时主要有两种形式的可变长度参数——*parameter和**parameter，前者用来接收任意多个位置参数并将其放入一个元组中，后者用来接收任意多个关键参数并将其放入一个字典中。
- 变量起作用的代码范围称为变量的作用域，不同作用域内变量名字可以相同，互不影响。从由近及远的搜索顺序的角度来看，变量可以分为局部变量、nonlocal变量、全局变量和内置对象。
- 有两种定义全局变量的方法：（1）在所有函数外定义的变量默认为全局变量；（2）在函数内可以使用关键字global声明全局变量。
- Python关键字global有两个作用：（1）一个变量已在函数外定义，如果在函数内需要为这个变量赋值，并要将这个赋值结果反映到函数外，可以在函数内使用global声明为要使用这个全局变量；（2）如果一个变量在函数外没有定义，在函数内也可以直接将一个变量声明为全局变量然后赋值，该函数执行后，将增加一个新的全局变量。
- 关键字nonlocal声明的变量一般用于嵌套函数定义的场合，会引用距离最近的非全局作用域的变量，要求声明的变量已经存在，关键字nonlocal不会创建新变量。
- 如果函数中包含yield语句，那么调用这个函数得到的返回值不是单个简单值，而是一个可以生成若干值的生成器对象，这样的函数称为生成器函数。
- 生成器函数和生成器表达式创建的生成器对象，内部工作原理是一样的。

习题

一、填空题

1. 如果函数中没有return语句或者return语句不带任何返回值，那么该函数的返回值为______________。

2. 在函数内部可以通过关键字______________来定义全局变量，也可以用来声明使用已有的全局变量。

3. 表达式list(filter(lambda x: len(x)>3, ['a','b','abcd']))的值为______________。

4. 表达式list(map(lambda x:len(x), ['a','bb','ccc']))的值为______________。

5. 假设已从标准库functools导入reduce()函数，那么表达式reduce(lambda x,y: x-y, [1,2,3])的值为______________。

6. 已知函数定义 def func(**p): return ''.join(sorted(p))，那么表达式 func(x=1, y=2, z=3) 的值为 ______________。

7. 依次执行语句 x = 666, def modify(): x = 888 和 modify() 之后，x 的值为 ______________。

8. 已知 f = lambda x: 555，那么表达式 f(3) 的值为 ______________。

9. 已知 x = 153，那么表达式 x == sum(map(lambda num:int(num)**3, str(x))) 的值为 ______________。

10. 下面代码的运行结果为 ______________。

```
def func(x, y=3, z=4):
    pass

print(func.__defaults__)
```

11. 下面代码的运行结果为 ______________。

```
for _, i, *_ in [(1,2,3), (4,5,6,7), 'abcdefg']:
    print(i, end=',')
```

二、选择题

1. 单选题：下面代码的运行结果为（　　）。

```
a = 3
b: a = 3.14
print((a, b))
```

A. 3　　B. 3.14　　C. (3, 3.14)　　D. 代码出错，无法运行

2. 单选题：下面代码的运行结果为（　　）。

```
def func(x: int):
    return x

print(func('Python 小屋'))
```

A. 0　　B. Python 小屋　　C.'Python 小屋'　　D. 代码出错，无法运行

3. 多选题：已知函数定义为

```
def func(x, /, *, y=3, z=4):
    pass
```

那么下面调用语句有哪些是合法的？（　　）

A. func(3)　　B. func(x=3)　　C. func(3,z=5)　　D. func(y=5,z=8)

4. 多选题：已知函数定义为

```
def func(x, y, z=None):
    pass
```

那么下面调用语句有哪些是合法的？（　　）

A. func(3,4)　　B. func(3,4,5)　　C. func(*'abc')　　D. func(**{'x':3, 'y':4, 'z':5})

5. 多选题：已知函数定义为

```
def func(x, y, z=None):
    pass
```

那么下面调用语句有哪些是合法的？（　　）

A. func(*map(str, range(3)))

B. func(*map(str, range(2)))

C. func(*{'x':97, 'y':98, 'z':99})

D. func(**{'x':97, 'y':98, 'z':99})

6. 多选题：下面可以使用 lambda 表达式的场合有哪些？（　　）

A. max() 函数的 key 参数　　B. min() 函数的 key 参数

C. sorted() 函数的 key 参数　　D. map() 函数的第一个参数

三、判断题

1. 已知函数定义 def func(*p): return sum(p)，那么调用时使用 func(1, 2, 3) 和 func(1, 2, 3, 4, 5) 都是合法的。（　　）

2. 在调用函数时，把实参的引用传递给形参，也就是说，在函数体语句执行之前的瞬间，形参和实参引用的是同一个对象。（　　）

3. 函数中必须包含 return 语句，否则会出现语法错误。（　　）

4. 在函数内部没有办法定义全局变量。（　　）

5. 调用带有默认值参数的函数时，不能为默认值参数传递任何值，必须使用函数定义时设置的默认值。（　　）

6. 在函数访问变量时，会优先使用同名的全局变量，不存在同名全局变量时才会尝试使用局部变量。（　　）

7. 假设已导入 random 标准库，那么表达式 max([random.randint(1,10) for i in range(10)]) 的值一定是 10。（　　）

8. 在函数中，如果有为变量赋值的语句并且没有使用关键字 global 或 nonlocal 对该变量进行声明，那么该变量一定是局部变量。（　　）

9. 在函数中 yield 语句的作用和 return 语句的完全一样，都是返回一个值。（　　）

10. 已知不同的 3 个函数 A、B、C，在函数 A 中调用了函数 B，函数 B 中又调用了函数 C，这种调用方式称作递归调用。（　　）

四、程序设计题

1. 定义函数，根据帕斯卡公式 $C_n^i = C_{n-1}^i + C_{n-1}^{i-1}$ 计算组合数，然后编写程序调用刚刚定义的函数。

2. 重做例 7-9，要求使用 for 循环改写，不能使用 reduce() 函数。

3. 编写生成器函数，模拟内置函数 filter() 的工作原理。

4. 编写函数，接收两个整数，返回这两个整数的最大公约数。然后使用这个函数计算任意多个正整数的最大公约数。要求：不能使用标准库 math 中的函数 gcd()。

5. 编写程序，实现分段函数计算，如下表所示。

x	y
$x<0$	0
$0 \leqslant x<5$	x
$5 \leqslant x<10$	$3x-5$
$10 \leqslant x<20$	$0.5x-2$
$20 \leqslant x$	0

第8章 基于文件和设备的数据采集

【本章学习目标】

- 了解文件的概念与常见文件类型的扩展名
- 理解文本文件与二进制文件的概念与区别
- 熟练掌握内置函数 open() 的用法
- 理解并熟练应用内置函数 open() 的 mode 参数与 encoding 参数
- 熟练掌握从文本文件中读取数据的方法
- 熟练掌握上下文管理语句 with 的用法
- 熟练掌握标准库 os、os.path 的用法
- 熟练掌握从 Word、Excel、PowerPoint、PDF 等文件中读取数据的方法
- 了解从图像、视频、音频等文件中采集数据的相关技术
- 了解从话筒、扬声器、摄像头、传感器等设备中采集数据的相关技术

8.1 文本文件与二进制文件内容操作

文件是长久保存信息并支持重复使用和反复修改的重要方式，同时也是信息交换的重要途径之一。记事本文件、日志文件、配置文件、数据库文件、图形文件、图像文件、音频文件、视频文件、可执行文件、Office 文档、动态链接库文件等，都以不同的形式存储在各种存储设备（如硬盘、U 盘、光盘、云盘、网盘等）上。按内容读写方式的不同，可以把文件分为文本文件和二进制文件两大类。

（1）文本文件

文本文件可以使用记事本、Notepad++、Vim、gedit、UltraEdit、Emacs、Sublime Text 3、IDLE 等软件自动识别编码格式并进行显示和编辑，人类能够直接阅读和理解。文件由若干文本行组成，每行以换行符结束，文件中包含英文字母、汉字、数字、标点符号等。扩展名为.txt、.log、.ini、.c、.cpp、.h、.py、.pyw、.html、.js、.css、.csv、.json 的文件都属于文本文件。

（2）二进制文件

数据库文件、图形文件、图像文件、可执行文件、动态链接库文件、音频文件、视频文件、Office 文档等均属于二进制文件。二进制文件无法用记事本或其他普通文字处理软件正常进行显示和编辑，人类也无法直接阅读和理解，需要使用正确的软件进行解码或反序列化之后才能正确地读取、显示、修改或执行。二进制文件的扩展名非常多，如 .docx、.xlsx、.pptx、.dat、.exe、.dll、.pyd、.so、.mp4、.bmp、.png、.jpg、.rm、.rmvb、.avi、.db、.sqlite、.mp3、.wav、.ogg、.m4a 等。

除了常见的扩展名，自己编写的软件也可以定义自己的扩展名，如 .123、.abc、.xyz 都是可以的，只需要定义好相应的内容组织和读写规则即可。

8.1.1　内置函数 open()

8.1.1

Python 内置函数 open() 使用指定的模式和编码格式打开指定文件，完整语法格式为：

```
open(file, mode='r', buffering=-1, encoding=None, errors=None,
     newline=None, closefd=True, opener=None)
```

其主要参数含义如下。

- 参数 file 指定要操作的文件名称，如果该文件不在当前文件夹或子文件夹中，建议使用绝对路径，确保从当前文件夹出发可以访问到该文件。为了减少路径中分隔符“\”的输入，可以使用原始字符串。
- 参数 mode（取值范围见表 8-1）指定打开文件后的处理方式，或者说打开文件以后要做什么。
- 参数 buffering 指定缓存模式，-1 表示由操作系统自动维护缓存，0 表示不使用缓存（仅适用于二进制模式），1 表示行缓存模式（仅适用于文本模式），大于 1 的整数表示设置缓存大小。
- 参数 encoding 指定对文本进行编码和解码的方式，只适用于文本模式。默认值 None 表示依赖于具体的操作系统，在 Windows 操作系统中默认使用 CP936 编码格式。

如果执行成功，open() 函数将返回一个文件对象，然后通过这个文件对象的方法（见表 8-2）可以对文件进行读写操作，最后调用文件对象的 close() 方法关闭文件。如果指定的文件路径不存在、访问权限不够、磁盘空间不够或其他原因导致创建文件对象失败则抛出 IOError 异常。

对文件内容操作完以后，一定要关闭文件。然而，即使我们写了关闭文件的代码，也无法保证文件一定能够正常关闭。例如，如果在打开文件之后和关闭文件之前的代码发生错误导致程序崩溃，这时文件就无法正常关闭。在管理文件对象时推荐使用 with 关键字，可以避免这个问题（详细内容见 8.1.3 节）。

表 8-1　文件打开模式

模式	说明
r	只读模式（默认模式，可省略），文件不存在或没有访问权限时抛出异常，成功打开时文件指针位于文件头部开始处
w	只写模式，如果文件已存在就先清空原有内容，文件不存在时创建新文件，成功打开时文件指针位于文件头部开始处
x	只写模式，创建新文件，如果文件已存在则抛出异常，成功打开时文件指针位于文件头部开始处
a	追加模式，文件已存在时不覆盖文件中原有内容，成功打开时文件指针位于文件尾部；文件不存在时创建新文件
b	二进制模式（可与 r、w、x 或 a 模式组合使用），使用二进制模式打开文件时不允许同时指定 encoding 参数
t	文本模式（默认模式，可省略）
+	读写模式（可与其他模式组合使用）

8.1.2　文件对象的常用方法

如果执行成功，open() 函数将返回一个文件对象，通过该文件对象的方法可以进行内容读写操作，文件对象的常用方法如表 8-2 所示。

表 8-2 文件对象的常用方法

方法	说明
close()	把写缓冲区的内容写入文件，关闭文件
read(size=-1, /)	从以 'r' 或 'r+' 模式打开的文本文件中读取并返回最多 size 个字符，或从以 'rb' 或 'rb+' 模式打开的二进制文件中读取并返回最多 size 个字节，参数 size 的默认值 -1 表示读取文件中的全部内容。每次读取时从文件指针当前位置开始读，读取完成后自动修改文件指针到读取结束的下一个位置
readline(size=-1, /)	参数 size=-1 时从以 'r' 或 'r+' 模式打开的文本文件中读取当前位置开始到下一个换行符（包含）之前的所有内容，如果当前已经到达文件尾就返回空字符串。如果参数 size 为正整数则读取从当前位置开始到下一个换行符（包含）之间的最多 size 个字符，指定其他任意负整数时都与 -1 等价。每次读取时从文件指针当前位置开始读，读取完成后自动修改文件指针到读取结束的下一个位置
readlines(hint=-1, /)	参数 hint=-1 时从以 'r' 或 'r+' 模式打开的文本文件中读取所有内容，返回包含每行字符串的列表；参数 hint 为正整数时从当前位置开始读取若干连续、完整的行，如果已读取的字符数量超过 hint 的值就停止读取
seek(cookie, whence=0, /)	定位文件指针，把文件指针移动到相对于 whence 的偏移量为 cookie 字节的位置。其中 whence 为 0 表示文件头，为 1 表示当前位置，为 2 表示文件尾。对于文本文件，whence=2 时 cookie 必须为 0；对于二进制文件，whence=2 时 cookie 可以为负数。不论以文本模式还是二进制模式打开文件，都是以字节为单位进行定位
write(text, /)	把 text 的内容写入文件，如果写入文本文件则 text 应该是字符串，如果写入二进制文件则 text 应该是字节串。返回写入字符串或字节串的长度
writelines(lines, /)	把列表 lines 中的所有字符串写入文本文件，并不在 lines 中每个字符串后面自动增加换行符。如果确实想让 lines 中的每个字符串写入文本文件之后各占一行，应由程序员保证每个字符串都以换行符结束

8.1.3 上下文管理语句 with

在实际开发中，读写文件应优先考虑使用上下文管理语句 with 来管理文件对象，这会减少很多麻烦，代码也更加简洁。with 关键字可以自动管理资源，不论什么原因跳出 with 块，总能保证资源被正确关闭。除了用于文件操作，with 关键字还可以用于数据库连接、网络连接或类似的场合。用于文件内容读写时，with 语句的语法格式如下：

```
with open(file, mode, encoding, ...) as fp:
    # 这里写通过文件对象 fp 读写文件内容的代码
```

8.1.4 文本文件操作例题解析

例 8-1 已知文件“商场一楼手机信号强度.txt”中保存了某商场部分位置的手机信号强度测量结果，每行表示一个测量位置的 *x*、*y* 坐标和信号强度，其中 *x*、*y* 坐标以商场西南角为坐标原点，向东为 *x* 正轴，向北为 *y* 正轴。文件内容格式如下：

例 8-1

```
0,0,60
0,3,70
5,0,68
10,0,73
```

编写程序，读取该文件内容，输出信号最弱和最强的所有位置的坐标和信号强度。程序如下：

```
fn = '商场一楼手机信号强度.txt'

with open(fn, encoding='utf8') as fp:
    data = fp.readlines()

data = list(map(lambda line: list(map(int, line.split(','))), data))
max_value = max(data, key=lambda line: line[2])[2]
min_value = min(data, key=lambda line: line[2])[2]
max_position = list(filter(lambda line: line[2]==max_value, data))
min_position = list(filter(lambda line: line[2]==min_value, data))
print('信号最弱的位置及强度:', *min_position, sep='\n')
print('信号最强的位置及强度:', *max_position, sep='\n')
```

例 8-2　编写程序，读取并输出 Python 安装目录中文本文件 news.txt 的所有行内容。程序如下：

```
with open('news.txt', encoding='utf8') as fp:
    for line in fp:
        print(line)
```

例 8-3　编写程序，提取 .ipynb 格式文件中的 Python 代码并保存为 .py 格式的文件。程序如下：

例 8-3

```
import json

with open('Pandas 数据分析实战.ipynb', encoding='utf8') as fp:
    content = json.load(fp)

with open('program.py', 'w', encoding='utf8') as fp:
    for item in content['cells']:
        fp.writelines([i.rstrip()+'\n' for i in item['source']])
```

例 8-4　已知文件“手机用户通话记录.csv”中的内容格式如下：

例 8-4

```
用户名，开始通话时间，通话时长（秒）
user897,2020-07-01 00:00:00,828
user771,2020-07-01 00:13:34,2677
user928,2020-07-01 00:17:12,1073
```

编写程序，读取文件内容并统计指定时间段通话总时长最多的用户及通话总时长。程序如下：

```
from csv import reader
from operator import itemgetter

def main(flag):
    # flag=0 返回区间 [ 上午 8:00, 下午 18:00) 内打电话总时长最多的用户名
    # flag=1 返回其他时间打电话总时长最多的用户名
    data = {}
    with open('手机用户通话记录.csv', encoding='utf8') as fp:
        rd = reader(fp)
        for index, row in enumerate(rd):
            if index == 0:
```

```
                continue
            hour = int(row[1].split()[1][:2])
            if ((flag==0 and hour in range(8,18)) or
                (flag==1 and hour not in range(8,18))):
                # 用户名
                user = row[0]
                # 总时长
                data[user] = data.get(user, 0) + int(row[2])
    # 升序排列，最后一个
    return sorted(data.items(), key=itemgetter(1))[-1]

print(main(0))
print(main(1))
```

8.2 文件级与文件夹级操作

本节主要介绍标准库 os、os.path 对文件和文件夹的操作。

标准库 os 提供了大量用于文件与文件夹操作以及系统管理与运维的成员，表 8-3 列出了与文件、文件夹操作有关的一部分函数，读者可以导入标准库 os 之后使用 dir(os) 查看所有成员清单。

表 8-3　　标准库 os 常用函数

函数	说明
chdir(path)	把 path 设为当前文件夹
getcwd()	返回表示当前文件夹的字符串
getcwdb()	返回表示当前文件夹的字节串
listdir(path=None)	返回 path 文件夹中的文件和子文件夹名字组成的列表，path 默认值 None 表示当前文件夹
mkdir(path, mode=511, *, dir_fd=None)	创建文件夹，在 Windows 操作系统上 mode 参数无效
rmdir(path, *, dir_fd=None)	删除 path 指定的文件夹，要求其中不能有文件或子文件夹
remove(path, *, dir_fd=None)	删除指定的文件，要求用户拥有删除文件的权限，并且文件没有只读或其他特殊属性
rename(src, dst, *, src_dir_fd=None, dst_dir_fd=None)	重命名文件或文件夹
startfile(filepath [, operation])	使用关联的应用程序打开指定文件或启动指定应用程序，如果参数 filepath 指定的是 URL（Uniform Resource Locator，统一资源定位符），会自动使用默认浏览器打开这个地址
stat(path, *, dir_fd=None, follow_symlinks=True)	查看文件的属性，包括创建时间、最后访问时间、最后修改时间、大小等

标准库 os.path 提供了大量用于路径判断、切分、连接的函数，表 8-4 列出了常用的一部分。

表 8-4　　标准库 os.path 常用函数

函数	说明
abspath(path)	返回给定路径的绝对路径
basename(p)	返回指定路径的最后一个路径分隔符后面的部分，如 basename(r'C:\Python310\python.exe') 的值为 'python.exe'

续表

函数	说明
dirname(p)	返回指定路径的最后一个路径分隔符前面的部分，如 dirname(r'C:\Python310\python.exe') 的值为 'C:\\Python310'
exists(path)	判断指定路径是否存在，存在则返回 True，否则返回 False
getatime(filename)	返回表示文件最后访问时间的纪元秒数（从格林尼治时间 1970 年 1 月 1 日 0 时 0 分 0 秒开始，计算经过的秒数）
getctime(filename)	返回表示文件创建时间（适用于 Windows 操作系统）或元数据最后修改时间（适用于 UNIX 操作系统）的纪元秒数
getmtime(filename)	返回表示文件最后修改时间的纪元秒数
getsize(filename)	返回文件的大小，单位为字节
isdir(s)	判断指定路径是否为文件夹，是则返回 True，否则 False
isfile(path)	判断指定路径是否为文件，是则返回 True，否则 False
join(path, *paths)	连接两个或多个 path，相邻路径之间插入路径分隔符，返回连接后的字符串

标准库 os 和 os.path 中大部分函数的用法比较容易理解，后文将通过综合例题演示相关的用法。有点难度的是 getatime()、getctime()、getmtime()，这几个函数返回的是纪元秒数，不太直观，需要转换为常规的年、月、日、时、分、秒，下面的代码演示了这个用法。

```
import os.path as path
from datetime import datetime

fn = r'E:\Python310\Python.exe'
ctime = path.getctime(fn)
atime = path.getatime(fn)
mtime = path.getmtime(fn)
print(ctime, atime, mtime, sep=',')
func = lambda t: str(datetime.fromtimestamp(t))[:19]
print(*map(func, [ctime,atime,mtime]), sep=',')
```

运行结果为：

```
1659362398.0,1660547290.5947957,1659362398.0
2022-08-01 21:59:58,2022-08-15 15:08:10,2022-08-01 21:59:58
```

例 8-5　编写程序，按照深度优先的顺序递归遍历并输出指定文件夹的目录树结构，包括该文件夹及其所有子文件夹中的文件名。程序如下：

例 8-5

```
from os import listdir
from os.path import join, isfile, isdir

def listDirDepthFirst(directory):
    # 遍历文件夹，如果是文件就直接输出
    # 如果是文件夹，就输出，然后递归遍历该文件夹
    for subPath in listdir(directory):
        path = join(directory, subPath)
        if isfile(path):
            print(path)
        elif isdir(path):
            print(path)
            listDirDepthFirst(path)
listDirDepthFirst(r'D:\\')
```

例 8-6 编写程序，按照广度优先的顺序遍历并输出指定文件夹的目录树结构，包括该文件夹及其所有子文件夹中的文件名。程序如下：

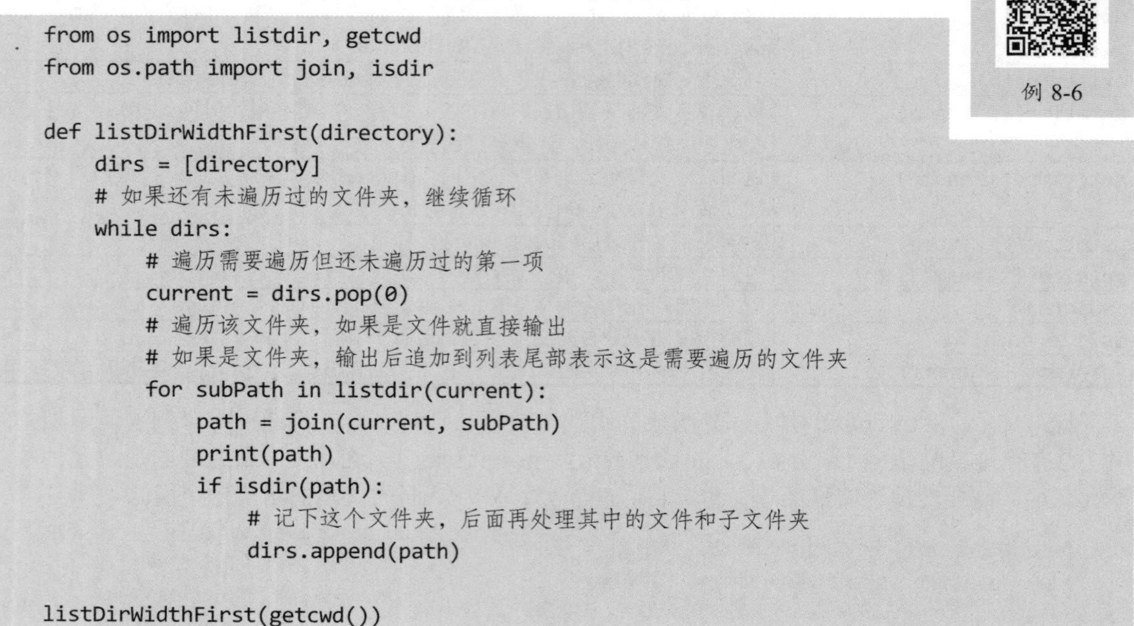


```
from os import listdir, getcwd
from os.path import join, isdir

def listDirWidthFirst(directory):
    dirs = [directory]
    # 如果还有未遍历过的文件夹，继续循环
    while dirs:
        # 遍历需要遍历但还未遍历过的第一项
        current = dirs.pop(0)
        # 遍历该文件夹，如果是文件就直接输出
        # 如果是文件夹，输出后追加到列表尾部表示这是需要遍历的文件夹
        for subPath in listdir(current):
            path = join(current, subPath)
            print(path)
            if isdir(path):
                # 记下这个文件夹，后面再处理其中的文件和子文件夹
                dirs.append(path)

listDirWidthFirst(getcwd())
```

8.3 Word、Excel、PowerPoint、PDF 文件内容读取

除了从普通文本文件、CSV 文件、JSON 文件中采集数据，Office 文件和 PDF 文件也是数据采集时经常遇到的文件类型。本节将介绍如何读取 Word、Excel、PowerPoint、PDF 文件的内容。

8.3.1 Word、Excel、PowerPoint 文件操作基础

Python 扩展库 python-docx、docx2python 等提供了 .docx 格式的 Word 文件操作的接口。扩展库 python-docx 可以使用 pip install python-docx 命令进行安装，安装之后的名字叫 docx。扩展库 docx2python 的安装名称和使用名称是一致的。.docx 文件由很多 section（节）、paragraph（段落）、table（表格）、inline_shape（行内元素）组成，其中每个段落又包括一个或多个 run（一段连续的具有相同样式的文本），每个表格又包括一个或多个 row（行）和 column（列），每行或列又包括多个 cell（单元格）。所有这些对象都具有大量的属性，通过这些属性来读取或控制 Word 文件中的内容和格式。

Python 扩展库 openpyxl 提供了 .xlsx 格式的 Excel 文件操作的接口，可以使用 pip install openpyxl 命令进行安装。每个 Excel 文件称为一个 workbook（工作簿），每个工作簿由若干 worksheet（工作表）组成，每个工作表又由 rows（行）和 columns（列）组成，每个行和列由若干单元格组成。在单元格中可以存储整数、实数、字符串、公式、图表等对象。

Python 扩展库 python-pptx 提供了 .pptx 格式的 PowerPoint 文件操作的接口，可以使用 pip install python-pptx 命令进行安装，安装之后的名字叫 pptx。每个 PowerPoint 文件称为一个 Presentation（演示文档），每个 Presentation 对象包含一个由所有幻灯片组成的属性 slides，每个幻灯片对象的属性 shapes 包含这一页幻灯片上的所有元素，可以是 TEXT_BOX（文本框）、PICTURE（图片）、CHART（图表）、TABLE（表格）或其他元素，分别对应不同的 shape_type 属性值。

8.3.2 Word 文件操作

例 8-7　编写程序，检查 Word 文件中的连续重复字，如“用户的的资料”或“需要需要用户输入”之类的情况。程序如下：

例 8-7

```
from docx import Document

doc = Document('董付国《Python 网络程序设计》.docx')
contents = ''.join((p.text for p in doc.paragraphs))
words = set()
for index, ch in enumerate(contents[:-2]):
    word = contents[index:index+3]
    if ch in word[1:]:
        if word not in words:
            words.add(word)
            print(word)
```

例 8-8　编写程序，提取 .docx 格式的电子版教材中的例题、插图和表格清单。本例程序中使用了正则表达式标准库 re，其中的函数 match() 用来检查目标字符串是否匹配特定的模式，在正则表达式中 '\d' 用来匹配单个任意的阿拉伯数字字符，'\d+' 用来匹配一个或任意多个连续的阿拉伯数字字符。正则表达式有关内容详见 10.2.2 节。程序如下：

例 8-8

```
import re
from docx import Document

result = {'li': [], 'fig': [], 'tab': []}
doc = Document(r'董付国《Python 程序设计与数据采集》.docx')
for p in doc.paragraphs:                        # 遍历文档所有段落
    t = p.text                                  # 获取每一段的文本
    if re.match('例\d+-\d+ ', t):               # 例题
        result['li'].append(t)
    elif re.match('图\d+-\d+ ', t):             # 插图
        result['fig'].append(t)
    elif re.match('表\d+-\d+ ', t):             # 表格
        result['tab'].append(t)

for key in result.keys():                       # 输出结果
    print('='*30)
    for value in result[key]:
        print(value)
```

例 8-9　编写程序，查找并输出 .docx 文件中所有红色字体和加粗的文字。程序如下：

例 8-9

```
from docx import Document
from docx.shared import RGBColor

boldText, redText = [], []
doc = Document('带有加粗和红色字体的文档.docx')
for p in doc.paragraphs:
```

```
    for r in p.runs:
        if r.bold:                                          # 加粗字体
            boldText.append(r.text)
        if r.font.color.rgb == RGBColor(255,0,0):           # 红色字体
            redText.append(r.text)

result = {'red text': redText, 'bold text': boldText,
          'both': set(redText) & set(boldText)}
for title in result.keys():
    print(title.center(30, '='))
    for text in result[title]:
        print(text)
```

例 8-10 编写程序，提取 .docx 文件中所有嵌入式图片和浮动图片。使用 python-docx 扩展库提取图片比较烦琐，本例使用另一个扩展库 docx2python 来完成这个任务。程序如下：

例 8-10

```
from docx2python import docx2python

obj = docx2python('包含图片的文档.docx')
for name, imageData in obj.images.items():
    with open(name, 'wb') as fp:
        fp.write(imageData)
```

例 8-11 编写程序，提取 .docx 文件中所有超链接文本和地址。

例 8-11

程序一（适用于由 WPS Office 创建的 .docx 文件）：

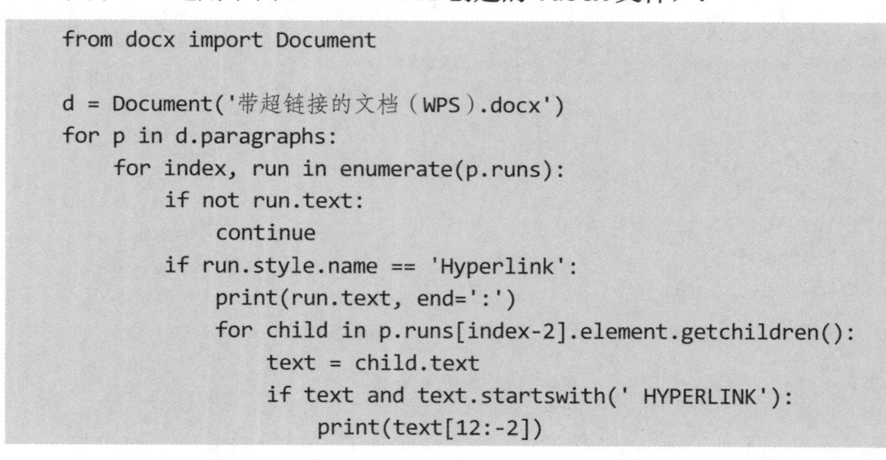

```
from docx import Document

d = Document('带超链接的文档（WPS）.docx')
for p in d.paragraphs:
    for index, run in enumerate(p.runs):
        if not run.text:
            continue
        if run.style.name == 'Hyperlink':
            print(run.text, end=':')
            for child in p.runs[index-2].element.getchildren():
                text = child.text
                if text and text.startswith(' HYPERLINK'):
                    print(text[12:-2])
```

程序二（适用于由 Word 创建的 .docx 文件）：

```
from re import findall
from zipfile import ZipFile

with ZipFile('带超链接的文档（Word 版）.docx') as zf:
    # 提取资源 ID
    content = zf.read('word/document.xml').decode()
    # 这个正则表达式中有 2 个模式，模式 0 表示整个正则表达式，模式 1 表示 ID
    pattern = r'(<w:hyperlink.+?r:id="(.+?)".+?</w:hyperlink>)'
    # findall() 只返回圆括号里的内容
```

```
    pairs = findall(pattern, content)
    content = zf.read('word/_rels/document.xml.rels').decode()
    for pair in pairs:
        # 根据 ID 提取对应的超链接地址
        pattern = f'<Relationship Id="{pair[1]}".*?Target="(.+?)"'
        target = findall(pattern, content)[0]
        # 超链接文本可能在多个 run 中，连接到一起
        pattern = '<w:t>(.+?)</w:t>'
        txt = ''.join(findall(pattern, pair[0]))
        print(txt, target, sep=':')
```

例 8-12　编写程序，读取并输出 .docx 文件中所有标题。程序如下：

```
from docx import Document

obj = Document('包含标题的文档.docx')
for p in obj.paragraphs:
    style_name = p.style.name
    if style_name.startswith('Heading'):
        print(style_name, p.text, sep=':')
```

例 8-13　编写程序，读取并输出 .docx 文件中文本框里的文本。程序如下：

例 8-13

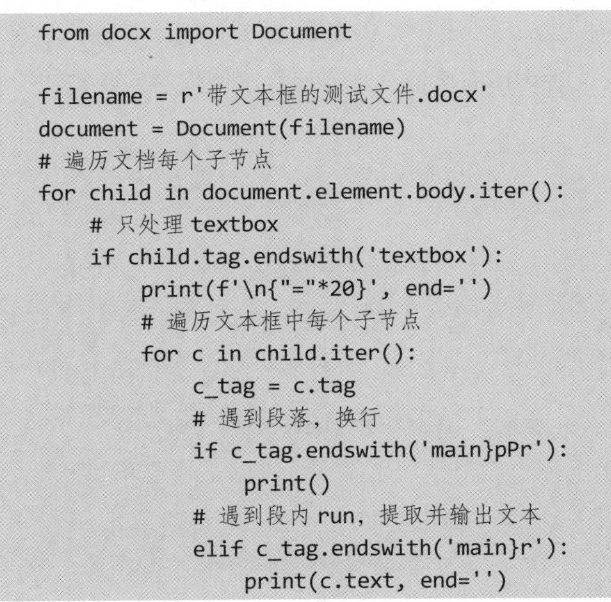

```
from docx import Document

filename = r'带文本框的测试文件.docx'
document = Document(filename)
# 遍历文档每个子节点
for child in document.element.body.iter():
    # 只处理 textbox
    if child.tag.endswith('textbox'):
        print(f'\n{"="*20}', end='')
        # 遍历文本框中每个子节点
        for c in child.iter():
            c_tag = c.tag
            # 遇到段落，换行
            if c_tag.endswith('main}pPr'):
                print()
            # 遇到段内 run，提取并输出文本
            elif c_tag.endswith('main}r'):
                print(c.text, end='')
```

例 8-14　编写程序，读取并输出 .docx 文件中所有批注。程序如下：

例 8-14

```
from re import findall
from zipfile import ZipFile

fn = r'带批注的测试文件.docx'
with ZipFile(fn) as fp:
    try:
        content = fp.read('word/comments.xml').decode('utf8')
    except:
        content = ''
```

```
    if not content:
        print('这个文档没有批注')
    else:
        for comment in findall(r'<w:t>(.*?)</w:t>', content):
            print(comment)
```

例 8-15 编写程序，查找并输出 .docx 文件中包含字体种类最多的一段文本。程序如下：

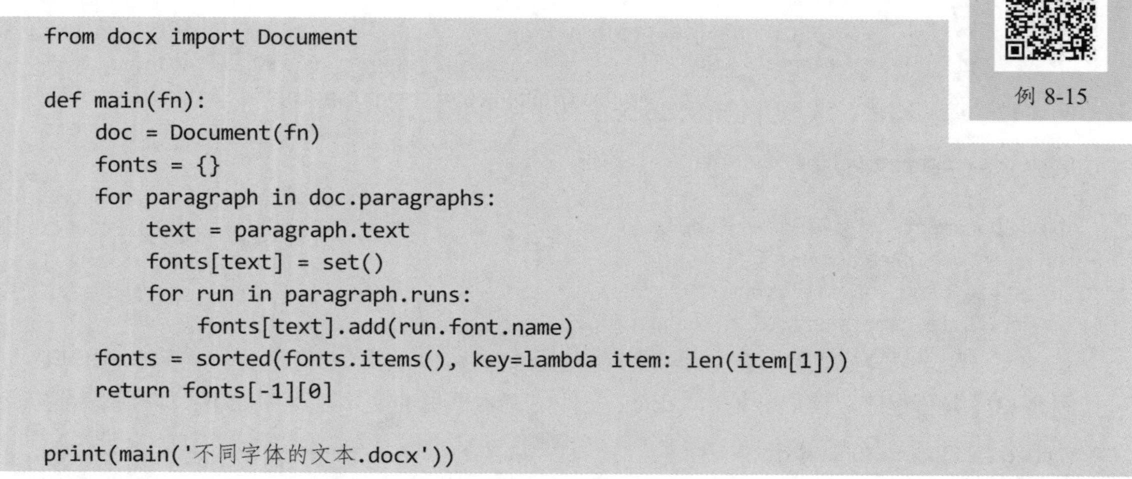

例 8-15

```
from docx import Document

def main(fn):
    doc = Document(fn)
    fonts = {}
    for paragraph in doc.paragraphs:
        text = paragraph.text
        fonts[text] = set()
        for run in paragraph.runs:
            fonts[text].add(run.font.name)
    fonts = sorted(fonts.items(), key=lambda item: len(item[1]))
    return fonts[-1][0]

print(main('不同字体的文本.docx'))
```

例 8-16 编写程序，读取并输出 .docx 文件中所有脚注文本。运行本例程序需要安装扩展库 pywin32。程序如下：

```
import win32clipboard
from win32com import client

def get_footnotes(filename):
    word = client.Dispatch('Word.Application')
    doc = word.Documents.Open(filename)
    print(f'=========={filename} 中的脚注')
    for foot_note in doc.Footnotes:
        r = doc.Range(foot_note.Reference.Start, foot_note.Reference.End)
        # 把脚注的内容复制到剪贴板
        r.Copy()
        # 获取剪贴板中的内容
        win32clipboard.OpenClipboard()
        fn_text = win32clipboard.GetClipboardData()
        win32clipboard.EmptyClipboard()
        win32clipboard.CloseClipboard()
        # 输出脚注位置的正文文本以及脚注的文本
        for s in r.Sentences:
            print(s, end='')
        print(fn_text)
    doc.Close()
    word.Quit()

get_footnotes('带有脚注的文档.docx')
get_footnotes('我是一个莫得脚注的文档.docx')
```

例 8-17　编写程序，统计 .docx 文件中除黑色之外使用最多的前 3 种文本颜色。程序如下：

例 8-17

```
from operator import itemgetter
from docx import Document
from docx.shared import RGBColor

def main(fn):
    word = Document(fn)
    colors = {}
    # 遍历所有段落
    for p in word.paragraphs:
        # 遍历所有 run
        for r in p.runs:
            # 当前 run 的文本颜色
            color = r.font.color.rgb
            # 如果没有显式设置字体颜色，则为 None
            if color not in (RGBColor(0,0,0), None):
                colors[color] = colors.get(color,0) + 1
    # 按颜色使用次数降序排列
    colors = sorted(colors.items(), key=itemgetter(1), reverse=True)
    # 返回元组，包含前 3 种使用次数最多的十六进制颜色
    return tuple(map(str, map(itemgetter(0), colors[:3])))

print(main('不同颜色的文本.docx'))
```

8.3.3　Excel 文件操作

例 8-18　编写程序，读取“学生多次考试成绩.xlsx”文件中学生多次参加不同课程的考试数据，统计每个学生每门课程的最高成绩，统计结果写入新文件“学生每门课程最高分.xlsx”。

例 8-18

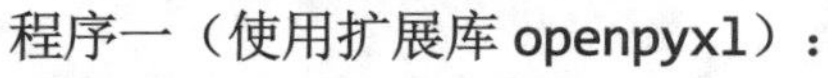
程序一（使用扩展库 openpyxl）：

```
from openpyxl import Workbook, load_workbook

def getResult(oldfile, newfile):

    # 存放结果数据的字典，形式为 {'学生姓名': {'课程名称': 最高分 , ...}, ...}
    result = dict()

    # 打开原始数据文件
    wb = load_workbook(oldfile)
    ws = wb.worksheets[0]
    # 遍历原始数据
    for row in ws.rows:
        # 跳过表头
        if row[0].value == '姓名':
            continue
        # 读取每行数据：姓名 , 课程名称 , 本次成绩
        name, subject, grade = map(lambda cell:cell.value, row)
```

```
            # 获取当前姓名对应的课程名称和成绩信息
            # 如果 result 字典中不包含，则返回空字典
            t = result.get(name, {})
            # 获取当前学生当前课程的成绩，若不存在，则返回 0
            f = t.get(subject, 0)
            # 只保留该学生该课程的最高成绩
            if grade > f:
                t[subject] = grade
                result[name] = t

        wb1 = Workbook()
        ws1 = wb1.worksheets[0]
        ws1.append(['姓名','课程','成绩'])
        # 将 result 字典中的结果数据写入 Excel 文件
        for name, t in result.items():
            print(name, t)
            for subject, grade in t.items():
                ws1.append([name, subject, grade])
        wb1.save(newfile)

    oldfile = r'学生多次考试成绩.xlsx'
    newfile = r'学生每门课程最高分.xlsx'
    getResult(oldfile, newfile)
```

程序二（使用扩展库 Pandas）：

```
import pandas as pd

def getResult(oldfile, newfile):
    df = pd.read_excel(oldfile)
    df.groupby(['姓名','课程']).max().to_excel(newfile)

oldfile = r'学生多次考试成绩.xlsx'
newfile = r'学生每门课程最高分.xlsx'
getResult(oldfile, newfile)
```

例 8-19 文件“电影导演和演员.xlsx”中有 3 列，分别为电影名称、导演和演员（同一个电影可能会有多个演员，每个演员姓名之间使用中文全角逗号分隔），如图 8-1 所示。编写程序，统计每个演员的参演电影分别有哪些、最受欢迎（参演电影数量最多）的演员以及关系最好（共同参演电影数量最多）的两个演员。程序如下：

例 8-19

	A	B	C
1	电影名称	导演	演员
2	电影1	导演1	演员1，演员2，演员3，演员4
3	电影2	导演2	演员3，演员2，演员4，演员5
4	电影3	导演3	演员1，演员5，演员3，演员6
5	电影4	导演1	演员1，演员4，演员3，演员7
6	电影5	导演2	演员1，演员2，演员3，演员8
7	电影6	导演3	演员5，演员7，演员3，演员9
8	电影7	导演4	演员1，演员4，演员6，演员7
9	电影8	导演1	演员1，演员4，演员3，演员8
10	电影9	导演2	演员5，演员4，演员3，演员9
11	电影10	导演3	演员1，演员4，演员5，演员10
12	电影11	导演1	演员1，演员4，演员3，演员11
13	电影12	导演2	演员7，演员4，演员9，演员12
14	电影13	导演3	演员1，演员7，演员3，演员13
15	电影14	导演4	演员10，演员4，演员9，演员14
16	电影15	导演5	演员1，演员8，演员11，演员15
17	电影16	导演6	演员14，演员4，演员13，演员16
18	电影17	导演7	演员3，演员4，演员9
19	电影18	导演8	演员3，演员4，演员10

图8-1 “电影导演和演员.xlsx”文件内容格式

```
from itertools import combinations
from openpyxl import load_workbook

def get_actors(filename):
    result = dict()
```

```
    # 打开 .xlsx 文件，获取第一个工作表
    ws = load_workbook(filename).worksheets[0]
    # 遍历 Excel 文件中的所有行
    for index, row in enumerate(ws.rows):
        # 跳过第一行的表头
        if index == 0:
            continue
        # 获取电影名称和演员列表
        filmName, actor = row[0].value, row[2].value.split('，')
        # 遍历该电影的所有演员，统计参演电影
        for a in actor:
            # 每个元素的“键”为演员名称、“值”为参演电影名称的集合
            result[a] = result.get(a, set()) | {filmName}
    return result

data = get_actors('电影导演和演员.xlsx')
# 按演员名称编号升序排列，方便查看输出结果
for item in sorted(data.items(), key=lambda x: int(x[0][2:])):
    print(item)
print('最受欢迎的演员:', max(data.items(), key=lambda item: len(item[1]))[0])

def relations():
    # 演员名单
    actors = tuple(data.keys())
    trueLove = [0, ()]
    # 选择法，查找共同参演电影数量最多的两个演员
    for actor1, actor2 in combinations(actors, 2):
        common = len(data[actor1]&data[actor2])
        if common > trueLove[0]:
            trueLove = [common, (actor1, actor2)]
    return ('关系最好的两个演员是 {0[1]}，'
            '他们共同主演的电影数量是 {0[0]}'.format(trueLove))
print(relations())
```

例 8-20 编写程序，输出 Excel 文件的单元格中的公式计算结果。假设 Excel 文件的第 2 个工作表中的第 4 列为公式。程序如下：

```
import openpyxl

# 打开 Excel 文件，参数 data_only=True 是关键
wb = openpyxl.load_workbook('data.xlsx', data_only=True)

# 获取工作表，实际使用时根据情况设置下标
ws = wb.worksheets[1]
for row in ws.rows:
    print(row[3].value)
```

例 8-21 编写程序，批量提取 Excel 文件中的单元格批注。程序如下：

```
from openpyxl import load_workbook
```

```
fn = '带单元格批注的文件.xlsx'
ws = load_workbook(fn, data_only=True).worksheets[0]
for row in ws.rows:
    for cell in row:
        if cell.comment:
            print(f'value:{cell.value}\n{str(cell.comment.text)}',
                  end='\n======\n')
```

例 8-22　安装扩展库 xlwings，然后编写程序，批量提取 Excel 文件中文本框组件中的文本。程序如下：

```
import xlwings as xw

def print_textbox(xlsx_file):
    # 先创建 App 对象，在 App 对象中打开 .xlsx 文件，最后退出 App 对象
    # 如果使用 xlwings.Book 直接打开 .xlsx 文件，close() 之后会留下一个空的 Excel 进程
    # 后台打开 .xlsx 文件，不自动添加空白表格
    app = xw.App(visible=False, add_book=False)
    wb = app.books.open(xlsx_file)
    for sheet in wb.sheets:
        print('='*10 + sheet.name)
        for shape in sheet.shapes:
            if shape.name.startswith('TextBox'):
                print('='*5 + shape.name)
                # 文本框里的换行符是 \r，改成 \n 方便输出
                print(shape.text.replace('\r', '\n'))
    wb.close()
    app.quit()

print_textbox('包含文本框的文件.xlsx')
```

例 8-23　编写程序，读取 Excel 文件中的人员信息并根据身份证号查找超过 40 岁的人。程序如下：

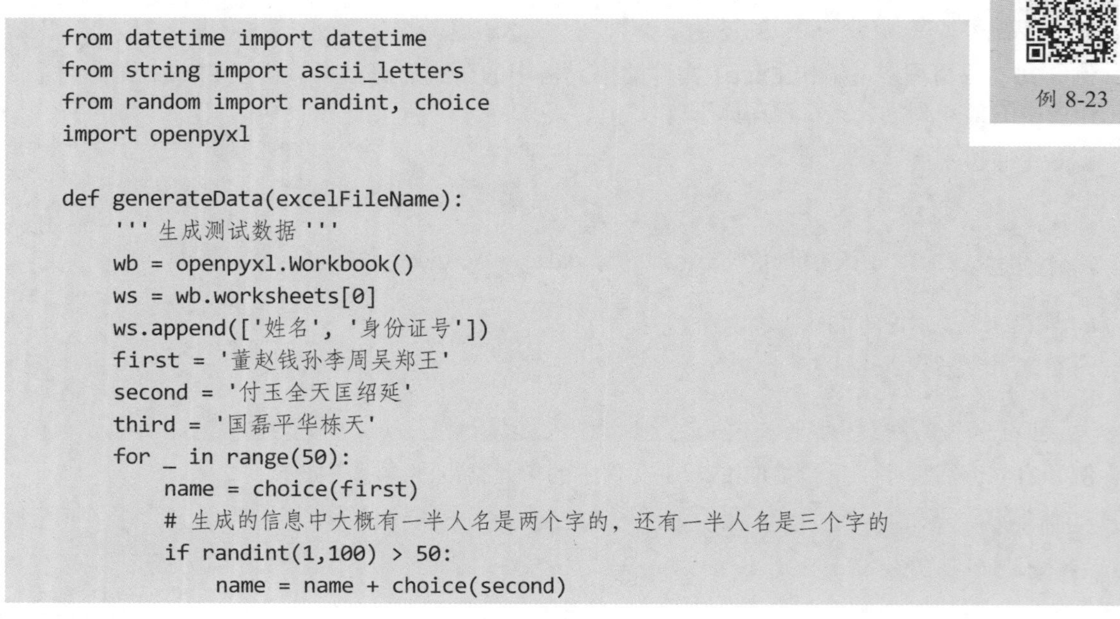

```
from datetime import datetime
from string import ascii_letters
from random import randint, choice
import openpyxl

def generateData(excelFileName):
    ''' 生成测试数据 '''
    wb = openpyxl.Workbook()
    ws = wb.worksheets[0]
    ws.append(['姓名', '身份证号'])
    first = '董赵钱孙李周吴郑王'
    second = '付玉全天匡绍延'
    third = '国磊平华栋天'
    for _ in range(50):
        name = choice(first)
        # 生成的信息中大概有一半人名是两个字的，还有一半人名是三个字的
        if randint(1,100) > 50:
            name = name + choice(second)
```

例 8-23

```
        name = name + choice(third)
        year = str(randint(1960, 2010))
        # 月份使用两位数字，不足两位时前面补 0，可以使用 f- 字符串改写
        month = str(randint(1, 12)).rjust(2, '0')
        idCardNum = '1'*6 + year + month + '01' + '1'*4
        ws.append([name, idCardNum])
    wb.save(excelFileName)

def getResult(excelFileName, age):
    '''读取 Excel 文件中的数据，查找超过一定年龄的人'''
    ws = openpyxl.load_workbook(excelFileName).worksheets[0]
    for index, row in enumerate(ws.rows):
        if index == 0:   # 跳过第一行的表头
            continue
        name, birthday = row[0].value, row[1].value[6:14]
        # strptime() 用来把字符串按照指定的格式解析为日期时间对象
        delta = datetime.now() - datetime.strptime(birthday, '%Y%m%d')
        if delta.days >= age*365:
            print(name.ljust(4), birthday)

excelFileName = '人员信息.xlsx'
generateData(excelFileName)
getResult(excelFileName, 40)
```

例 8-24　文件“超市营业额.xlsx”中保存了某超市 2019 年 3 月 1 日至 5 日各员工在不同时段、不同柜台的销售额，部分数据如图 8-2 所示。编写程序，读取该文件中的数据，统计每个员工的销售总额、每个时段的销售总额、每个柜台的销售总额。

例 8-24

	A	B	C	D	E	F
1	工号	姓名	日期	时段	交易额	柜台
2	1001	张三	20190301	9:00~14:00	2000	化妆品
3	1002	李四	20190301	14:00~21:00	1800	化妆品
4	1003	王五	20190301	9:00~14:00	800	食品
5	1004	赵六	20190301	14:00~21:00	1100	食品
6	1005	周七	20190301	9:00~14:00	600	日用品
7	1006	钱八	20190301	14:00~21:00	700	日用品
8	1006	钱八	20190301	9:00~14:00	850	蔬菜水果
9	1001	张三	20190301	14:00~21:00	600	蔬菜水果
10	1001	张三	20190302	9:00~14:00	1300	化妆品
11	1002	李四	20190302	14:00~21:00	1500	化妆品
12	1003	王五	20190302	9:00~14:00	1000	食品
13	1004	赵六	20190302	14:00~21:00	1050	食品
14	1005	周七	20190302	9:00~14:00	580	日用品
15	1006	钱八	20190302	14:00~21:00	720	日用品
16	1002	李四	20190302	9:00~14:00	680	蔬菜水果
17	1003	王五	20190302	14:00~21:00	830	蔬菜水果

图8-2　“超市营业额.xlsx”文件内容格式

程序一（使用扩展库 openpyxl）：

```
from openpyxl import load_workbook

# 3 个字典分别存储按员工、按时段、按柜台的销售总额
persons = dict()
periods = dict()
goods = dict()
ws = load_workbook('超市营业额.xlsx').worksheets[0]
for index, row in enumerate(ws.rows):
    # 跳过第一行的表头
    if index == 0:
        continue
    # 获取每行的相关信息，下画线表示匿名变量，接收但不存储值，用来占位
    _, name, _, time, num, good = map(lambda cell: cell.value, row)
    # 根据每行的值更新 3 个字典
    persons[name] = persons.get(name, 0) + num
    periods[time] = periods.get(time, 0) + num
    goods[good] = goods.get(good, 0) + num
```

```
print(persons)
print(periods)
print(goods)
```

程序二（使用扩展库 Pandas）：

```
import pandas as pd

# 设置每列对齐
pd.set_option('display.unicode.ambiguous_as_wide', True)
pd.set_option('display.unicode.east_asian_width', True)

df = pd.read_excel('超市营业额.xlsx')
print(df.groupby('姓名').sum().drop(['工号', '日期'], axis=1), end='\n\n')
print(df.groupby('时段').sum().drop(['工号', '日期'], axis=1), end='\n\n')
print(df.groupby('柜台').sum().drop(['工号', '日期'], axis=1), end='\n\n')
```

例 8-25 编写程序，读取 Excel 文件中的个人爱好，在最后插入一列，对每个人的爱好进行汇总。如图 8-3 所示，最后一列为插入的汇总内容。

	A	B	C	D	E	F	G	H	I	J	K
1	姓名	写代码	旅游	爬山	跑步	喝咖啡	吃零食	喝茶	所有爱好		
2	张三	是		是				是	写代码，爬山，喝茶		
3	李四	是	是		是				写代码，旅游，跑步		
4	王五		是	是		是	是		旅游，爬山，喝咖啡，吃零食		
5	赵六	是			是			是	写代码，跑步，喝茶		
6	周七		是	是		是			旅游，爬山，喝咖啡		
7	吴八	是					是		写代码，吃零食		

例 8-25

图8-3 个人爱好汇总

程序如下：

```
from openpyxl import load_workbook

wb = load_workbook('每个人的爱好.xlsx')
ws = wb.worksheets[0]
for index, row in enumerate(ws.rows, start=1):
    if index == 1:
        titles = tuple(map(lambda cell: cell.value, row))[1:]
        lastCol = len(titles) + 2
        ws.cell(row=index, column=lastCol, value='所有爱好')
    else:
        values  = tuple(map(lambda cell: cell.value, row))[1:]
        result = ', '.join((titles[i] for i, v in enumerate(values) if v=='是'))
        ws.cell(row=index, column=lastCol, value=result)

wb.save('每个人的爱好汇总.xlsx')
```

例 8-26 编写程序，随机化 Excel 文件中的学号和姓名，进行数据脱敏。程序如下：

例 8-26

```
from random import choices
from string import ascii_letters, digits
from openpyxl import load_workbook
```

```
wb = load_workbook(r'演示用数据.xlsx')
ws = wb.worksheets[0]
last_student = None
for index, row in enumerate(ws.rows, start=1):
    if index==1:
        continue
    current_student = [row[0].value, row[1].value]
    # 假设每个学生的信息是连续存放在一起的
    if current_student != last_student:
        last_student = current_student
        random_id = ''.join(choices(digits, k=10))
        random_name = ''.join(choices(ascii_letters, k=6))
    ws['A'+str(index)] = random_id
    ws[f'B{index}'] = random_name
wb.save(r'脱敏结果.xlsx')
```

例 8-27 编写程序，拆分 Excel 文件的工作表中所有合并的区域，把拆分得到的所有单元格内的值都设置为拆分前单元格内的值。程序如下：

例 8-27

```
from copy import deepcopy
import openpyxl

fn = r'包含若干合并单元格区域.xlsx'
wb = openpyxl.load_workbook(fn)
ws = wb.worksheets[0]

# 拆分单元格时原始数据会变，导致有部分区域没有拆分
# 所以使用深复制，在原始数据上进行遍历和操作
for area in deepcopy(ws.merged_cells):
    ws.unmerge_cells(start_row=area.min_row, end_row=area.max_row,
                     start_column=area.min_col, end_column=area.max_col)
    value = ws.cell(area.min_row, area.min_col).value
    # 把拆分得到的所有单元格内的值都设置为拆分前单元格内的值
    for row in range(area.min_row, area.max_row+1):
        for col in range(area.min_col, area.max_col+1):
            ws.cell(row=row, column=col, value=value)
wb.save('拆分单元格结果.xlsx')
```

例 8-28 编写程序，提取 Excel 文件中的所有图片。程序如下：

例 8-28

```
from zipfile import ZipFile
from os.path import basename

def extract_images(xlsx_fn):
    with ZipFile(xlsx_fn) as zf:
        for item in zf.filelist:
            fn = item.filename
            if fn.endswith(('.jpg','.jpeg','.png','.bmp')):
                print(fn)
```

```
                with open(basename(fn), 'wb') as fp:
                    fp.write(zf.read(fn))

extract_images('包含图片的文件.xlsx')
```

例 8-29 编写程序，把 Excel 文件中多个工作表导入为 Word 文件中多个表格，然后实现相反操作。程序如下：

例 8-29

```
from random import choice
from docx import Document
from docx.enum.style import WD_STYLE_TYPE
from openpyxl import load_workbook, Workbook

def xlsx2docx(fn):
    # 打开 Excel 文件，如果有公式，则读取公式计算结果
    wb = load_workbook(fn, data_only=True)
    # 创建空白 Word 文件
    document = Document()

    # 查看所有可用的表格样式
    table_styles = [style
                    for style in document.styles
                    if style.type==WD_STYLE_TYPE.TABLE]
    print(table_styles)

    # 遍历 Excel 文件中所有的工作表
    for ws in wb.worksheets:
        rows = list(ws.rows)
        # 增加段落，使用表格的名称作为段落文本
        document.add_paragraph(ws.title)
        # 根据工作表的行数和列数，在 Word 文件中创建合适大小的表格
        table = document.add_table(rows=len(rows), cols=len(rows[0]),
                                   style=choice(table_styles))
        # 从工作表读取数据，写入 Word 文件中的表格
        for irow, row in enumerate(rows):
            for icol, col in enumerate(row):
                table.cell(irow, icol).text = str(col.value)
    # 保存 Word 文件
    document.save(fn[:-4]+'docx')
# 调用函数，进行数据导入
xlsx2docx('多表格文件.xlsx')

def docx2xlsx(fn):
    document = Document(fn)
    wb = Workbook()
    wb.remove(wb.worksheets[0])
    for index, table in enumerate(document.tables, start=1):
        ws = wb.create_sheet('sheet{}'.format(index))
        for row in table.rows:
```

```
            values = list(map(lambda cell:cell.text, row.cells))
            ws.append(values)
    wb.save(fn[:-5]+'_new.xlsx')
docx2xlsx('多表格文件.docx')
```

8.3.4 PowerPoint 文件操作

例 8-30　编写程序，读取并输出 PowerPoint 文件“带表格的演示文稿.pptx”中所有表格的内容。程序如下：

例 8-30

```
from pptx import Presentation
from pptx.enum.shapes import MSO_SHAPE_TYPE

obj = Presentation('带表格的演示文稿.pptx')
for index, slide in enumerate(obj.slides, start=1):
    print(f'========\n幻灯片{index}')
    table_num = 0
    for shape in slide.shapes:
        if shape.shape_type == MSO_SHAPE_TYPE.TABLE:
            table_num = table_num + 1
            print(f'------\n第{table_num}个表格')
            for row in shape.table.rows:
                for cell in row.cells:
                    print(cell.text_frame.text, end=' ')
                print()
```

例 8-31　编写程序，批量提取 .pptx 文件中所有幻灯片的标题和备注文本。程序如下：

```
from pptx import Presentation

fn = r'带备注的演示文稿.pptx'
obj = Presentation(fn)
for index, slide in enumerate(obj.slides, start=1):
    print(f'第{index}页幻灯片'.center(20, '='))
    # PowerPoint自带模板中每页幻灯片顶部的文本为title
    # 如果自定义模板中没有title，返回空值
    title = slide.shapes.title
    if title:
        print('标题文本：\n', title.text)
    else:
        print('这一页幻灯片没有标题')
    if slide.has_notes_slide:
        # 如果有备注就输出其中的文本
        print('备注文本：\n', slide.notes_slide.notes_text_frame.text)
    else:
        print('这一页幻灯片没有备注')
```

例 8-32　编写程序，搜索并输出当前文件夹中包含特定关键字字符串的 Word、Excel、

PowerPoint 文件名。程序如下：

例 8-32

```
from sys import argv
from os import listdir
from os.path import join, isfile, isdir
from docx import Document
from openpyxl import load_workbook
from pptx import Presentation
from pptx.enum.shapes import MSO_SHAPE_TYPE

def checkdocx(dstStr, fn):
    document = Document(fn)
    # 遍历所有段落文本
    for p in document.paragraphs:
        if dstStr in p.text:
            return True
    # 遍历所有表格中的单元格文本
    for table in document.tables:
        for row in table.rows:
            for cell in row.cells:
                if dstStr in cell.text:
                    return True
    return False

def checkxlsx(dstStr, fn):
    wb = load_workbook(fn)
    # 遍历所有工作表的单元格
    for ws in wb.worksheets:
        for row in ws.rows:
            for cell in row:
                try:
                    if dstStr in cell.value:
                        return True
                except:
                    pass
    return False

def checkpptx(dstStr, fn):
    presentation = Presentation(fn)
    # 遍历所有幻灯片
    for slide in presentation.slides:
        for shape in slide.shapes:
            # 表格中的单元格文本
            if shape.shape_type == MSO_SHAPE_TYPE.TABLE:
                for row in shape.table.rows:
                    for cell in row.cells:
                        if dstStr in cell.text_frame.text:
                            return True
            # 普通文本框中的文本
            elif shape.shape_type == MSO_SHAPE_TYPE.PLACEHOLDER:
                try:
```

```
                if dstStr in shape.text:
                    return True
            except:
                pass
    return False

def main(dstStr, flag):
    # 一个圆点表示当前文件夹
    dirs = ['.']
    while dirs:
        # 获取第一个尚未遍历的文件夹名称
        currentDir = dirs.pop(0)
        for fn in listdir(currentDir):
            path = join(currentDir, fn)
            if isfile(path):
                if path.endswith('.docx') and checkdocx(dstStr, path):
                    print(path)
                elif path.endswith('.xlsx') and checkxlsx(dstStr, path):
                    print(path)
                elif path.endswith('.pptx') and checkpptx(dstStr, path):
                    print(path)
            # 广度优先遍历目录树
            elif flag and isdir(path):
                dirs.append(path)


# 标准库 sys 中的 argv 用来接收命令行参数
# argv 是一个列表，其中 argv[0] 为程序文件名
# argv[1] 表示是否要检查所有子文件夹中的文件
if argv[1] != '/s':
    dstStr = argv[1]
    flag = False
else:
    dstStr = argv[2]
    flag = True

main(dstStr, flag)
```

程序的两种使用方式如下，第一种方式只搜索当前文件夹中包含字符串“董付国”的Office文档，第二种方式会搜索当前文件夹及其所有文件夹中包含字符串“董付国”的Office文档。

```
Python.exe findStrOffice.py 董付国
Python.exe findStrOffice.py /s 董付国
```

8.3.5 PDF 文件操作

例 8-33

例 8-33 安装扩展库 pymupdf，然后编写程序处理 PDF 文件，完成提取文本、合并 PDF 文件、按页拆分成独立的图片文件、合并图片为 PDF 文件、提取 PDF 文件中的图片以及添加注释、设置高亮显示、设置下画线注释和删除线注释等任

务。程序如下：

```
import fitz

fn = r'包含图片的文档.pdf'

# 提取 PDF 文件中的文本
with fitz.open(fn) as doc, open('text.txt', 'w', encoding='utf8') as fp:
    # 遍历 PDF 文件每一页
    for page in doc:
        # 提取 PDF 该页中的文本，写入文本文件
        fp.write(page.get_text()+'\n')

# 合并 PDF 文件，fitz.open() 不带参数表示创建空白 PDF 文件
with fitz.open() as fpMerge:
    # 把测试文件重复 3 次，假装有 3 个文件，把内容合并为一个 PDF 文件
    for t in (fn,)*3:
        with fitz.open(t) as fpSrc:
            # 把 fpSrc 对应的 PDF 文件内容插入 fpMerge 尾部
            fpMerge.insert_pdf(fpSrc)
    # 保存合并结果文件
    fpMerge.save('合并结果.pdf')

# 把 PDF 文件的每一页转换为独立的图片文件
with fitz.open(fn) as doc:
    for page in doc:
        # 水平方向和垂直方向的分辨率变为 2 倍
        mat = fitz.Matrix(2, 2)
        # 把当前页转换为图片
        pic = page.get_pixmap(matrix=mat)
        # 把当前页内容保存为图片文件
        pic.save(f'{page.number}.png')

# 把多个图片合并为 PDF 文件，每个图片占一页
# 结合前面 PDF 文件转图片的代码，可以实现普通 PDF 文件转换为图片式不可修改的 PDF 文件
with fitz.open() as fpMerge:
    # 假装有 5 个图片文件
    for pic in ('0.png',)*5:
        # 打开图片文件，转换为 PDF 格式的数据
        t = fitz.open('pdf', fitz.open(pic).convert_to_pdf())
        # 插入 fpMerge 文件尾部
        fpMerge.insert_pdf(t)
    fpMerge.save('内容转换为图片.pdf')

# 提取 PDF 文件中的图片
with fitz.open(fn) as doc:
    for page in doc:
        # 提取每页中的图片信息
        for item in page.get_images():
            # 获取引用编号
            xref = item[0]
            # 提取图片数据，返回的结果是一个字典
```

```
            # 其中 'image' 键保存的是图片数据 ,'ext' 键保存的是扩展名
            img = doc.extract_image(xref)
            with open(f'{xref}.{img[ "ext" ]}', 'wb') as fpPic:
                fpPic.write(img['image'])

# 添加文本注释，为关键字设置高亮显示，设置下画线注释、删除线注释
word1, word2, word3 = ('意义', '测试', '文本')
with fitz.open(fn) as doc:
    for page in doc:
        # 在页面指定位置 (横坐标, 纵坐标) 插入文本注释
        page.add_text_annot((200,200), '文本注释')
        for txt in page.search_for(word1):
            page.add_highlight_annot(txt)            # 设置高亮显示
        for txt in page.search_for(word2):
            page.add_underline_annot(txt)            # 设置下画线注释
        for txt in page.search_for(word3):
            page.add_strikeout_annot(txt)            # 设置删除线注释
    doc.save('添加注释.pdf')
```

例 8-34　安装扩展库 PyPDF2，然后编写程序，提取给定 PDF 文件中任意页面，对其进行自由拆分。程序如下：

例 8-34

```
from PyPDF2 import PdfReader, PdfWriter

def split_pdf(filename, result, start=0, end=None):
    '''从 filename 中提取 [start,end) 的页码内容保存为 result'''
    # 打开原始 PDF 文件
    pdf_src = PdfReader(filename)
    if end is None:
        # 获取总页数
        end = pdf_src.getNumPages()
    with open(result, 'wb') as fp:
        # 创建空白 PDF 文件
        pdf = PdfWriter()
        # 提取页面内容，写入空白 PDF 文件
        for num in range(start, end):
            pdf.add_page(pdf_src.pages[num])
        # 写入结果 PDF 文件
        pdf.write(fp)

fn = r'测试文件.pdf'
split_pdf(fn, '1.pdf', 0, 3)
split_pdf(fn, '2.pdf', 1, 3)
split_pdf(fn, '3.pdf', 2, 3)
```

例 8-35　安装扩展库 pdfplumber，然后编写程序，提取 PDF 文件中的表格并保存为 Excel 文件。程序如下：

```
import pdfplumber
from openpyxl import Workbook

def extract_table(pdf_file):
```

```
    wb = Workbook()
    wb.remove(wb.worksheets[0])
    with pdfplumber.open(pdf_file) as pdf:
        index = 0
        for page in pdf.pages:
            tables =  page.extract_tables()
            for table in tables:
                ws = wb.create_sheet(title=f'Sheet{index}')
                for row in table:
                    ws.append(row)
                index = index + 1
    wb.save('提取结果.xlsx')

extract_table('董付国老师教材清单.pdf')
```

8.4 图像、音频、视频等文件数据采集

例 8-36 安装扩展库 pillow，然后编写程序，把给定的 GIF 动图拆分成多个静态图像文件。程序如下：

```
from os import mkdir
from os.path import exists
from PIL import Image

fn = 'test.gif'
im = Image.open(fn)                  # 打开 GIF 动态图像时，默认是第一帧
png_dir = fn[:-4]
if not exists(png_dir):
    mkdir(png_dir)                   # 创建存放每帧图像的文件夹

while True:
    current = im.tell()              # 保存当前帧图像
    im.save(rf'{png_dir}\{current}.png')
    try:
        im.seek(current+1)           # 获取下一帧图像
    except:
        break
```

例 8-37 安装软件 Tesseract-OCR（选择安装简体中文字体库），把安装路径添加到系统环境变量 Path 中，安装扩展库 pytesseract、pillow，然后编写程序，提取给定图片中的文字。程序如下：

```
from PIL import Image
from pytesseract import image_to_string

fn = '包含文字的图片.bmp'
text = image_to_string(Image.open(fn), lang='chi_sim')
print(text)
```

例 8-38 安装扩展库 NumPy 和 SciPy，然后编写程序，分离立体声波形音乐文件的左右声

道并分别保存为音乐文件。程序如下：

```
from scipy.io import wavfile

def splitChannel(srcMusicFile):
    # 读取 WAV 声音文件，musicData 是包含 2 列的二维数组
    sampleRate, musicData = wavfile.read(srcMusicFile)
    # 提取左右声道数据，写入结果文件
    wavfile.write('left.wav', sampleRate, musicData[:,0])
    wavfile.write('right.wav', sampleRate, musicData[:,1])

splitChannel('北国之春.wav')
```

例 8-39　下载压缩文件 ffmpeg-ffplay-ffprobe-static2020.rar，解压缩后将其 bin 文件夹添加到系统环境变量 Path 中，安装扩展库 spleeter，然后分离给定 MP3 音乐文件中的人声和伴奏，分别保存为 MP3 音乐文件。本例不需要写代码，详细安装步骤和命令执行方法可以关注微信公众号“Python 小屋”并发送消息“分离人声”阅读相关文章。

例 8-40　编写程序，分离 AVI、MP4 等格式的视频为静态图像。

例 8-40

程序一（需要安装扩展库 opencv_python）：

```
from itertools import count
import cv2

def split_frames(fn):
    cap = cv2.VideoCapture(fn)
    for num in count(1, 1):
        success, data = cap.read()
        if not success:
            break
        cv2.imwrite(f'{num}.png', data)
    cap.release()

split_frames('测试视频.mp4')
```

程序二（需要安装扩展库 MoviePy）：

```
from moviepy.editor import VideoFileClip

def split_frames(fn):
    clip = VideoFileClip(fn)
    clip.write_images_sequence('%d.png')

split_frames('测试视频.mp4')
```

例 8-41　安装扩展库 MoviePy，然后编写程序，提取视频文件中的音频数据并保存为 MP3 文件。程序如下：

```
from moviepy.editor import VideoFileClip

aviFileName = '测试视频.mp4'
mp3FileName = '提取出的音频.mp3'
VideoFileClip(aviFileName).audio.write_audiofile(mp3FileName)
```

8.5 话筒、扬声器、摄像头、传感器等设备数据采集

例 8-42

例 8-42 安装扩展库 PyAudio，然后编写程序，录制计算机话筒的声音。在下面的代码中，使用 Python 标准库 tkinter 设计 GUI，这不是本书的重点，请读者关注微信公众号“Python 小屋”自行查阅和学习相关资料。

```
import wave
import threading
import tkinter
from tkinter.messagebox import showerror
from tkinter.filedialog import asksaveasfilename
import pyaudio

CHUNK_SIZE = 1024
CHANNELS = 2
FORMAT = pyaudio.paInt16
RATE = 44100

fileName = None
allowRecording = False

def record():
    global fileName
    p = pyaudio.PyAudio()
    stream = p.open(format=FORMAT, channels=CHANNELS, rate=RATE,
                    input=True, frames_per_buffer=CHUNK_SIZE)

    wf = wave.open(fileName, 'wb')
    wf.setnchannels(CHANNELS)
    wf.setsampwidth(p.get_sample_size(FORMAT))
    wf.setframerate(RATE)

    while allowRecording:
        # 从录音设备读取数据，直接写入 WAV 文件
        data = stream.read(CHUNK_SIZE)
        wf.writeframes(data)
    wf.close()
    stream.stop_stream()
    stream.close()
    p.terminate()
    fileName = None

# 创建 tkinter 应用程序，设置窗口标题、初始大小与位置、两个方向不允许改变大小
root = tkinter.Tk()
root.title('录音机--董付国')
root.geometry('280x80+400+300')
root.resizable(False, False)

# 开始按钮
def start():
```

```
    global allowRecording, fileName
    fileName = asksaveasfilename(filetypes=[('未压缩波形文件', '*.wav')])
    if not fileName:
        return
    if not fileName.endswith('.wav'):
        fileName = fileName+'.wav'
    allowRecording = True
    lbStatus['text'] = '正在录音...'
    threading.Thread(target=record).start()
btnStart = tkinter.Button(root, text='开始录音', command=start)
btnStart.place(x=30, y=20, width=100, height=20)

# 结束按钮
def stop():
    global allowRecording
    allowRecording = False
    lbStatus['text'] = '准备就绪'
btnStop = tkinter.Button(root, text='停止录音', command=stop)
btnStop.place(x=140, y=20, width=100, height=20)

lbStatus = tkinter.Label(root, text='准备就绪', anchor='w', fg='green')
lbStatus.place(x=30, y=50, width=200, height=20)

# 关闭程序时检查是否正在录制
def closeWindow():
    if allowRecording:
        showerror('正在录制', '请先停止录制')
        return
    root.destroy()
root.protocol('WM_DELETE_WINDOW', closeWindow)

root.mainloop()
```

例 8-43　安装扩展库 NumPy、SciPy、sounddevice，然后编写程序，录制计算机扬声器的声音。程序如下：

例 8-43

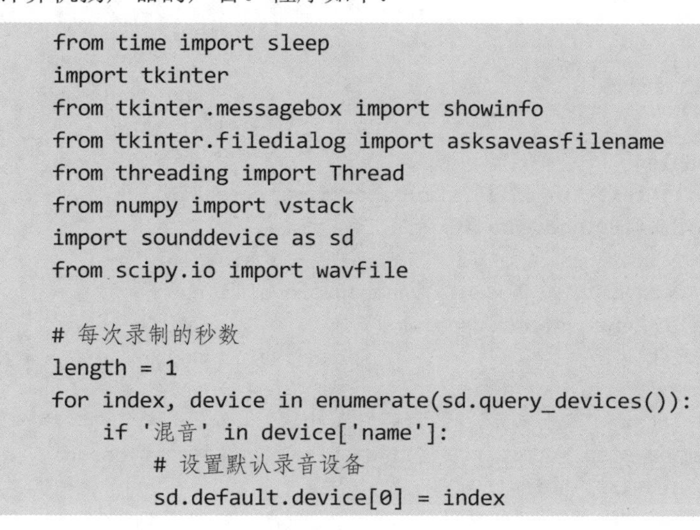

```
from time import sleep
import tkinter
from tkinter.messagebox import showinfo
from tkinter.filedialog import asksaveasfilename
from threading import Thread
from numpy import vstack
import sounddevice as sd
from scipy.io import wavfile

# 每次录制的秒数
length = 1
for index, device in enumerate(sd.query_devices()):
    if '混音' in device['name']:
        # 设置默认录音设备
        sd.default.device[0] = index
```

```
        # 设置采样频率
        fs = int(device.get('default_samplerate', 44100))
        break
else:
    showinfo('请注意', '没有发现混音设备，录音可能不正常')

root = tkinter.Tk()
root.title('录制计算机声音-董付国')
root.geometry('300x100+400+300')
root.resizable(False, False)

recording = tkinter.BooleanVar(root, False)

def recorder():
    sounds = []
    lbInfo['text'] = '正在录音...'
    while recording.get():
        # 录制声音，每次录制 1s，最后合并
        data = sd.rec(frames=fs*length, samplerate=fs, blocking=True, channels=2)
        sounds.append(data)
    sounds = vstack(sounds)
    filename = asksaveasfilename(title='保存声音', filetypes=[('wavfile', '*.wav')])
    if not filename:
        lbInfo['text'] = '取消保存。'
        return
    if not filename.endswith('.wav'):
        filename = filename + '.wav'
    lbInfo['text'] = '正在保存文件...'
    # 把录制的声音保存为 WAV 文件
    wavfile.write(filename, fs, sounds)
    lbInfo['text'] = '保存完成。'

def start_recording():
    global thread_recorder
    recording.set(True)
    # 创建并启动线程
    thread_recorder = Thread(target=recorder)
    thread_recorder.start()
    buttonStop['state'] = 'normal'
    buttonStart['state'] = 'disabled'
buttonStart = tkinter.Button(root, text='开始录音', command=start_recording)
buttonStart.place(x=10, y=10, width=130, height=20)

def stop_recording():
    recording.set(False)
    buttonStop['state'] = 'disabled'
    buttonStart['state'] = 'normal'
buttonStop = tkinter.Button(root, text='停止录音', state='disabled',
                            command=stop_recording)
buttonStop.place(x=160, y=10, width=130, height=20)
```

```
lbInfo = tkinter.Label(root, foreground='red')
lbInfo.place(x=10, y=40, width=280, height=20)

def closeWindow():
    if recording.get():
        showinfo('注意', '正在录音，请先停止录音。')
        return
    root.destroy()
root.protocol('WM_DELETE_WINDOW', closeWindow)

root.mainloop()
```

例 8-44　安装扩展库 NumPy、opencv_python、pillow，然后编写程序，录制屏幕 100s 并保存视频文件。程序如下：

```
from time import sleep
from numpy import asarray
import cv2
from PIL import ImageGrab

# 每秒的帧数
N = 25
im = ImageGrab.grab()
fn = '录屏.avi'
aviFile = cv2.VideoWriter(fn, cv2.VideoWriter_fourcc(*'XVID'),
                          N, im.size)  # 帧速和视频宽度、高度
for _ in range(100*N):
    im = asarray(ImageGrab.grab())
    # 截图是 RGB 模式，OpenCV 使用 BGR 模式，需要转换一下
    im = cv2.cvtColor(im, cv2.COLOR_RGB2BGR)
    aviFile.write(im)
    sleep(1/N)
    print(_)
aviFile.release()
```

例 8-45　编写程序，使用摄像头进行拍照并保存为图像文件。程序如下：

例 8-45

```
from os import mkdir
from os.path import isdir
import datetime
from time import sleep
import cv2

cap = cv2.VideoCapture(0)  # 参数 0 表示笔记本电脑内置摄像头
cap.set(cv2.CAP_PROP_FRAME_WIDTH, 1920)
cap.set(cv2.CAP_PROP_FRAME_HEIGHT, 1080)

for _ in range(20):
    # 获取当前日期和时间，如 2022-10-24 23:11:00
    now = str(datetime.datetime.now())[:19].replace(':', '_')
```

```
        if not isdir(now[:10]):
            mkdir(now[:10])
        # 捕捉当前图像，ret=True 表示成功，ret=False 表示失败
        ret, frame = cap.read()
        if ret:
            # 保存图像，以当前日期和时间作为文件名
            cv2.imwrite(rf'{now[:10]}\{now}.jpg', frame)
        # 每 5s 捕捉一次图像
        sleep(5)
    cap.release()
```

例 8-46 编写程序，通过云平台读取温湿度传感器的实时数据。目前有很多传感器设备提供了 Java 或 C++ 接口可以直接连接设备读取监测数据，但几乎没有提供 Python 接口的传感器设备。如果确实需要获取设备的监测数据并放到自己的平台中，可以选择使用支持云平台并且云平台提供应用程序接口（Application Program Interface，API）的传感器设备。本例假设安装的温湿度传感器已设置好自动上传数据到厂家提供或自建的云平台，并且已分配账号和密码，同时云平台提供的 API 可以读取 JSON 格式的设备数据。代码中隐去了具体厂家的云平台地址，使用时可以根据设备厂家提供的云平台 API 文档进行修改。本例中的代码用到了网络爬虫技术，详细内容见 10.2 节。程序如下：

```
from time import sleep
from json import loads
from datetime import datetime
from urllib.request import urlopen, Request

name = input('请输入登录名:')
pwd = input('请输入密码:')
# 根据厂家云平台 API 规范定义，获取 token 的地址，通过 GET 方式提交参数
url1 = f'http://***/api/getToken?loginName={name}&password={pwd}'
# 读取所有设备实时数据的 API，要求通过 headers 提交认证信息
url2 = 'http://***/api/data/getRealTimeData'
# 从云平台 API 动态获取的身份认证信息，请自行替换
token = ''
# 读取数据失败时，下次间隔多少秒再尝试
interval = 1
while True:
    # 根据 API 规范要求，使用 headers 提交认证信息
    headers = {'authorization': token}
    # 构造 Request 对象时并没有真正向服务器发起请求
    req = Request(url=url2, headers={'authorization': token})
    try:
        # 使用 urlopen() 函数打开 Request 对象时才向服务器发起请求
        with urlopen(req) as fp:
            content = loads(fp.read().decode())
        # 读取数据成功，恢复初始的时间间隔
        interval = 1
    except:
        print(f'\n 网络连接失败，{interval} 秒后重试。', end='')
        sleep(interval)
```

```
            # 每次失败时两次间隔时间加倍
            interval = interval * 2
            continue
        # code=1000 时表示获取数据成功，其他值表示获取数据失败，失败的原因一般是 token 无效或过期
        if content['code'] != 1000:
            try:
                # 获取最新的认证 token
                with urlopen(url1) as fp:
                    content = loads(fp.read().decode())
                interval = 1
            except:
                print(f'\n 网络连接失败，{interval} 秒后重试。', end='')
                sleep(interval)
                # 每次失败时两次间隔时间加倍
                interval = interval * 2
                continue
            # code=1000 时表示获取数据成功，其他值表示获取数据失败，失败的原因一般是用户名或密码错误
            if content['code'] != 1000:
                print('用户名或密码错误。')
                break
            # 成功获取 token
            token = content['data']['token']
            # 回到循环开始位置，重新尝试读取数据
            continue
        # 遍历每个设备
        for device in content['data'][0]['dataItem']:
            print(f'\n{str(datetime.now())[:19]}<===> 设备 {device['nodeId']}',
                  end='<===>')
            # 遍历该设备监控的每项参数
            for item in device['registerItem']:
                print(item['registerName'], item['data']+item['unit'], sep=':', end=' ')
        sleep(5)
```

本章知识要点

- 扩展名为 .txt、.log、.ini、.c、.cpp、.h、.py、.pyw、.html、.js、.css、.csv、.json 的文件都属于文本文件。
- 扩展名为 .docx、.xlsx、.pptx、.dat、.exe、.dll、.pyd、.so、.mp4、.bmp、.png、.jpg、.rm、.rmvb、.avi、.db、.sqlite、.mp3、.wav、.ogg 的文件都属于二进制文件。
- 所谓文本文件和二进制文件是人为划分的，实际上所有数据在内存中和硬盘上都是以二进制补码形式存储的，只不过文本编辑器能够自动识别编码格式进行转换，Word、Excel、图像处理软件、音 / 视频播放软件、数据库管理系统软件能够识别数据的组织规范并能转换为人类能够阅读、编辑、观看或收听的形式。
- 二进制文件也可以使用记事本之类的软件打开，但是通常会显示乱码，无法正常显示和阅读。二进制文件需要使用正确的软件进行解码或反序列化之后才能正确地读取、显示、修改或执行。
- 内置函数 open() 的参数 file 指定要操作的文件名称，参数 encoding 指定对文本进行编码和解码的方式，只适用于文本模式。在读写文本文件内容时必须指定正确的编码格式。

- 使用文件对象的 read()、readline() 和 write() 方法读写内容时，表示当前读写位置的文件指针会自动向后移动，并且每次读写时都是从当前位置开始读写。
- 除了用于文件操作，with 关键字还可以用于数据库连接、网络连接或类似的场合。
- os.path 其实是一个别名，在 Windows 系统中实际对应的是 ntpath 模块，在 POSIX 系统中实际对应的是 posixpath 模块，这两个模块提供的接口基本上是一致的，这样的导入方式是为了方便代码跨平台移植。
- Python 扩展库 python-docx、docx2python 等提供了.docx 格式的 Word 文件操作的接口。扩展库 python-docx 可以使用 pip install python-docx 命令进行安装，安装之后的名字叫 docx。扩展库 docx2python 的安装名称和使用名称是一致的。
- Python 扩展库 openpyxl 提供了.xlsx 格式的 Excel 文件操作的接口，可以使用 pip install openpyxl 命令进行安装。Anaconda3 安装包中已经集成安装了 openpyxl，不需要再次安装。
- Python 扩展库 python-pptx 提供了.pptx 格式的 PowerPoint 文件操作的接口，可以使用 pip install python-pptx 命令进行安装，安装之后的名字叫 pptx。
- 扩展库 pymupdf、PyPDF2 提供了操作 PDF 文件的功能。
- 扩展库 pillow 提供了数字图像处理、屏幕截图所需要的功能。
- 扩展库 opencv_python、MoviePy、SciPy、NumPy 提供了视频、音频采集与处理所需要的功能。
- 扩展库 pytesseract 提供了图像识别所需要的功能。
- 扩展库 PyAudio 提供了采集计算机、话筒和扬声器数据所需要的功能。
- 扩展库 sounddevice 提供了录制计算机扬声器所需要的功能。

习题

一、填空题

1. 内置函数 open() 的参数 ______________ 用来指定打开模式。

2. 内置函数 open() 的参数 ______________ 用来指定编码格式，只能用于文本文件。

3. 使用上下文管理关键字 ______________ 可以自动管理文件对象，不论何种原因结束该关键字中的语句块，都能保证文件被正确关闭。

4. 已知当前文件夹中有纯英文文本文件 readme.txt，请填空实现功能把 readme.txt 文件中的所有内容复制到 dst.txt 中：with open('readme.txt')as src, open('dst.txt', ______________)as dst: dst.write(src.read())。

5. Python 标准库 os 中用来列出指定文件夹中的文件和子文件夹列表的函数是 ______________。

6. Python 标准库 os.path 中的函数 ______________ 可以用来获取给定文件的大小（单位为字节）。

7. Python 标准库 os 中的函数 ______________ 可以用来获取当前文件夹的路径。

8. Python 标准库 os.path 中用来判断指定文件是否存在的函数是 ______________。

9. Python 标准库 os.path 中用来判断指定路径是否为文件的函数是 ______________。

10. Python 标准库 os.path 中用来判断指定路径是否为文件夹的函数是 ______________。

11. Python 标准库 os 中的函数 ______________ 用来删除指定的文件，如果文件具有只读属性或当前用户不具有删除权限则无法删除并引发异常。

12. Python 标准库 os 中的函数 ______________ 用来启动相应的外部程序并打开参数路径指定的文件，如果参数为 URL 则打开默认的浏览器程序。

13. Python 标准库 os.path 中的函数 ______________ 用来获取参数指定的路径中最后一

个路径分隔符前面的部分（通常为文件夹），如果把路径 r'C:\Windows\notepad.exe' 作为参数传递给该函数则返回字符串 'C:\\Windows'。

14. Python 标准库 os.path 中的函数 ______________ 用来获取参数指定的文件的最后修改时间。

15. Python 标准库 os.path 中的函数 ______________ 用来把多个路径连接成一个完整的路径，并插入适当的路径分隔符（在 Windows 操作系统中为反斜线）。

16. Python 标准库 os.path 中的函数 ______________ 用来获取参数指定的路径中最后一个组成部分（通常为文件名），如果把路径 r'C:\Windows\notepad.exe' 作为参数传递给该函数则返回字符串 'notepad.exe'。

17. 使用扩展库 openpyxl 打开 .xlsx 文件时，把参数 ______________ 设置为 True 可以读取单元格中公式计算结果。

二、选择题

1. 多选题：下面的文件扩展名属于文本文件的有哪些？（　　）

A. .txt　　B. .pyw　　C. .mp4　　D. .avi

2. 多选题：下面的文件扩展名属于二进制文件的有哪些？（　　）

A. .exe　　B. .docx　　C. .xlsx　　D. .html

3. 多选题：下面的场合中适合使用关键字 with 的有哪些？（　　）

A. 选择结构　　B. 管理文件对象

C. 管理数据库连接对象　　D. 管理网络连接对象

4. 多选题：下面的扩展库中能够识别和处理 .docx 文件的有哪些？（　　）

A. python-docx　　B. docx2python　　C. openpyxl　　D. python-pptx

5. 多选题：下面的扩展库中能够识别和处理 .xlsx 文件的有哪些？（　　）

A. openpyxl　　B. xlwings　　C. python-docx　　D. xlrd

6. 多选题：下面的扩展库中能够识别和处理 PDF 文件的有哪些？（　　）

A. pymupdf　　B. pyPDF2　　C. pdfplumber　　D. openpyxl

7. 单选题：执行下面的代码之后，文件 temp.txt 中有几行内容？（　　）

```
x = ['a', 'b\n', 'c', 'd']
with open('temp.txt', 'w') as fp:
    fp.writelines(x)
```

A. 1　　B. 2

C. 4　　D. 语法错误，无法执行

8. 单选题：执行下面的代码之后，生成的文件 test.txt 中的内容是（　　）。

```
with open('test.txt', 'w', encoding='utf8') as fp:
    for i in range(10):
        fp.write(str(i))
        if i == 3:
            1 / 0
```

A. 0123　　B. 012　　C. 0123456789　　D. 空文件

9. 单选题：执行下面的代码之后，生成的文件 test.txt 中的内容是（　　）。

```
fp = open('test.txt', 'w', encoding='utf8')
for i in range(10):
    fp.write(str(i))
```

```
        if i == 3:
            1 / 0
fp.close()
```

A. 0123　　　B. 012　　　C. 0123456789　　D. 空文件

三、判断题

1. 内置函数 open() 使用 'w' 模式打开的文件，不仅可以往文件中写入内容，也可以从文件中读取内容。（　　）

2. 使用内置函数 open() 打开文件时，只要文件路径正确就总是可以正确打开的。（　　）

3. 二进制文件不能使用记事本打开。（　　）

4. 内置函数 open() 以 'r' 模式打开的文本文件对象是可遍历的，可以使用 for 循环遍历文件中每行文本。（　　）

5. Python 的主程序文件 python.exe 属于二进制文件。（　　）

6. 扩展名为 .py 和 .pyw 的 Python 源程序文件属于文本文件，可以使用记事本直接打开。（　　）

7. 读写文件时，只要程序中调用了文件对象的 close() 方法，就一定可以保证文件被正确关闭。（　　）

8. 使用扩展库 python-docx 读取.docx 文件时，inline_shapes 属性中也包括文档中的浮动图片。（　　）

9. .docx 文件把扩展名改为.zip 之后，在资源管理器中就无法打开了，提示文件损坏。（　　）

10. 使用扩展库 openpyxl 的函数 Workbook() 创建新工作簿时，默认情况下是完全空白的，里面没有工作表，必须使用工作簿对象的 create_sheet() 方法创建工作表才能写入数据。（　　）

四、程序设计题

1. 查阅资料，编写程序，读取 Python 安装目录中的文本文件 news.txt，统计并输出出现次数最多的前 10 个单词及其出现的次数。

2. 编写程序，统计并输出自己计算机中 C 盘根目录及其所有子目录中扩展名为.txt 的文件的数量。

3. 查阅资料，安装扩展库 docxcompose 和 python-docx，然后编写程序，合并多个给定的 .docx 文件内容为一个 .docx 文件，并保持原来多个文件内容的格式。

4. 查阅资料，安装扩展库 docx2python，然后编写程序，读取 .docx 文件中的数学公式，并保存为足够清晰的 PNG 图像文件。

5. 编写程序，提取给定视频中的字幕。

6. 编写程序，使用笔记本电脑内置摄像头进行录像并保存为视频文件。

第9章 基于 SQLite 数据库的数据采集

【本章学习目标】

- 熟悉 SQLite 数据库的结构和特点
- 了解使用可视化工具管理和操作 SQLite 数据库的方法
- 熟练掌握标准库 sqlite3 的用法
- 熟练掌握常用 SQL 语句
- 熟练掌握从 SQLite 数据库中读取数据的相关技术

9.1 SQLite 数据库基础

数据库技术的发展为各行各业都带来了很大的便利，数据库不仅支持各类数据的长期保存，更重要的是支持各种跨平台、跨地域的数据查询、共享以及修改，极大方便了人们的生活和工作。如电子邮箱、聊天系统、网站、办公自动化系统、管理信息系统以及论坛、社区等，都少不了数据库技术的支持。

SQLite 是内嵌在 Python 中的轻量级的、基于磁盘文件的关系数据库管理系统，不需要安装和配置服务器，支持使用 SQL 语句来访问数据库。该数据库使用 C 语言开发，支持大多数 SQL91 标准，支持原子的、一致的、独立的和持久的事务，不支持外键限制；通过数据库级的独占性和共享锁定来实现独立事务，当多个线程同时访问同一个数据库并试图写入数据时，每一时刻只有一个线程可以写入数据。默认情况下，SQLite 数据库必须和相应的服务端程序在同一台服务器上，除非自己编写专门的代理程序。

SQLite 支持最大 140TB 大小的单个数据库，每个数据库完全存储在单个磁盘文件中，一个数据库就是一个文件，通过直接复制数据库文件就可以实现备份。如果需要使用可视化工具来管理和操作 SQLite 数据库，可以使用 SQLiteManager、SQLite Database Browser 或其他类似工具，请读者自行查阅资料了解软件用法。

许多 SQL 数据库引擎使用静态、严格的数据类型，每个字段只能存储指定类型的数据，而 SQLite 数据库则使用更通用的动态类型系统。SQLite 数据库的动态类型系统兼容静态类型系统的数据库引擎，每种数据类型的字段都可以支持多种类型的数据。在 SQLite 数据库中，主要有以下几种数据类型（或者说是存储类别）。

- NULL：值为空值。
- INTEGER：值被标识为整数，依据值的大小可以依次被存储为 1、2、3、4、6 或 8 个字节。
- REAL：所有值都是浮点数值，被存储为 8 字节的 IEEE 浮点数。
- TEXT：值为文本字符串，使用数据库编码存储，如 UTF-8、UTF-16-BE 或 UTF-16-LE。
- BLOB：值是数据的二进制对象，如何写入就如何存储，不改变格式。

9.2 标准库 sqlite3 用法简介

Python 标准库 sqlite3 提供了 SQLite 数据库访问接口，不需要额外配置，连接数据库之后可以使用 SQL 语句对数据进行增、删、改、查等操作。下面的代码简单演示了标准库 sqlite3 的用法，关于更多 SQL 语句的用法请参考 9.3 节。

```
>>> import sqlite3
>>> conn = sqlite3.connect('test.db')    # 连接或创建数据库
>>> cur = conn.cursor()                  # 创建游标
>>> cur.execute('CREATE TABLE tableTest(field1 numeric, field2 text)')
                                          # 创建数据表
<sqlite3.Cursor object at 0x000001C7AB3B43B0>
>>> data = zip(range(5), 'abcde')
>>> cur.executemany('INSERT INTO tableTest values(?,?)', data)
                                         # 插入多条记录，问号是占位符，执行时被替换
<sqlite3.Cursor object at 0x000001C7AB3B43B0>
>>> cur.execute('SELECT * FROM tableTest ORDER BY field1 DESC')
                                         # 查询记录
<sqlite3.Cursor object at 0x000001C7AB3B43B0>
>>> for rec in cur.fetchall():
    print(rec)

(4, 'e')
(3, 'd')
(2, 'c')
(1, 'b')
(0, 'a')
>>> conn.commit()                        # 提交事务，保存数据
```

使用标准库 sqlite3 中的函数 connect() 连接 SQLite 数据库，成功连接之后会返回一个支持上下文管理关键字 with 的 Connection 对象，然后可以通过 Connection 对象的方法来读写数据库。表 9-1 列出了 Connection 对象的常用方法。

表 9-1　　Connection 对象的常用方法

方法	说明
backup(target, *, pages=-1, progress=None, name='main', sleep=0.25)	备份当前数据库
close()	关闭数据库连接
commit()	提交事务，如果不提交，那么自上次调用 commit() 方法之后的所有修改都不会真正保存到数据库中
create_function(name, num_params, func)	把 Python 可调用对象转换为可以在 SQL 语句中调用的函数，其中 name 为可以在 SQL 语句中调用的函数名，num_params 表示该函数可以接收的参数个数，func 表示 Python 可调用对象的名称
cursor()	创建并返回游标对象
execute(sql, parameters=(), /)	执行一条 SQL 语句，SQL 语句中的参数由 parameters 提供
executemany(sql, parameters, /)	重复执行同一条 SQL 语句，每次执行时 SQL 语句中的参数由 parameters 提供
executescript(sql_script, /)	一次执行多条 SQL 语句
rollback()	撤销事务，将数据库恢复至上次调用 commit() 方法后的状态

在读取数据时不涉及修改操作，不需要提交或撤销事务，一般来说只需要用到 execute() 方法。往数据库文件中写入数据时需要调用 commit() 方法提交事务才能真正把数据写入数据库文件中，写入数据失败时需要调用 rollback() 方法撤销事务以保证数据的完整性和一致性，请读者自行查阅官方文档了解相关用法并运用到本章习题中。

下面的代码演示了把 Python 函数转换为可以在 SQL 语句中调用的函数的用法，以及使用 Connection 对象的 execute() 方法执行 SQL 语句并为 SQL 语句传递参数的一种方法——在 SQL 语句中使用问号作为占位符，执行 SQL 语句时将其替换为 execute() 方法的第二个参数的值。

```
import sqlite3
import hashlib

# 定义 Python 函数
def md5_sum(t):
    # 标准库函数 hashlib.md5() 用来计算一个字节串的 MD5 值
    return hashlib.md5(t).hexdigest()

# 参数 ':memory:' 表示在内存中创建临时数据库
# Connection 对象支持上下文管理关键字 with
with sqlite3.connect(':memory:') as conn:
    # 把 Python 函数转换为可以在 SQL 语句中调用的函数
    conn.create_function('md5', 1, md5_sum)
    # SQL 语句中的问号表示占位符，会被替换为 execute() 方法的第二个参数的值
    result = conn.execute('SELECT md5(?)', ['Python 小屋'.encode()])
    # 把查询结果集转换为列表，输出 MD5 值计算结果
    # 可以删除其中的 [0][0] 并重新运行程序，以帮助理解
    print(list(result)[0][0])
```

运行结果为：

```
51553e235e7818776b611336667f9b2d
```

也可以通过 Connection 对象的 cursor() 方法创建游标对象，然后使用游标对象的方法操作数据库。表 9-2 列出了游标对象的常用方法。

表 9-2　游标对象的常用方法

方法	说明
close()	关闭当前游标对象
execute(sql, parameters=(), /)	执行一条 SQL 语句，SQL 语句中的参数由 parameters 提供
executemany(sql, parameters, /)	多次执行同一条 SQL 语句，SQL 语句中的参数由 parameters 提供
executescript(sql_script, /)	一次执行多条 SQL 语句
fetchall()	返回查询结果集中的所有行
fetchmany(size=1)	返回查询结果集中的 size 行
fetchone()	返回查询结果集中的 1 行

下面的代码演示了游标对象的 execute() 方法和 fetchone() 方法的用法，以及为 SQL 语句传递参数的另一种方法——使用变量名作为占位符，执行 SQL 语句时将其替换为 execute() 第二个参数中同名变量的值。

```
import sqlite3

with sqlite3.connect(':memory:') as conn:
    # 创建游标对象
```

```
    cur = conn.cursor()
    # 执行 SQL 语句，创建数据表
    cur.execute('CREATE TABLE people(name_last, age)')
    who, age = '董付国', 45
    # 执行 SQL 语句，往数据表中写入一条记录，使用问号作为占位符，使用元组提交参数
    # 同样的用法也适用于 Connection 对象的 execute() 方法
    cur.execute('INSERT INTO people VALUES(?, ?)', (who, age))
    # 使用变量作为占位符，使用字典提交参数
    # 同样的用法也适用于 Connection 对象的 execute() 方法
    cur.execute('SELECT * FROM people WHERE name_last=:who AND age=:age',
                {'who': who, 'age': age})
    # 返回并输出查询结果集中的一条记录
    print(cur.fetchone())
    # 使用变量作为占位符，使用元组提交参数
    cur.execute('SELECT * FROM people WHERE name_last=:who AND age=:age',
                (who, age))
    print(cur.fetchone())
```

运行结果为：

```
('董付国', 45)
('董付国', 45)
```

下面的代码演示了游标对象的 executemany() 方法和 fetchall() 的用法，以及使用迭代器为 SQL 语句提交参数的用法。代码中定义的迭代器可以生成 a 到 z 的小写字母，面向对象程序设计不是本书的重点，请读者参考作者其他教材或关注微信公众号“Python 小屋”学习相关知识。

```
import sqlite3

# 定义迭代器，按顺序生成小写字母
class IterChars:
    def __init__(self):
        self.count = ord('a') - 1
    def __iter__(self):
        return self
    def __next__(self):
        if self.count >= ord('z'):
            raise StopIteration
        self.count += 1
        return (chr(self.count),)

# 创建迭代器对象
lowercase = IterChars()
with sqlite3.connect(':memory:') as conn:
    cur = conn.cursor()
    cur.execute('CREATE TABLE lowercases(c)')
    # 重复执行 SQL 语句，每次执行时的参数来自迭代器对象
    # SQL 语句被执行的次数取决于迭代器对象能够生成的字母的数量
    # 同样的用法也适用于 Connection 对象的 executemany() 方法
    cur.executemany('INSERT INTO lowercases(c) VALUES(?)', lowercase)
    # 读取并显示所有记录
    cur.execute('SELECT c FROM lowercases')
    print(cur.fetchall())
```

运行结果为：

```
[('a',), ('b',), ('c',), ('d',), ('e',), ('f',), ('g',), ('h',), ('i',), ('j',), ('k',),
('l',), ('m',), ('n',), ('o',), ('p',), ('q',), ('r',), ('s',), ('t',), ('u',), ('v',),
('w',), ('x',), ('y',), ('z',)]
```

下面的代码演示了游标对象的 execute() 方法、executemany() 方法和 fetchmany() 方法的用法，以及使用生成器函数（详细内容见 7.5 节）创建生成器对象并为 SQL 语句提交参数的用法。

```
import string
import sqlite3

def char_generator():
    for c in string.ascii_lowercase:
        yield (c,)

with sqlite3.connect(':memory:') as conn:
    cur = conn.cursor()
    cur.execute('CREATE TABLE lowercases(c)')
    # 使用生成器对象提供 SQL 语句需要的参数
    # 同样的用法也适用于 Connection 对象的 executemany() 方法
    cur.executemany('INSERT INTO lowercases(c) VALUES(?)', char_generator())
    cur.execute('SELECT c FROM lowercases')
    while True:
        # 每次最多读取 7 条记录
        result = cur.fetchmany(7)
        # 如果返回的是空列表，表示已无数据，结束循环
        if not result:
            break
        # 输出本次读取到的记录
        print(result)
```

运行结果为：

```
[('a',), ('b',), ('c',), ('d',), ('e',), ('f',), ('g',)]
[('h',), ('i',), ('j',), ('k',), ('l',), ('m',), ('n',)]
[('o',), ('p',), ('q',), ('r',), ('s',), ('t',), ('u',)]
[('v',), ('w',), ('x',), ('y',), ('z',)]
```

下面的代码演示了使用列表为 SQL 语句提交参数的用法，同样的用法也适用于元组、字典、集合以及其他类型的可迭代对象。

```
import sqlite3

persons = [('张', '三'), ('李', '四'), ('王', '五')]
with sqlite3.connect(':memory:') as conn:
    cur = conn.cursor()
    # 创建数据表
    cur.execute('CREATE TABLE person(firstname, lastname)')
    # 插入多条记录，同样的用法也适用于 Connection 对象的 executemany() 方法
    cur.executemany('INSERT INTO person(firstname,lastname) VALUES(?,?)',
                    persons)
```

```
    # 查询并显示数据，同样的用法也适用于Connection对象的execute()方法
    for row in cur.execute('SELECT firstname,lastname FROM person'):
        print(row)
    # 删除数据，同样的用法也适用于Connection对象的execute()方法
    print('删除了', cur.execute('DELETE FROM person').rowcount, '条记录')
```

运行结果为：

```
('张', '三')
('李', '四')
('王', '五')
删除了 3 条记录
```

9.3 常用 SQL 语句

目前有很多成熟的数据库管理系统，如SQL Server、Oracle、MySQL、Sybase、Access、SQLite等关系数据库，以及近几年比较流行的MongoDB等NoSQL数据库。关系数据库管理系统主要使用SQL语句进行数据的增、删、改、查等操作，主流的关系数据库管理系统所支持的SQL语句基本上都遵循同样的规范，但是在具体实现上略有区别。本节重点介绍SQL语句的通用语法和SQLite数据库的专用语法，其中SQL关键字或函数使用大写单词表示。另外，往数据库中写入数据时，需要调用连接对象的commit()方法提交事务才能真正写入数据库文件中，如果需要撤回到上一个有效状态则需要调用连接对象的rollback()方法，这不是本书的重点，请读者自行查阅资料学习。

（1）创建数据表

可以使用CREATE TABLE语句来创建数据表，并指定所有字段的名字、类型、是否允许为空以及是否为主键。

```
CREATE TABLE tablename(col1 type1 [NOT NULL] [PRIMARY KEY],col2 type2 [NOT NULL],...)
```

（2）删除数据表

可以使用DROP TABLE语句删除数据表，同时删除其中全部数据。

```
DROP TABLE tablename
```

（3）插入记录

可以使用INSERT INTO语句往数据表中插入记录，同时设置指定字段的值。

```
INSERT INTO tablename(field1,field2,...) VALUES(value1,value2,...)
```

（4）查询记录

√ 从指定的数据表中查询并返回字段field1大于value1的那些记录的所有字段：

```
SELECT * FROM tablename WHERE field1>value1
```

√ 模糊查询，返回字段field1中包含字符串value1的那些记录的3个字段：

```
SELECT field1,field2,field3 FROM tablename WHERE field1 LIKE '%value1%'
```

√ 查询并返回字段field1的值介于value1和value2之间的那些记录的所有字段：

```
SELECT * FROM tablename WHERE field1 BETWEEN value1 AND value2
```

√ 查询并返回所有记录的所有字段，按字段field1升序排列、field2降序排列：

```
SELECT * FROM tablename ORDER BY field1,field2 DESC
```

√ 查询并返回数据表中所有记录总数：

```
SELECT COUNT(*) AS totalcount FROM tablename
```

√ 对数据表中指定字段 field1 的值求和：

```
SELECT SUM(field1) AS sumvalue FROM tablename
```

√ 对数据表中指定字段 field1 的值求平均值：

```
SELECT AVG(field1) AS avgvalue FROM tablename
```

√ 对数据表中指定字段 field1 的值求最大值、最小值：

```
SELECT MAX(field1) AS maxvalue FROM tablename
SELECT MIN(field1) AS minvalue FROM tablename
```

√ 查询并返回数据表中符合条件的前 10 条记录：

```
SELECT TOP 10 * FROM tablename WHERE field1 LIKE '%value1%' ORDER BY field1
```

或（使用 SQLite 语法）

```
SELECT * FROM tablename WHERE field1 LIKE '%value1%' ORDER BY field1 LIMIT 10
```

（5）更新记录

可以使用 UPDATE 语句来更新数据表中符合条件的那些记录指定字段的值，如果不指定条件则默认把所有记录的指定字段都修改为指定的值，一定要慎重操作。

```
UPDATE tablename SET field1=value1,field2=value2 WHERE field3=value3
```

（6）删除记录

可以使用 DELETE 语句来删除符合条件的记录，如果不指定条件则默认删除数据表中所有记录，一定要慎重操作。

```
DELETE FROM tablename WHERE field1=value1 and field2=value2
```

9.4 综合例题解析

例 9-1 编写程序，统计给定的 SQLite 数据库中所有用户级数据表中的记录数量，返回一个元组。元组中第一个数字为所有用户级数据表中的记录数量之和，之后是每个数据表中包含的记录数量。程序如下：

例 9-1

```
import sqlite3

def main(database_path):
    result = [0]
    with sqlite3.connect(database_path) as conn:
        for item in conn.execute('SELECT * FROM sqlite_master'):
            if item[0] != 'table':
                continue
            table_name = item[1]
            sql = f'SELECT COUNT(*) FROM {table_name}'
            (num,), = *conn.execute(sql),
            result.append(num)
```

```
            result[0] = result[0] + num
    return tuple(result)

print(main('data409_1.sqlite'))
print(main('data409_2.sqlite'))
```

例 9-2 编写程序，读取 SQLite 数据库中数据表的内容，写入 Excel 文件，实现数据导出。

例 9-2

程序一（使用扩展库 openpyxl）：

```
from sqlite3 import connect
from openpyxl import Workbook

fn = 'data409_1.sqlite'
with connect(fn) as conn:
    cur = conn.cursor()
    wb = Workbook()
    ws = wb.worksheets[0]
    ws.append(['a1'])
    # a 是数据表名，a1 是字段名
    sql = 'SELECT a1 FROM a'
    cur.execute(sql)
    for row in cur.fetchall():
        ws.append(row)
    wb.save('导出结果.xlsx')
```

程序二（使用扩展库 Pandas）：

```
from sqlite3 import connect
from pandas import read_sql

fn = 'data409_1.sqlite'
with connect(fn) as conn:
    sql = 'SELECT a1 FROM a'
    df = read_sql(sql, conn)
    df.to_excel('导出结果.xlsx', index=False)
```

例 9-3 编写程序，把 SQLite 数据库文件中的数据读入内存并创建临时数据库，然后在内存临时数据库中写入数据，并每隔 3s 备份一次数据，把内存临时数据库中的数据复制到磁盘数据库文件中。本例中使用到了多线程编程的技术，这不是本书的重点，可以简单地理解为并发执行数据写入和数据备份这两个操作，一边写一边备份。在下面的代码中，实现了全备份和增量备份两种技术，其中增量备份技术更优。程序如下：

```
from sqlite3 import connect
from time import sleep
from random import choices
from threading import Thread
from string import ascii_letters, digits

# 参数 check_same_thread=False 表示允许在其他线程中使用这个数据库连接
conn_memory = connect(':memory:', check_same_thread=False)
```

```
conn_file = connect('backup.sqlite', check_same_thread=False)
# 如果不存在数据表books，就创建一个
sql = 'CREATE TABLE IF NOT EXISTS books(name TEXT, isbn TEXT, press TEXT)'
conn_file.execute(sql)
conn_file.commit()
# 把数据库文件加载到内存，在内存中创建同样的数据库
conn_file.backup(conn_memory)

def writer():
    sql = 'INSERT INTO books VALUES(?,?,?)'
    while True:
        t = []
        for _ in range(1000):
            name = ''.join(choices(ascii_letters, k=10))
            isbn = ''.join(choices(digits, k=13))
            press = ''.join(choices(ascii_letters, k=20))
            t.append((name,isbn,press))
        # 批量写入数据
        conn_memory.executemany(sql, t)
        # 这个提交事务的操作很重要，否则另一个线程中备份会失败
        conn_memory.commit()
        # 每隔0.05s写入一次数据
        sleep(0.05)
Thread(target=writer).start()

def progress(status, remaining, total):
    print(f'Copied {total-remaining} of {total} pages...')

# 全备份，每次复制所有数据
def back_up():
    while True:
        # 把内存中的数据库全部备份到磁盘文件
        conn_memory.backup(conn_file, progress=progress)
        conn_file.commit()
        # 每隔3s备份一次数据
        sleep(3)
# 增量备份，每次只复制新增的数据
def back_up():
    while True:
        # 磁盘文件中已有的记录数量
        offset = tuple(conn_file.execute('SELECT COUNT(*) FROM books'))[0][0]
        # 复制和备份新数据，从编号为offset的记录开始复制，每次最多复制200000条记录
        sql_select = f'SELECT * FROM books LIMIT 200000 OFFSET {offset}'
        conn_file.executemany('INSERT INTO books VALUES(?,?,?)',
                              conn_memory.execute(sql_select))
        conn_file.commit()
        sleep(3)
# 默认使用增量备份技术，把上面第二个back_up()函数注释或者删除则改用全备份技术
Thread(target=back_up).start()
```

本章知识要点

- SQLite 是内嵌在 Python 中的轻量级的、基于磁盘文件的关系数据库管理系统，不需要安装和配置服务器，支持使用 SQL 语句来访问数据库。
- 默认情况下，SQLite 数据库必须和相应的服务端程序在同一台服务器上，除非自己编写专门的代理程序。
- Python 标准库 sqlite3 提供了 SQLite 数据库访问接口，不需要额外配置，连接数据库之后可以使用 SQL 语句对数据进行增、删、改、查等操作。
- 关系数据库管理系统主要使用 SQL 语句进行数据的增、删、改、查等操作，主流的关系数据库管理系统所支持的 SQL 语句基本上都遵循同样的规范，但是在具体实现上略有区别。
- Python 扩展库 Pandas 中的函数 read_sql() 可以从数据库中读取数据。

习题

一、填空题

1. Python 用来访问和操作内置数据库 SQLite 的标准库是 ______________。
2. 标准库 sqlite3 中的函数 ______________ 用来连接 SQLite 数据库。
3. 连接 SQLite 数据库成功之后，得到的 Connection 对象的 ______________ 方法可以用来执行单条 SQL 语句。
4. 连接 SQLite 数据库成功之后，得到的 Connection 对象的 ______________ 方法可以用来多次执行某条 SQL 语句，并且自动从可迭代对象中获取参数。
5. 连接 SQLite 数据库成功之后，得到的 Connection 对象的 ______________ 方法可以用来提交事务。
6. 连接 SQLite 数据库成功之后，得到的 Connection 对象的 ______________ 方法可以用来回滚事务。
7. 连接 SQLite 数据库成功之后，得到的 Connection 对象的 ______________ 方法可以用来创建游标对象，然后可以通过游标对象执行 SQL 语句操作数据库。
8. 用于删除数据表 test 中所有 name 字段值为 '10001' 的记录的 SQL 语句为 ______________。
9. 扩展库 Pandas 的 ______________ 函数可以用来从关系数据库中读取数据。

二、选择题

1. 单选题：当 4 个线程同时试图写入 SQLite 数据库时，有几个线程可以真正同时写入？（　　）
   A. 1 个　　B. 2 个　　C. 3 个　　D. 4 个
2. 多选题：下面属于关系数据库管理系统的有哪些？（　　）
   A. Oracle　　B. MySQL　　C. SQLite　　D. MongoDB
3. 单选题：SQL 语句中，下面哪个关键字可以用来查询数据？（　　）
   A. SELECT　　B. DELETE　　C. UPDATE　　D. DROP
4. 单选题：SQL 语句中，下面哪个关键字可以用来修改数据？（　　）
   A. SELECT　　B. DELETE　　C. UPDATE　　D. DROP
5. 单选题：SQL 语句中，下面哪个关键字可以用来删除数据？（　　）
   A. SELECT　　B. DELETE　　C. UPDATE　　D. DROP
6. 单选题：SQL 语句中，下面哪个关键字可以用来删除数据表？（　　）
   A. SELECT　　B. DELETE　　C. UPDATE　　D. DROP

7. 单选题：SQL 语句中，下面哪个关键字可以用来插入数据？（　　）

A. SELECT　　B. DELETE　　C. UPDATE　　D. INSERT

8. 单选题：下面哪个 SQL 语句可以用来从 SQLite 数据库中查询符合条件的前 10 条记录？（　　）

A. SELECT TOP 10 * FROM tablename WHERE field1 LIKE '%value1%' ORDER BY field1

B. SELECT FIRST 10 * FROM tablename WHERE field1 LIKE '%value1%' ORDER BY field1

C. SELECT * FROM tablename WHERE field1 LIKE '%value1%' ORDER BY field1 LIMIT 10

D. SELECT * FROM tablename WHERE field1 LIKE '%value1%' ORDER BY field1 FIRST 10

9. 多选题：下面属于数据库应用开发领域中事务的特征的有哪些？（　　）

A. 原子性　　B. 一致性　　C. 独立性　　D. 持久性

三、判断题

1. 执行 SQL 语句时，不建议把外部输入的数据直接拼接到 SQL 语句中，更建议把外部输入作为 execute() 等方法的参数。（　　）

2. 使用标准库 sqlite3 中的函数 connect() 连接数据库时，如果数据库文件不存在，则连接失败并抛出异常。（　　）

3. Python 语言只能操作 SQLite 数据库，无法访问 SQL Server、Access、Oracle、MySQL 等数据库。（　　）

4. 在写入数据库时，应适当减少提交事务的次数，这样可以加快速度。（　　）

5. SQLite 数据库服务器监听 1433 端口。（　　）

6. 一个 SQLite 数据库就是一个独立的文件，直接复制文件即可实现数据库备份。（　　）

7. 执行下面的代码不会有任何输出，因为插入数据之后没有提交事务，数据并没有保存到数据库中。（　　）

```
import sqlite3

who, age = 'Dong', 38
conn = sqlite3.connect(':memory:')
cur = conn.cursor()
cur.execute('CREATE TABLE people(name_last, age)')
cur.execute('INSERT INTO people VALUES(?,?)', (who, age))
cur.execute('SELECT * FROM people WHERE name_last=:who AND age=:age',
            {'who': who, 'age': age})
print(cur.fetchone())
conn.close()
```

8. 往 SQLite 数据库中写入多条记录时，应使用游标对象 Cursor 的 executemany() 方法来执行 SQL 语句，不能使用连接对象 Connection 的同名方法。（　　）

9. 在写入数据库时如果出现异常，应把数据库恢复到本次操作所有数据被写入之前的状态，保证数据的一致性和完整性。（　　）

四、程序设计题

创建一个 SQLite 数据库文件和一个包含 5 列的数据表，然后编写程序，创建 50 个结构相同的 .xlsx 格式的 Excel 文件，每个文件中有 5 列 300 行随机字符串，再把这些 Excel 文件中的数据导入 SQLite 数据库中。

第10章 基于网页的数据采集

【本章学习目标】

- 了解 HTML 基本语法与常见标签
- 理解动态网页参数提交方式 GET 和 POST 的区别
- 熟练掌握使用标准库 urllib 和 re 编写网络爬虫程序的方法
- 熟练掌握使用扩展库 requests 和 beautifulsoup4 编写网络爬虫程序的方法
- 熟练掌握使用扩展库 Scrapy 编写网络爬虫程序的方法
- 熟练掌握 Scrapy 中的 XPath 选择器和 CSS 选择器语法与应用
- 熟练掌握扩展库 Selenium 和 MechanicalSoup 在网络爬虫程序中的应用

10.1 HTML 基础

在编写网络爬虫程序时，通过分析网页源代码来准确确定要提取的内容所在位置是非常重要的一步，是成功进行数据爬取和数据采集的重要前提条件。但编写网络爬虫程序毕竟不是开发网站，只需要能够看懂 HTML（Hypertext Markup Language，超文本标记语言）和 CSS（Cascading Style Sheets，层叠样式表）代码就可以了，并不要求能够编写。对于一些高级网络爬虫程序和特殊的网站，还需要具备一定的 JavaScript 的知识，甚至 jQuery、AJAX 等知识。本节重点介绍 HTML 基础和动态网页参数提交方式，这是编写网络爬虫程序时使用非常多的基础知识。

10.1.1 常见 HTML 标签语法与功能

HTML 标签用来描述和确定页面上内容的布局，标签名不区分大小写（当使用正则表达式提取时默认是区分大小写的），如 <ul> 和 <UL> 是等价的，都能被浏览器正确识别和渲染。大部分 HTML 标签是闭合的，由开始标签和结束标签构成，二者之间是要显示的内容，如 <title>网页标题 </title>。也有部分 HTML 标签是没有结束标签的，如换行标签
 和水平线标签 <hr>。每个标签都支持很多属性以对显示的内容进行详细设置，不同标签支持的属性有所不同。下面介绍一些常用的 HTML 标签及其常用属性。

（1）html 标签

<html> 和 </html> 是 HTML 文档的最外层标签，分别用来限定文档的开始和结束，告知浏览器这是一个 HTML 文档。一般来说，其他标签都需要放在 <html> 和 </html> 标签之中，但如果 HTML 文档没有最外层 <html> 和 </html> 标签，浏览器也可以正确理解和显示。

（2）head 标签

<head> 和 </head> 标签用来定义文档的基本信息，一般来说其会出现在比较靠前的位置。

（3）title 标签

<title> 和 </title> 标签必须放在 <head> 和 </head> 标签的内部，用来定义文档的标题，也就是在浏览器标题栏上显示的文字。

（4）meta 标签

<meta> 标签必须放在 <head> 和 </head> 标签的内部，用来定义文档的一些元信息，如作者、描述信息、编码格式、搜索关键字。该标签的用法为：

```
<meta charset="utf-8">
<meta name="author" content="董付国">
<meta name="description" content="《Python 程序设计与数据采集》教材示例">
<meta name="keywords" content="Python 小屋，董付国,Python 系列教材" />
```

（5）script 标签

<script> 和 </script> 标签用来定义客户端脚本（现在一般是 JavaScript 代码，通常用于图像操作、表单验证以及动态内容更改等），既可以直接包含代码，也可以使用 src 属性指定外部 JS 文件然后使用其中的代码。JavaScript 语言不是本书的重点，请读者自行查阅相关资料。

（6）style

<style> 和 </style> 标签用来定义页内的 CSS 代码，以确定页面内容的显示样式。CSS 不是本书的重点，请读者自行查阅相关资料。

（7）body 标签

<body> 和 </body> 标签用来定义文档的主体部分，用来包含页面上显示的所有内容，如文本、超链接、图像、表格、列表、表单等。

（8）form 标签

<form> 和 </form> 标签用来创建供用户输入内容或进行交互的表单，可以用来包含按钮、文本框、密码输入框、单选按钮、复选框、下拉列表框、颜色选择框、日期选择框等组件，使用 action 属性指定用户提交数据时执行的代码文件路径，使用 method 属性指定用户提交数据的方式。

（9）input 标签

<input> 标签应放在 <form> 和 </form> 标签内部，用来定义用户输入组件实现参数输入并与服务器交互，使用 type 属性指定组件类型，可以是 button（按钮）、radio（单选按钮）、checkbutton（复选框）、text（文本框）、password（密码输入框）、file（文件上传组件）、image（图像形式的提交按钮）、reset（重置按钮）、submit（提交按钮）、hidden（隐藏字段）等。该标签的用法为：

```
<input type="text" /> 定义文本框
<input type="password" id="userPwd" /> 定义密码输入框
<input name="sex" type="radio" value="" /> 定义单选按钮
<input type="file" /> 定义文件上传组件
```

（10）div 标签

<div> 和 </div> 标签用来创建块，其中可以包含段落、表格、下拉列表、按钮或其他标签，以实现复杂版式的设计，style 属性用来定义样式。该标签的用法为：

```
<div id="yellowDiv" style="background-color:yellow;border:#FF0000 1px solid;">
    <ol>
        <li> 红色 </li>
        <li> 绿色 </li>
        <li> 蓝色 </li>
    </ol>
```

```
    </div>
    <div id="reddiv" style="background-color:red">
        <p> 第一段 </p>
        <p> 第二段 </p>
    </div>
```

（11）h 标签

<h1> 到 <h6> 标签表示不同级别的标题，其中 <h1> 级别的标题字体最大，<h6> 级别的标题字体最小。该标签的用法为：

```
    <h1> 一级标题 </h1>
    <h2> 二级标题 </h2>
    <h3> 三级标题 </h3>
```

（12）p 标签

<p> 和 </p> 标签表示段落，页面上相邻两个段落之间在显示时会自动插入换行符。该标签的用法为：

```
    <p> 这是一个段落 </p>
```

（13）a 标签

<a> 和 </a> 标签表示超链接（也称为锚点，anchor），使用时通过属性 href（单词 hyperlink 和 reference 的缩写）指定超链接跳转地址，target 属性用来指定在哪里打开指定的页面，值为 "_blank" 时表示在新的浏览器窗口中打开，开始标签和结束标签之间的文本是在页面上显示的内容。该标签的用法为：

```
    <a href="超链接跳转地址" target="_blank"> 在页面上显示的文本 </a>
    <a href="https://mp.weixin.qq.com/s/r1pt87w5Msww3aXpIUFA7A">Python 小屋 1300 篇历史文章清
单 </a>
```

（14）img 标签

<img> 标签用来在页面上显示图像，使用 src 属性指定图像文件地址，可以使用本地文件，也可以指定网络上的图片链接地址。该标签的用法为：

```
    <img src="Python 可以这样学.png" width="200" height="300" />
    <img src="http://www.tup.tsinghua.edu.cn/upload/bigbookimg/072406-01.jpg" width="200"
height="300" />
```

（15）table、tr、td 标签

<table> 和 </table> 标签用来创建表格，<tr> 和 </tr> 标签用来创建表格中的行，<td> 和 </td> 标签用来创建表格每行中的单元格。这几个标签的用法为：

```
    <table border="1">
        <tr>
            <td> 第一行第一列 </td>
            <td> 第一行第二列 </td>
        </tr>
        <tr>
            <td> 第二行第一列 </td>
            <td> 第二行第二列 </td>
        </tr>
    </table>
```

（16）ul、ol、li 标签

<ul> 和 </ul> 标签用来创建无序列表，<ol> 和 </ol> 标签用来创建有序列表，<li> 和 </li> 标签用来创建其中的列表项。ul 和 li 标签的用法为：

```
<ul id="rgb" name="rgbColor">
    <li> 红色 </li>
    <li> 绿色 </li>
    <li> 蓝色 </li>
</ul>
```

（17）span、strike、strong、i、u、sub、sup 标签

<span> 和 </span> 标签用来定义行内文本，<strike> 和 </strike> 标签用来设置文字带有删除线，<strong> 和 </strong> 标签用来设置文字加粗，<i> 和 </i> 标签用来设置文字的斜体样式，<u> 和 </u> 标签用来设置文字带有下画线，_和 标签用来设置文字为下标，^和 标签用来设置文字为上标。这几个标签的用法为：

```
<p>
    <span style="color:red;"><strike>红色</strike></span>
    <span style="color:green;"><strong>绿色</strong></span>
    <span style="color:blue;"><i>蓝色</i></span>
    <span style="color:black;"><u>黑色</u></span>
</p>
<p>
    1<sup>3</sup>+5<sup>3</sup>+3<sup>3</sup>=153
</p>
```

10.1.2 动态网页参数提交方式

在动态网页中，用户提交参数，服务器根据具体的参数值来获取相应的资源或进行必要的计算，把结果反馈给客户端浏览器进行渲染并显示。参数提交方式有 OPTIONS、GET、HEAD、POST、PUT、DELETE、TRACE、CONNECT 等，其中 GET 和 POST 使用较多。在网页源代码中通过 <form> 标签的 method 属性设置参数提交方式，通过 action 属性设置用来接收并处理参数的程序文件路径。

（1）GET 方式适合少量非敏感数据的提交，在浏览器地址栏可以看到带参数（经过 UTF-8 或其他编码格式进行编码，由标准库函数 urllib.parse.urlencode() 的参数 encoding 指定，默认为 UTF-8）的详细地址，问号后面是具体的参数，不同参数之间使用“&”符号分隔，每个参数的名称和值之间使用“=”符号分隔。例如：

```
>>> from urllib.parse import urlencode
>>> para = {'author': '董付国', 'bookname': 'Python 程序设计与数据采集',
            'press': '人民邮电出版社'}
>>> url = 'http://www.demo.com/books/query?{}'.format(urlencode(para))
>>> url
'http://www.demo.com/books/query?author=%E8%91%A3%E4%BB%98%E5%9B%BD&bookname=
Python%E7%A8%8B%E5%BA%8F%E8%AE%BE%E8%AE%A1%E4%B8%8E%E6%95%B0%E6%8D%AE%E9%87%87%E9%9B%86&
press=%E4%BA%BA%E6%B0%91%E9%82%AE%E7%94%B5%E5%87%BA%E7%89%88%E7%A4%BE'
>>> url = 'http://www.demo.com/books/query?{}'.format(urlencode(para, encoding='gbk'))
>>> url
'http://www.demo.com/books/query?author=%B6%AD%B8%B6%B9%FA&bookname=Python%B3%CC%D
0%F2%C9%E8%BC%C6%D3%EB%CA%FD%BE%DD%B2%C9%BC%AF&press=%C8%CB%C3%F1%D3%CA%B5%E7%B3%F6%B0
%E6%C9%E7'
```

（2）POST 方式适合大量参数的提交以及敏感数据或不可见数据的提交，客户端提交参数并得到反馈之后浏览器地址栏的地址不会发生变化，这是一个典型的特征。如果页面上有设置为不可见的组件并且需要把组件的值提交到服务器，POST 方式是比较合适的选择。下面的代码演示了某网站使用 POST 方式提交参数的网页源代码核心部分，重点关注 <form> 标签的 method 和 action 属性。

```
    <form method="POST" action="/check/login/">
        <div>
            <label for="user">用户名：</label>
            <input type="text" name="usr" id="usr" placeholder="请输入用户名" required=
"required"/>
            <br />
            <label for="pwd"> 密     码： </label>
            <input type="password" name="pwd" id="pwd" placeholder="请输入密码" required=
"required"/>
            <br />
            <input type="submit" value="登录" />
        </div>
    </form>
```

10.2 使用标准库 urllib 和正则表达式编写网络爬虫程序

Python 3.x 标准库 urllib 提供了 urllib.request、urllib.response、urllib.parse、urllib.error 和 urllib.robotparser 这 5 个模块，很好地支持了读取网页内容所需要的功能。结合 Python 字符串方法、正则表达式、文件操作有关知识，必要的时候再结合多线程 / 多进程编程技术，可以完成采集网页内容的大部分任务，这些内容也是理解和使用其他爬虫扩展库和爬虫框架的基础。

10.2.1 标准库 urllib 主要用法

标准库模块 urllib.request 中常用的有 urlopen() 函数和 Request 类，其中 urlopen() 函数用来打开指定的 URL 或者 Request 对象，Request 类用来构造请求对象并允许自定义头部信息。标准库模块 urllib.parse 中常用的函数有 urlencode()、urljoin()、quote()、unquote()、quote_plus()、unquote_plus()，可以用来对网址进行编码和处理。

（1）读取并显示网页内容

标准库模块 urllib.request 中的 urlopen() 函数可以用来打开指定的 URL 或 Request 对象，其完整语法格式为：

```
urlopen(url, data=None, timeout=<object object at 0x000001DDC4D77E80>, *,
        cafile=None, capath=None, cadefault=False, context=None)
```

成功打开之后，可以像读取文件内容一样使用 read() 方法读取网页源代码或链接地址对应文件的内容。要注意的是，如果读取到的是二进制数据，那么必要时需要使用 decode() 方法进行正确的解码。对大多数网站而言，使用 decode() 方法默认的 UTF-8 编码格式是可以正常解码的，或者通过浏览器查看网页源代码的 <meta> 标签中明确指定的编码格式再相应地修改爬虫程序，如改用 GBK 进行解码。

例 10-1

例 10-1 编写爬虫程序，读取并显示 Python 官方网站首页上的部分内容。

程序如下：

```
from urllib.request import urlopen

# 要访问的Python官方网站首页地址
url = 'https://www.python.org/'
# 使用关键字with，可以自动关闭连接
with urlopen(url) as fp:
    # 读取100个字节，输出字节串
    print(fp.read(100))
    # 继续读取100个字节，使用UTF-8进行解码后输出
    print(fp.read(100).decode())
```

（2）提交网页参数

标准库函数 urllib.request.urlopen() 的第一个参数用来指定要打开的 URL 或 Request 对象，以 GET 方式提交的参数可以直接编码后拼接到 URL 的后面，如果需要以 POST 方式向服务器提交参数则可以使用第二个参数（参数名为 data）来指定。标准库模块 urllib.parse 中提供的 urlencode() 函数可以用来对用户提交的参数进行编码，然后传递给 urlopen() 函数。

使用 GET 方式提交参数的实现请参考例 10-2，使用 POST 方式提交参数的实现请参考例 10-10。

（3）自定义头部信息对抗简单反爬机制

一般来说，网站上的资源是欢迎用户正常访问的，但是并不希望被人用爬虫程序批量获取数据，所以会设置一些反爬机制。

用户在客户端向服务器请求资源时，会携带一些客户端的信息（如操作系统、IP 地址、浏览器版本、从何处发出的请求等），服务器在响应和处理请求之前会对这些信息进行检查，如果不符合要求就会拒绝提供资源，这是最基本也是最常用的反爬机制之一。

如果服务器发现一个请求不是浏览器发出的（这时头部信息的 User-Agent 字段会带着 Python 的字样或者是空的）或者不是从资源所在的网站内部发起的，可能会拒绝提供资源，爬虫程序运行时会提示 HTTP Error 403 错误、HTTP Error 502 错误或“Remote end closed connection without response”。这时可以在爬虫程序中自定义头部信息，假装自己是浏览器并且从站内发出请求，绕过服务器的检查从而获得需要的资源。在标准库模块 urllib.request 中提供的 Request 类可以向指定的目标网页发出请求，必要时使用参数 headers 设置自定义头部，然后使用标准库函数 urllib.request.urlopen() 打开 Request 对象即可正常访问。Request 类的用法为：

```
Request(url, data=None, headers={}, origin_req_host=None,
        unverifiable=False, method=None)
```

例 10-2 中的代码通过自定义头部的 User-Agent 字段绕过了服务器对客户端浏览器的检查并获取到了实际数据。由于数据量太大，为避免在屏幕显示占用太多空间，程序中把读取到的数据写入了当前目录中的文件 baidu_search.txt，请读者自行运行程序并验证结果。

例 10-2 编写网络爬虫程序，采集使用百度搜索特定关键字的结果，向服务器发起请求时自定义头部假装自己是浏览器，绕过服务器的反爬机制。程序如下：

例 10-2

```
from urllib.parse import urlencode
from urllib.request import urlopen, Request

params = urlencode({'wd': '董付国 Python小屋'})
url = f'https://www.baidu.com/s?{params}'
# 构造Request对象，自定义头部假装自己是浏览器，绕过服务器检查
# 'user-agent'与'User-Agent'等价，不区分大小写
```

```
req = Request(url=url, headers={'user-agent':'Chrome'})
# 直接把网页源代码字节串以二进制形式写入文件
with urlopen(req) as fp1:
    with open('baidu_search.txt', 'wb') as fp2:
        fp2.write(fp1.read())
```

在自定义头部时，可以在网上很容易搜到大量可用的 User-Agent 值，也可以直接使用本机浏览器的真实信息来填充这个字段。以 Chrome 浏览器为例，在地址栏中输入“chrome://version”然后按 Enter 键，即可看到相关信息，如图 10-1 中矩形框所示。

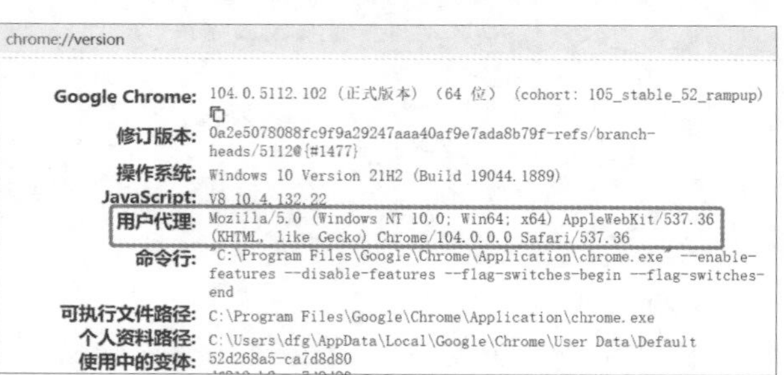

图10-1　在Chrome浏览器中查看User-Agent信息

例 10-3 中的代码演示了另一种反爬机制的对抗方法，通过伪造头部来假装自己是从目标网站内部发起的请求，从而绕过服务器的防盗链检查机制并获取资源。

例 10-3　编写网络爬虫程序，向服务器发起请求时自定义头部假装是在站内请求资源，绕过服务器的防盗链检查机制。程序如下：

例 10-3

```
from re import findall
from urllib.parse import urljoin
from urllib.request import urlopen, Request

url = r'http://jwc.sdtbu.edu.cn/info/2002/5418.htm'
headers = {'User-Agent': 'Chrome/104.0.0.0 Safari/537.36',
           'Referer': url}

# 自定义头部，对抗防盗链检查机制
req = Request(url=url, headers=headers)
# 读取网页源代码
with urlopen(req) as fp:
    content = fp.read().decode()

# 请自行使用浏览器打开 url 对应的网页，分析网页源代码
# 获取网页中文件的下载地址和文件名，正则表达式的内容详见 10.2.2 节
pattern = r'附件【<a href="(.+?)"><span>(.+?)</span>'
for fileUrl, fileName in findall(pattern, content):
    # 网页上的文件下载地址是相对地址，需要连接为绝对地址
    fileUrl = urljoin(url, fileUrl)
    # 自定义头部，假装是从网站内部请求下载文件
    req = Request(url=fileUrl, headers=headers)
    # 读取网络文件数据，写入本地文件
    with urlopen(req) as fp1:
        with open(fileName, 'wb') as fp2:
            fp2.write(fp1.read())
```

在代码爬取的页面上有一个文件，使用浏览器可以正常下载；但是服务器设置了防盗链功能，不能使用爬虫程序直接下载。如果删除代码的 headers 字典中“键”为 'Referer' 的元素，

则无法绕过服务器的防盗链检查机制，下载的文件内容如图 10-2 所示。

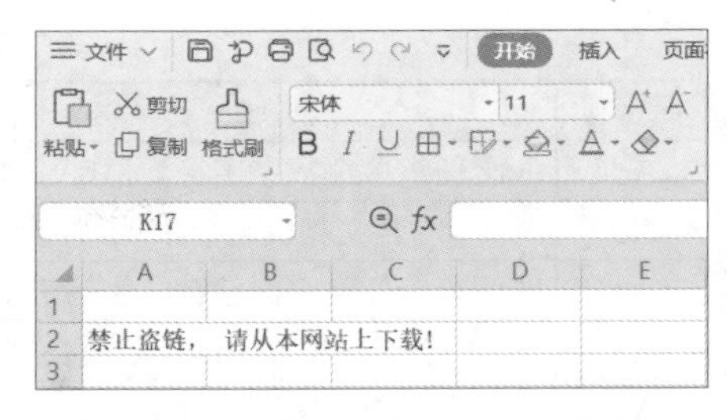

图10-2　没有伪造头部时下载的文件内容

10.2.2　正则表达式语法与 re 标准库函数应用

正则表达式由元字符及其不同组合来构成，通过巧妙地构造一类规则去匹配符合该规则的字符串，完成查找、替换、分隔等复杂的字符串处理任务。编写网络爬虫程序时，使用标准库 urllib 读取到网页源代码之后，再使用正则表达式从中提取感兴趣的内容，这是比较常见的流程。本节介绍正则表达式基本语法和标准库 re 常用函数，关于子模式扩展语法以及更多正则表达式的应用请读者关注微信公众号“Python 小屋”自行查阅资料和视频进行学习。

（1）正则表达式元字符及含义

元字符是正则表达式的最小构成单位，用来表示特定的含义，元字符不同的排列构成更加复杂的含义，用来匹配符合某种特征的字符串。正则表达式常用的元字符如表 10-1 所示。

表 10-1　正则表达式常用的元字符

元字符	含义
.	英文半角圆点字符默认匹配除换行符以外的任意单个字符，使用标志位 re.S 声明为单行模式时也可以匹配换行符。如果要匹配字符串中的圆点字符，则需要在前面加反斜线来使用即 '\\.'。在方括号中的圆点是普通字符，只匹配圆点本身
*	匹配星号前面的字符或子模式的 0 次或多次重复
+	匹配加号前面的字符或子模式的 1 次或多次重复
-	在方括号之内用来表示范围（如 '[0-9]' 可以匹配任意单个数字字符），在其他位置表示普通减号字符
|	匹配位于竖线之前或之后的模式，匹配其中任意一个，可以连用表示多选一
^	① 匹配以 ^ 符号后面的字符或模式开头的字符串。 ② 在方括号中开始处表示不匹配方括号里的字符
$	匹配以 $ 符号前面的字符或模式结束的字符串
?	① 表示问号之前的字符或子模式可有可无。 ② 当问号紧随 *、+、?、{n}、{n,}、{,m}、{n,m} 这几个元字符后面时，表示匹配模式是“非贪心的”。“非贪心的”模式匹配搜索到的尽可能短的字符串，而默认的“贪心的”模式匹配搜索到的尽可能长的字符串。 例如，re.findall('abc{,3}?', 'abccc') 返回 ['ab']，re.findall('abc{,3}', 'abccc') 返回 ['abccc']
\num	① num 表示前面子模式的编号（原始字符串或 num 前面有两个反斜线时，按十进制数来理解）。例如，r'(.)\1' 匹配两个连续的相同字符，\1 表示当前正则表达式中编号为 1 的子模式内容在这里又出现了一次。整个正则表达式编号为 0，第一对圆括号是编号为 1 的子模式，第二对圆括号是编号为 2 的子模式，以此类推。 ② 转义字符（不使用原始字符串且 num 前面只有一个反斜线时，按八进制数来理解）。例如，转义字符 '\101' 匹配字符 'A'，'\141' 匹配字符 'a'，'\60' 和 '\060' 匹配字符 '0'
\f	匹配一个换页符
\n	匹配一个换行符
\r	匹配一个回车符
\b	匹配单词头或单词尾
\B	与 '\b' 含义相反，匹配单词内部

续表

元字符	含义
\d	匹配任意单个数字字符，'\d' 等价于 '[0-9]'
\D	与 '\d' 含义相反，'\D' 相当于 '[^0-9]'，匹配除数字之外的任意单个字符
\s	匹配单个任意空白字符，包括空格、制表符、换页符、换行符，'\s' 等价于 '[\f\n\r\t\v]'
\S	与 '\s' 含义相反，匹配除空白字符之外的任意单个字符
\w	匹配任意单个字母、汉字、数字以及下画线
\W	与 '\w' 含义相反
()	将位于圆括号内的内容作为一个整体来对待，称为一个子模式
{m,n}	按花括号中指定的次数进行匹配，{m,n} 表示前面的字符或子模式重复 m 到 n 次，变形用法 {m,} 表示前面的字符或子模式至少重复 m 次，{,n} 表示前面的字符或子模式最多重复 n 次，{m} 表示前面的字符或子模式恰好出现 m 次，注意花括号内任何位置都不要有空格。例如，{3,8} 表示前面的字符或模式至少重复 3 次而最多重复 8 次
[]	表示范围，匹配位于方括号中的任意一个字符，如果方括号内以 ^ 开始则表示不匹配方括号内的字符。例如，'[a-zA-Z0-9]' 可以匹配单个任意字母或数字，'[^a-zA-Z0-9]' 可以匹配除字母和数字之外的任意单个字符

使用时应注意，如果以反斜线“\”开头的元字符与转义字符形式相同但含义不同，则需要使用两个反斜线“\\”或者在引号前面加上字母 r 或 R 使用原始字符串才能表示正则表达式元字符的含义，如 '\\b' 或 r'\b'，否则表示转义字符。

（2）re 标准库常用函数

re 标准库提供了对正则表达式的支持，表 10-2 列出了编写网络爬虫程序时常用的几个函数，完整清单可以导入 re 标准库之后使用 dir(re) 查看。

表 10-2　　re 标准库常用函数

<table>
<tr><th>函数</th><th>说明</th></tr>
<tr><td>findall(pattern,
string,
flags=0)</td><td>列出字符串 string 中所有能够匹配模式 pattern 的子串，返回包含所有匹配结果字符串的列表。如果参数 pattern 中包含子模式，返回的列表中只包含子模式匹配到的内容，匹配失败时返回空列表。参数 flags 的值可以是 re.I（大写字母 I，不是数字 1，表示忽略大小写）、re.L（支持本地字符集的字符）、re.M（多行匹配模式）、re.S（单行模式，此时元字符 '.' 匹配包括换行符在内的任意字符）、re.U（匹配 Unicode 字符）、re.X（忽略模式中的空格，并可以使用 # 注释）的不同组合（使用“|”进行组合）</td></tr>
<tr><td>match(pattern,
string,
flags=0)</td><td>从字符串 string 的开始处匹配模式 pattern，匹配成功则返回 Match 对象，否则返回 None</td></tr>
<tr><td>search(pattern,
string,
flags=0)</td><td>在整个字符串 string 中寻找第一个符合模式 pattern 的子串，如果匹配成功则返回 Match 对象，否则返回 None</td></tr>
<tr><td>split(pattern,
string,
maxsplit=0,
flags=0)</td><td>对参数字符串 string 进行切分，所有符合模式 pattern 的子串都作为分隔符，返回分隔后得到的所有子串组成的列表</td></tr>
<tr><td>sub(pattern,
repl,
string,
count=0,
flags=0)</td><td>将字符串 string 中所有符合模式 pattern 的子串使用 repl 替换，返回新字符串。参数 repl 可以是字符串或返回字符串的可调用对象，该可调用对象作用于每个匹配的 Match 对象</td></tr>
</table>

例 10-4　编写程序，使用正则表达式提取多行字符串中符合某些特征的内容。程序如下：

例 10-4

```
import re

text = '''Beautiful is better than ugly.
Explicit is better than implicit.
Simple is better than complex.
Complex is better than complicated.
Flat is better than nested.
Sparse is better than dense.
Readability counts.'''

print('所有单词:\n', re.findall(r'\w+', text))
print('以字母 y 结尾的单词:\n', re.findall(r'\b\w*y\b', text))
print('中间包含字母 a 和 i 的单词:\n', re.findall(r'\b\w+[ai]\w+\b', text))
print('含有连续相同字母的单词:')
for item in re.findall(r'(\b\w*(\w)\2\w*\b)', text):
    print(item[0])
print('含有隔一个字母相同的单词:')
for item in re.findall(r'(\b\w*(\w)\w\2\w*\b)', text):
    print(item[0])
print('使用换行符切分的结果:\n', re.split(r'\n', text))
print('使用数字切分字符串:\n',
      re.split(r'\d+', r'one1two22three333four4444five'))
print('把小写 better 全部替换为大写:\n', re.sub('better', 'BETTER', text))
```

10.2.3　urllib+re 网络爬虫案例实战

本节将通过几个实战案例介绍如何使用标准库 urllib 和 re 编写网络爬虫程序，除了技术层面的内容，在编写和使用网络爬虫程序时还应遵守一定的伦理规范和规则，不能利用自己掌握的技术在网络上肆意妄为地对别人造成伤害。在编写网络爬虫程序时至少需要考虑以下几个方面的内容：（1）采集的信息中是否包含个人隐私或商业机密；（2）对方是否同意或授权采集这些信息；（3）对方是否同意公开或授权转载这些信息，不可擅作主张转载到自己的平台；（4）采集到的信息如何使用，公开展示时是否需要做脱敏处理，是否用于盈利或商业目的；（5）网络爬虫程序运行时是否会对对方服务器造成伤害，如拖垮宕机、影响正常业务。

另外，网络爬虫程序还有一个特点是不稳定，本来运行正常的程序突然有一天不能运行或者结果不对都是很常见的情况。此时一般是目标网页改版后结构变了，需要重新分析之后再对程序进行相应的修改。

例 10-5　编写网络爬虫程序，读取目标网页上表格中的数据，写入本地 Excel 文件。本例以微信公众号“Python 小屋”推送的《Python 程序设计基础（第 2 版）》配套教学大纲的链接为例，提取其中的章节学时分配表数据，然后保存为本地 Excel 文件。程序如下：

例 10-5

```
from re import findall, sub
from urllib.request import urlopen
from openpyxl import Workbook
```

```
url = 'https://mp.weixin.qq.com/s/RtFzEm2TnGHnLTHMz9T4Aw'

with urlopen(url) as fp:
    content = fp.read().decode()

# 创建空白 Excel 文件，删除自动生成的空白工作表
wb = Workbook()
wb.remove(wb.worksheets[0])

# 一定要在浏览器中查看网页源代码，对照着理解和编写正则表达式
pattern = '<table.*?><tbody>(.+?)</tbody></table>'
for index, table in enumerate(findall(pattern, content), start=1):
    # 为网页上每个表格创建一个工作表
    ws = wb.create_sheet(f'Sheet{index}')
    # 提取每一行，结合网页源代码编写和理解正则表达式
    pattern = '<tr.*?>(.+?)</tr>'
    for row in findall(pattern, table):
        # 提取一行中的单元格文本，删除其中的 HTML 标签
        pattern = '<td.*?>(.+?)</td>'
        cells = findall(pattern, row)
        cells = [sub('<.+?>| ', '', cell) for cell in cells]
        # 写入 Excel 文件
        ws.append(cells)
wb.save('网页中的表格信息.xlsx')
```

Pandas 是数据分析领域最成熟的扩展库之一。除了具有高级数据类型和强大的数据分析功能，Pandas 还提供了大量函数用于从不同类型的数据源读取数据，其中 read_html() 函数可以从网页中快速提取表格数据。下面的代码使用该函数实现了同样的功能。

```
import pandas as pd

url = 'https://mp.weixin.qq.com/s/RtFzEm2TnGHnLTHMz9T4Aw'
dfs = pd.read_html(url)
dfs[0].to_excel('网页中的表格信息.xlsx', index=False, header=False)
```

例 10-6 编写多进程版的网络爬虫程序，采集中国工程院院士公开的个人基本信息和学术成就。成为院士是一个学者至高无上的荣耀，是国家和学术界对每个领域的顶尖学者最大的认可。每一位院士的学术成就和贡献，都像是一盏明灯在指引着该领域的前沿研究方向，院士们取得这些学术成就的研究历程也时刻激励着年轻学者，值得年轻学者学习和敬佩。本例代码用于采集中国工程院网站上公开的院士基本信息并保存到本地，然后可以离线阅读和学习。程序用到了多进程编程的技术，但多进程编程不是本书的重点，有需要的读者可以参考作者编写的教材《Python 程序设计（第 3 版）》或《Python 网络程序设计（微课版）》自行学习。把下面的代码保存为程序文件，然后在命令提示符窗口或 PowerShell 窗口中运行，不要在 IDLE 中直接运行程序。程序如下：

例 10-6

```
import re
import os
import os.path
from time import sleep
from multiprocessing import Pool
```

```
from urllib.parse import urljoin
from urllib.request import urlopen

# 把采集到的信息保存到当前目录下的 YuanShi 子文件夹中，如果不存在该文件夹就创建一个
dstDir = 'YuanShi'
if not os.path.isdir(dstDir):
    os.mkdir(dstDir)

# 读取首页源代码，使用 UTF-8 解码
start_url = r'http://www.cae.cn/cae/html/main/col48/column_48_1.html'
with urlopen(start_url) as fp:
    content = fp.read().decode()

# 提取每位院士的页面链接和姓名
# 可以使用浏览器打开首页，查看网页源代码，对照着网页源代码理解正则表达式的作用
pattern = (r'<li class="name_list"><a href="(.+?)"'
           r' target="_blank">(.+?)</a></li>')
result = re.findall(pattern, content)

def crawl_everyUrl(item):
    ''' 用于采集每位院士信息的函数，item 是正则表达式提取到的信息，
        也就是上面 result 列表中的每个元素
    '''
    perUrl, name = item
    # 把站内相对地址连接为绝对地址
    perUrl = urljoin(start_url, perUrl)
    name = os.path.join(dstDir, name)
    print('正在采集:', perUrl)
    try:
        with urlopen(perUrl) as fp:
            content = fp.read().decode()
    except:
        print('出错了，一秒后自动重试 ...')
        sleep(1)
        crawlEveryUrl(item)
        # 这个 return 语句非常重要
        return

    # 解析图片链接地址，正则表达式一定要精准
    pattern = r'<img src="(.+?)" style=.*?/>'
    imgUrls = re.findall(pattern, content)
    if imgUrls:
        # 使用 [0] 是因为 findall() 返回列表，即使只有一项也返回列表
        imgUrl = urljoin(start_url, imgUrls[0])
        try:
            # 下载图片，如果无法下载就直接跳过
            with urlopen(imgUrl) as fp1:
                with open(name+'.jpg', 'wb') as fp2:
                    fp2.write(fp1.read())
```

```
        except:
            pass

    # 提取个人学术成就信息
    pattern = r'<p>(.+?)</p>'
    intro = re.findall(pattern, content, re.M)
    if intro:
        intro = '\n'.join(intro)
        intro = re.sub(' | |<a href.*?</a>', '', intro)
        with open(name+'.txt', 'w', encoding='utf8') as fp:
            fp.write(intro)

if __name__ == '__main__':
    with Pool(10) as p:
        p.map(crawl_everyUrl, result)
```

例 10-7 在作者的微信公众号“Python 小屋”中维护了一个历史文章清单，读者可以通过手机关注微信公众号“Python 小屋”之后进入菜单“最新资源”→“历史文章”获得地址（编写本书时最新地址为 https://mp.weixin.qq.com/s/r1pt87w5Msww3aXpIUFA7A），使用 PC 端浏览器访问这个地址，查看网页源代码，分析结构，然后编写程序读取网页源代码，读取已推送的文章名称清单，写入本地文本文件“Python 小屋历史文章.txt”。程序如下：

例 10-7

```
from re import findall, sub
from urllib.request import urlopen

# 要采集数据的网址
url = r'https://mp.weixin.qq.com/s/r1pt87w5Msww3aXpIUFA7A'
with urlopen(url) as fp:
    content = fp.read().decode()
# 正则表达式，提取所有包含在段落中超链接的文本
pattern = r'<p><a.*?href=".+?>(.+?)</a>'
with open('Python 小屋历史文章.txt', 'w', encoding='utf8') as fp:
    # 提取所有符合正则表达式模式的文本
    for item in findall(pattern, content):
        # 把文本中的 HTML 标签替换为空字符串，将其删除
        item = sub(r'<.*?>', '', item)
        # 写入本地文本文件，每个文章标题占一行
        fp.write(item+'\n')
```

例 10-8 编写网络爬虫程序，批量下载微信公众号“Python 小屋”中文章“《Python 数据分析、挖掘与可视化》前 3 章书稿 PDF 免费阅读”里的所有图片，保存为本地 PNG 格式的图片文件，以从 1 开始的数字编号命名。程序如下：

例 10-8

```
from re import findall
from os import mkdir
from os.path import isdir
from urllib.request import urlopen

dst_dir = '《Python 数据分析、挖掘与可视化》前 3 章'
```

```
    if not isdir(dst_dir):
        mkdir(dst_dir)
    # 微信公众号文章链接地址
    url = 'https://mp.weixin.qq.com/s/43rhv9TQBY1ylvRjqLoUQQ'
    with urlopen(url) as fp:
        content = fp.read().decode()

    # 如果运行结果不对，可能是网页源代码结构发生变化，需要修改正则表达式
    pattern = ('<img class="rich_pages js_insertlocalimg"'
               ' data-ratio=".*?" data-s=".*?"'
               ' data-src="(.+?)" data-type="jpeg"'
               ' data-w=".*?" style=""  />')
    result = findall(pattern, content)

    # 枚举每个图片的链接地址，同时获得从 1 开始的数字编号
    for index, item in enumerate(result, start=1):
        with urlopen(item) as fp_web:
            # 读取网络图片数据，写入本地图片文件，以数字编号命名
            fn = rf'{dst_dir}\{index}.png'
            with open(fn, 'wb') as fp_local:
                fp_local.write(fp_web.read())
            print(fn, '下载完成。')
```

例 10-9 编写网络爬虫程序，采集某高校新闻网站 2022 年 1 月 1 日之后发布的新闻中的文本和图片并保存到本地，每条新闻创建一个对应的文件夹。采集完之后，对采集到的文本进行分词，最后输出出现次数最多的前 10 个词语。程序如下：

例 10-9

```
from os import mkdir
from datetime import date
from re import findall, sub, S
from collections import Counter
from urllib.parse import urljoin
from urllib.request import urlopen
from os.path import basename, isdir
from jieba import cut

# 用来记录采集到的所有新闻文本
sentences = []
# 某高校首页地址
url = r'https://www.sdtbu.edu.cn'
with urlopen(url) as fp:
    content = fp.read().decode()
# 查找最新的一条新闻
pattern = r'<UL class="news-list".*?<li><a href="(.+?)"'
# 把相对地址转换为绝对地址
url = urljoin(url, findall(pattern, content)[0])

# 用来存放新闻正文文本和图片的文件夹
root = '山商新闻'
if not isdir(root):
```

```
    mkdir(root)

while True:
    # 获取网页源代码
    with urlopen(url) as fp:
        content = fp.read().decode()

    # 提取并检查日期，只采集 2022 年 1 月 1 日之后的新闻
    pattern = '日期:(\d+)年(\d+)月(\d+)日'
    date_news = map(int, findall(pattern, content)[0])
    if date(*date_news) < date(2022, 1, 1):
        break

    # 提取标题，删除其中可能存在的 HTML 标签和反斜线、双引号和换行符
    pattern = r'<h1.+?>(.+?)</h1>'
    title = findall(pattern, content, S)[0]
    title = sub(r'<.+?>| |\\|"|\r|\n', '', title)
    # 每条新闻对应一个子文件夹，使用新闻标题作为文件夹名称
    child = rf'{root}\{title}'
    fn = rf'{child}\{title}.txt'

    if not isdir(child):
        mkdir(child)
        print(title)

        # 提取段落文本，写入本地文件
        pattern = r'<p class="MsoNormal".+?>(.+?)</p>'
        with open(fn, 'w', encoding='utf8') as fp:
            for item in findall(pattern, content, S):
                # 删除段落文本中的 HTML 标签和两端的空白字符
                item = sub(r'<.+?>| ', '', item).strip()
                if item:
                    # 记录段落文本，后面分词的时候会使用
                    sentences.append(item)
                    fp.write(item+'\n')

        # 提取图片，下载到本地
        pattern = r'<img width=.+?src="(.+?)"'
        for item in findall(pattern, content):
            # 把相对地址转换为绝对地址
            item = urljoin(url, item)
            with urlopen(item) as fp1:
                # 创建本地二进制文件，写入网络图片数据
                with open(rf'{child}\{basename(item)}', 'wb') as fp2:
                    fp2.write(fp1.read())
    else:
        print(title, '已存在，跳过...')
        # 如果是多次运行程序，不重复采集网页上的信息
        # 但是读取已存在的文件内容用于后面的分词，保证多次运行本程序时结果一样
        with open(fn, encoding='utf8') as fp:
```

```
            sentences.extend(fp.readlines())

        # 获取下一条新闻地址，继续采集
        pattern = r'下一条：<a href="(.+?)"'
        next_url = findall(pattern, content)
        if not next_url:
            break
        next_url = urljoin(url, next_url[0])
        url = next_url

    # 分词，只保留长度大于 1 的词语
    text = ''.join(sentences)
    words = filter(lambda word: len(word)>1, cut(text))
    # 统计词频，输出出现次数最多的前 10 个词语
    freq = Counter(words)
    print(freq.most_common(10))
```

例 10-10　编写网络爬虫程序，采集山东省教育招生考试院官网发布的 2024 年普通高校招生专业（专业类）选考科目要求。为节约篇幅，下面直接给出网络爬虫程序代码，网页详细分析以及 cookies 获取方式请读者关注微信公众号“Python 小屋”发送消息“cookies”阅读相关文章。

```
    from time import sleep
    from re import findall, sub, S
    from urllib.request import urlopen, Request
    from urllib.parse import urlencode, quote
    from openpyxl import Workbook

    # 从主页获取网页源代码，提取每个学校的基本信息
    start_url = r'https://xkkm.sdzk.cn/web/xx.html'
    headers = {'user-agent': 'Chrome/99.0.4844.84',
               'Connection':' keep-alive',
               'Cookie': ''}  # 参考微信公众号文章中的步骤得到 cookie 替换到这里
    req = Request(start_url, headers=headers)
    with urlopen(req) as fp:
        content = fp.read().decode('utf8')
    # 创建空白 Excel 文件，获取工作表，准备后面写入数据
    wb = Workbook()
    ws = wb.worksheets[0]
    ws.append(['省份', '学校名称', '层次', '专业（类）名称',
               '选考科目要求', '类中所含专业'])

    # 提取（省份，代码，学校名称）
    pattern  =  (r'<tr>.*?<td.+?</td>.*?<td.+?>(.+?)</td>.*?<td.+?>(.+?)</td>.*?<td.+
?>(.+?)</td>')
    # S 表示单行模式
    for item in findall(pattern, content, S):
        if len(item[0]) > 5:
            continue
        shengfen, dm, mc = item
        # 输出当前正在爬取的学校名称，显示程序运行进度
```

```
    print(mc)
    # 以 POST 方式提交参数，获取每个学校选考信息的网页源代码
    # 如果程序无法运行，可以重新分析网页源代码获取最新的参数提交方式
    url = r'https://xkkm.sdzk.cn/xkkm/queryXxInfor'
    data = urlencode({'dm': dm, 'mc': quote(mc),
                      'yzm':'ok', 'nf':'2024'}).encode('ascii')
    req = Request(url, data=data, headers=headers)
    with urlopen(req) as fp:
        xuexiao_content = fp.read().decode()
    # 获取该学校选考信息，写入 Excel 文件
    xuexiao_pattern = (r'<tr.*?<td.+?<td.+?>(.+?)</td>.*?<td.+?>(.+?)'+
                       r'</td>.*?<td.*?>(.+?)</td>.*?<td.*?>(.+?)</td>')

    for item in findall(xuexiao_pattern, xuexiao_content, S):
        # 处理该学校每条信息，删除干扰字符
        item_temp = [(text.replace('<br/>', '\n').strip().replace('\t', ''))
                     for text in item[:-1]]
        item_temp.append(sub(r'<!--.+?-->', '', item[-1])
                         .replace('<br/>', '\n')
                         .replace('<br>', '\n').strip())
        item_temp.insert(0, mc)
        item_temp.insert(0, shengfen)
        ws.append(item_temp)
# 保存 Excel 文件
wb.save('2024 山东选考科目.xlsx')
```

10.3 使用扩展库 requests 和 beautifulsoup4 编写网络爬虫程序

使用标准库 urllib 和 re 编写网络爬虫程序对程序员要求比较高，并且容易出错，尤其是正则表达式的编写要求非常严格，多写或少写一个空格、大小写错误都会导致运行结果不正确，网页布局发生改变更会直接导致程序运行失败。使用扩展库 requests 获取网页源代码比使用标准库 urllib 更加简单，使用扩展库 beautifulsoup4 解析网页源代码也比使用正则表达式简单很多，对网页 HTML 代码的微调不会特别敏感，这两个扩展库的组合大幅度降低了编写网络爬虫程序的门槛。

10.3.1 扩展库 requests 简单使用

扩展库 requests 支持通过 get()、post()、put()、delete()、head()、options() 等函数以不同方式请求指定 URL 的资源，请求成功之后会返回一个 Response 对象，通过 Response 对象的属性 request 可以访问创建 Request 对象时使用的所有信息。例如：

```
>>> import requests
>>> r = requests.get('https://www.python.org')
>>> r                                        # 状态码 200 表示成功
<Response [200]>
>>> dir(r)                                   # Response 对象支持的所有成员
                                             # 略去了以双下画线开始和结束的特殊成员
[..., 'apparent_encoding', 'close', 'connection', 'content', 'cookies',
'elapsed','encoding', 'headers', 'history', 'is_permanent_redirect', 'is_redirect', 'iter_
```

```
content', 'iter_lines', 'json', 'links', 'next', 'ok', 'raise_for_status', 'raw', 'reason',
'request', 'status_code', 'text', 'url']
    >>> r.headers                          # 服务器返回的头部
    {'Connection': 'keep-alive', 'Content-Length': '50458', 'Server': 'nginx', 'Content-
Type': 'text/html; charset=utf-8', 'X-Frame-Options': 'DENY', 'Via': '1.1 vegur, 1.1
varnish, 1.1 varnish', 'Accept-Ranges': 'bytes', 'Date': 'Mon, 21 Dec 2020 13:13:35 GMT',
'Age': '1834', 'X-Served-By': 'cache-bwi5148-BWI, cache-hnd18731-HND', 'X-Cache': 'HIT,
HIT', 'X-Cache-Hits': '1, 1605', 'X-Timer': 'S1608556416.678661,VS0,VE0', 'Vary': 'Cookie',
'Strict-Transport-Security': 'max-age=63072000; includeSubDomains'}
    >>> r.request
    <PreparedRequest [GET]>
    >>> r.request.headers                  # 访问服务器时 Request 对象的头部
                                           # 尤其注意 User-Agent 字段，默认不是浏览器
    {'User-Agent': 'python-requests/2.23.0', 'Accept-Encoding': 'gzip, deflate', 'Accept':
'*/*', 'Connection': 'keep-alive'}
```

通过 Response 对象的 status_code 属性可以查看状态码，通过 text 属性可以查看网页源代码字符串（有时候可能会出现乱码，此时可以设置 Response 对象的 encoding 属性进行正确解码），通过 content 属性可以返回字节串形式的网页源代码，通过 headers 属性可以查看头部信息，通过 url 属性可以查看正在访问的目标网页 URL。

（1）增加头部并设置用户代理

在使用扩展库 requests 的 get() 函数打开指定的 URL 时，可以给参数 headers 传递一个字典来指定头部信息。例如：

```
from requests import get

url = 'https://edu.csdn.net/course/detail/27875'
headers = {'User-Agent': 'IE/21H2'}
r = get(url, headers=headers)
print(r.text[:150])
```

（2）使用 GET 方式提交参数

如果要以 GET 方式向服务器提交数据，可以使用 get() 函数的 params 参数，形式为字典，以参数的名字作为字典元素的“键”，以参数的值作为字典元素的“值”。例如：

```
from requests import get

url = 'https://www.baidu.com/s'
parameters = {'wd': '董付国'}
headers = {'User-Agent': 'Firefox/13.0'}
r = get(url, params=parameters, headers=headers)
print(len(r.text))
print(r.url)
```

（3）使用 POST 方式提交参数

在使用扩展库 requests 的 post() 方法打开目标网页时，可以通过字典形式的参数 data 或 json 来提交信息。下面的代码演示了相关用法。

```
>>> payload = {'key1': 'value1', 'key2': 'value2'}
>>> r = requests.post('http://httpbin.org/post', data=payload)
```

```
>>> print(r.text)          # 查看网页信息，略去输出结果
>>> url = 'https://api.github.com/some/endpoint'
>>> payload = {'some': 'data'}
>>> r = requests.post(url, json=payload)
>>> print(r.text)          # 查看网页信息，略去输出结果
>>> print(r.headers)       # 查看头部信息，略去输出结果
>>> print(r.headers['Content-Type'])
application/json; charset=utf-8
>>> print(r.headers['Content-Encoding'])
gzip
```

（4）获取和设置 cookies

下面的代码演示了使用 get() 方法获取网页信息时读取 cookies 属性的用法：

```
>>> r = requests.get('http://www.baidu.com/')
>>> r.cookies                                    # 查看 cookies
<RequestsCookieJar[Cookie(version=0, name='BDORZ', value='27315', port=None, port_specified=False, domain='.baidu.com', domain_specified=True, domain_initial_dot=True, path='/', path_specified=True, secure=False, expires=1521533127, discard=False, comment=None, comment_url=None, rest={}, rfc2109=False)]>
```

下面的代码演示了使用 get() 方法获取网页信息时设置 cookies 参数的用法：

```
>>> url = 'http://httpbin.org/cookies'
>>> cookies = dict(cookies_are='working')
>>> r = requests.get(url, cookies=cookies)  # 设置 cookies
>>> print(r.text)
{
  "cookies": {
    "cookies_are": "working"
  }
}
```

例 10-11 编写程序，给定网络图片地址，使用扩展库 requests 下载并保存到本地图片文件。程序如下：

```
from requests import get

picUrl = r'https://cdn.ptpress.cn/uploadimg/Material/978-7-115-52361-7/72jpg/52361.jpg'
r = get(picUrl)
if r.status_code == 200:
    with open('pic.png', 'wb') as fp:
        fp.write(r.content)
```

10.3.2 扩展库 beautifulsoup4 简单使用

beautifulsoup4 是一个非常优秀的 Python 扩展库，可以用来从 HTML 或 XML 文件中提取感兴趣的数据，允许使用不同的解析器，可以节约程序员大量的宝贵时间。使用 beautifulsoup4 从网页源代码中提取信息不需要对正则表达式有太多了解，降低了对程序员的要求。

可以使用 pip install beautifulsoup4 命令直接进行安装，安装之后使用 from bs4 import BeautifulSoup 语句导入并使用，这里简单介绍一下 BeautifulSoup 类的常用功能，更详

细、完整的学习资料请读者参考官方文档 https://www.crummy.com/software/BeautifulSoup/bs4/doc/。

（1）代码补全

大多数浏览器能够容忍一些不完整的 HTML 代码，某些不闭合的标签也可以正常渲染和显示。但是如果把读取到的网页源代码直接使用正则表达式进行分析，有可能会出现误差。这个问题可以使用 BeautifulSoup 类来解决。在使用给定的文本或网页代码创建 BeautifulSoup 对象时，会自动补全缺失的标签，也可以自动添加必要的标签。

以下代码为几种代码补全的用法，包括自动添加标签、自动补齐标签、指定 HTML 代码解析器，以将 HTML 代码更优雅地展现。

① 自动添加标签

```
>>> from bs4 import BeautifulSoup
>>> BeautifulSoup('Beautiful is better than ugly.', 'lxml')
<html><body><p>Beautiful is better than ugly.</p></body></html>
```

② 自动补齐标签

```
>>> BeautifulSoup('<span>hello world!', 'lxml') # 自动补全标签
<html><body><span>hello world!</span></body></html>
>>> BeautifulSoup('<table><tr><td>hello world!<td>Python', 'lxml')
<html><body><table><tr><td>hello world!</td><td>Python</td></tr></table></body></html>
>>> BeautifulSoup('<p>hello world!<hr', 'lxml')
<html><body><p>hello world!</p><hr/></body></html>
>>> BeautifulSoup('hello world!</p><hr', 'lxml')
<html><body><p>hello world!</p><hr/></body></html>
```

③ 指定 HTML 代码解析器

以下是测试用的网页代码，是一段标题为“The Dormouse's story”的英文故事。注意，这部分代码最后缺少了一些闭合的标签，如 </body>、</html>，BeautifulSoup 类把这些缺失的标签进行了自动补齐。

```
>>> html_doc = """
<html><head><title>The Dormouse's story</title></head>
<body>
<p class="title"><b>The Dormouse's story</b></p>
<p class="story">Once upon a time there were three little sisters; and their names were
<a href="http://example.com/elsie" class="sister" id="link1">Elsie</a>,
<a href="http://example.com/lacie" class="sister" id="link2">Lacie</a> and
<a href="http://example.com/tillie" class="sister" id="link3">Tillie</a>;
and they lived at the bottom of a well.</p>
<p class="story">...</p>
"""
>>> soup = BeautifulSoup(html_doc, 'html.parser')
                                  # 也可以指定 lxml 或其他解析器
>>> print(soup.prettify())        # 以优雅的方式显示
                                  # 可以执行 print(soup) 并比较输出结果
<html>
 <head>
  <title>
   The Dormouse's story
```

```
    </title>
   </head>
   <body>
    <p class="title">
     <b>
      The Dormouse's story
     </b>
    </p>
    <p class="story">
     Once upon a time there were three little sisters; and their names were
     <a class="sister" href="http://example.com/elsie" id="link1">
      Elsie
     </a>
     ,
     <a class="sister" href="http://example.com/lacie" id="link2">
      Lacie
     </a>
     and
     <a class="sister" href="http://example.com/tillie" id="link3">
      Tillie
     </a>
     ;
and they lived at the bottom of a well.
    </p>
    <p class="story">
     ...
    </p>
   </body>
  </html>
```

（2）获取指定标签的内容或属性

构建 BeautifulSoup 对象并自动添加或补全标签之后，可以通过该对象来访问和获取特定标签的内容。接下来仍以前面经过补齐标签后的“The Dormouse's story”代码为例介绍 BeautifulSoup 类的更多用法。

```
>>> soup.title                                    # 访问 <title> 标签的内容
<title>The Dormouse's story</title>
>>> soup.title.name                               # 查看标签的名字
'title'
>>> soup.title.text                               # 查看标签的文本
"The Dormouse's story"
>>> soup.title.string                             # 查看标签的文本
"The Dormouse's story"
>>> soup.title.parent                             # 查看上一级标签
<head><title>The Dormouse's story</title></head>
>>> soup.head
<head><title>The Dormouse's story</title></head>
>>> soup.b                                        # 访问 <b> 标签的内容
<b>The Dormouse's story</b>
```

```
>>> soup.body.b                                     # 访问 <body> 中 <b> 标签的内容
<b>The Dormouse's story</b>
>>> soup.name                                       # 把整个 BeautifulSoup 对象看作标签对象
'[document]'
>>> soup.body                                       # 查看 <body> 标签的内容
<body>
<p class="title"><b>The Dormouse's story</b></p>
<p class="story">Once upon a time there were three little sisters; and their names were
<a class="sister" href="http://example.com/elsie" id="link1">Elsie</a>,
<a class="sister" href="http://example.com/lacie" id="link2">Lacie</a> and
<a class="sister" href="http://example.com/tillie" id="link3">Tillie</a>;
and they lived at the bottom of a well.</p>
<p class="story">...</p>
</body>
>>> soup.p                                          # 查看第一个段落
<p class="title"><b>The Dormouse's story</b></p>
>>> soup.p['class']                                 # 查看标签属性
['title']
>>> soup.p.get('class')                             # 也可以这样查看标签属性
['title']
>>> soup.p.text                                     # 查看段落文本
 "The Dormouse's story"
>>> soup.p.contents                                 # 查看段落内容
[<b>The Dormouse's story</b>]
>>> soup.a                                          # 查看第一个 <a> 标签
<a class="sister" href="http://example.com/elsie" id="link1">Elsie</a>
>>> soup.a.attrs                                    # 查看标签所有属性
{'class': ['sister'], 'href': 'http://example.com/elsie', 'id': 'link1'}
>>> soup.find_all('a')                              # 查找所有 <a> 标签
[<a class="sister" href="http://example.com/elsie" id="link1">Elsie</a>, <a class=
"sister" href="http://example.com/lacie" id="link2">Lacie</a>, <a class="sister" href="http://
example.com/tillie" id="link3">Tillie</a>]
>>> soup.find_all(['a', 'b'])                       # 同时查找 <a> 和 <b> 标签
[<b>The Dormouse's story</b>, <a class="sister" href="http://example.com/elsie"
id="link1">Elsie</a>, <a class="sister" href="http://example.com/lacie" id="link2">Lacie</
a>, <a class="sister" href="http://example.com/tillie" id="link3">Tillie</a>]
>>> import re
>>> soup.find_all(href=re.compile("elsie"))         # 查找 href 包含特定关键字的标签
[<a class="sister" href="http://example.com/elsie" id="link1">Elsie</a>]
>>> soup.find(id='link3')                           # 查找属性 id='link3' 的标签
<a class="sister" href="http://example.com/tillie" id="link3">Tillie</a>
>>> soup.find_all('a', id='link3')                  # 查找属性 id='link3' 的所有 <a> 标签
[<a class="sister" href="http://example.com/tillie" id="link3">Tillie</a>]
>>> for link in soup.find_all('a'):
    print(link.text, ':', link.get('href'))

Elsie : http://example.com/elsie
Lacie : http://example.com/lacie
```

```
Tillie : http://example.com/tillie
>>> print(soup.get_text())                          # 返回所有文本
The Dormouse's story
The Dormouse's story
Once upon a time there were three little sisters; and their names were
Elsie,
Lacie and
Tillie;
and they lived at the bottom of a well.
...
>>> soup.a['id'] = 'test_link1'                     # 修改第一个 <a> 标签属性 id 的值
>>> soup.a
<a class="sister" href="http://example.com/elsie" id="test_link1">Elsie</a>
>>> soup.a.string.replace_with('test_Elsie')        # 修改标签文本
'Elsie'
>>> soup.a.string
'test_Elsie'
>>> print(soup.prettify())                          # 查看修改后的结果
<html>
 <head>
  <title>
   The Dormouse's story
  </title>
 </head>
 <body>
  <p class="title">
   <b>
    The Dormouse's story
   </b>
  </p>
  <p class="story">
   Once upon a time there were three little sisters; and their names were
   <a class="sister" href="http://example.com/elsie" id="test_link1">
    test_Elsie
   </a>
   ,
   <a class="sister" href="http://example.com/lacie" id="link2">
    Lacie
   </a>
   and
   <a class="sister" href="http://example.com/tillie" id="link3">
    Tillie
   </a>
   ;
and they lived at the bottom of a well.
  </p>
  <p class="story">
   ...
  </p>
 </body>
```

```
</html>
>>> for child in soup.body.children:      # 遍历直接子标签
    print(child)

<p class="title"><b>The Dormouse's story</b></p>
<p class="story">Once upon a time there were three little sisters; and their names were
<a class="sister" href="http://example.com/elsie" id="test_link1">test_Elsie</a>,
<a class="sister" href="http://example.com/lacie" id="link2">Lacie</a> and
<a class="sister" href="http://example.com/tillie" id="link3">Tillie</a>;
and they lived at the bottom of a well.</p>
<p class="story">...</p>
>>> for string in soup.strings:           # 遍历所有文本，结果略
    print(string)
>>> test_doc = '<html><head></head><body><p></p><p></p></body></heml>'
>>> s = BeautifulSoup(test_doc, 'lxml')
>>> for child in s.html.children:         # 遍历直接子标签
    print(child)

<head></head>
<body><p></p><p></p></body>
>>> for child in s.html.descendants:      # 遍历子孙标签
    print(child)

<head></head>
<body><p></p><p></p></body>
<p></p>
<p></p>
```

10.3.3 requests+beautifulsoup4 网络爬虫案例实战

例 10-12

例 10-12 编写网络爬虫程序，批量采集微信公众号“Python 小屋”推送的所有历史文章，把每篇文章的内容下载并保存到本地，每篇文章生成一个 Word 文件，保持原来页面上内容的顺序和基本结构。如果原文中有图片也在 Word 文件中插入图片，如果原文中有表格也在 Word 文件中创建相应的表格，如果原文中有超链接也在 Word 文件中创建相应的超链接，原文中的普通文本直接写入 Word 文件。程序如下：

```
from re import sub
from time import sleep
from os.path import isdir
from os import mkdir, remove
import requests
from bs4 import BeautifulSoup
from docx.shared import Inches
from docx import Document, opc, oxml

# 用来存放 Word 文件的文件夹，如果不存在就创建
dstDir = 'Python 小屋历史文章'
if not isdir(dstDir):
```

```
    mkdir(dstDir)

# 获取微信公众号“Python 小屋”历史文章清单
# 关注微信公众号之后通过菜单“最新资源”→“历史文章”获取最新链接地址
url = r'https://mp.weixin.qq.com/s/r1pt87w5Msww3aXpIUFA7A'
content = requests.get(url)
content.encoding = 'utf8'
soupMain = BeautifulSoup(content.text, 'lxml')

# 遍历每篇文章的链接，分别生成独立的 Word 文件
for a in soupMain.find_all('a', target="_blank"):
    # 每隔 5s 爬取一篇文章，也可以将间隔时间设置得长一点，避免自己的 IP 地址被封
    sleep(5)
    # text 属性会自动忽略内部的所有 HTML 标签
    # 替换文章标题中不能在文件名使用的反斜线、竖线、括号、冒号等符号
    title = sub(r'[/\\:|()]', '', a.text)
    print(title)

    # 每篇文章的链接地址
    link = a['href']

    # 创建空白 Word 文件，需要先安装扩展库 python-docx
    currentDocument = Document()
    # 写入文章标题
    currentDocument.add_heading(title)
    # 读取文章链接的网页源代码，创建 BeautifulSoup 对象
    content = requests.get(link)
    content.encoding = 'utf8'
    # 查找 id 为 js_content 的 <div>，也就是包含正文内容的 <div>
    soup = BeautifulSoup(content.text, 'lxml').find('div', id='js_content')
    # 如果没有符合条件的 <div> 就跳过
    if not soup:
        continue

    # 按先后顺序遍历该 <div> 下所有的直接子节点
    for child in soup.children:
        child = BeautifulSoup(str(child), 'lxml')
        # 包含 <a> 标签的子节点，在 Word 文件中插入超链接
        # 如果不包含 <a> 标签，child.a 的值为空值
        if child.a:
            p = currentDocument.add_paragraph(text=child.text)
            try:
                p.add_run()
                r_id = p.part.relate_to(child.a['href'],
                                        opc.constants.RELATIONSHIP_TYPE.HYPERLINK,
                                        is_external=True)
                hyperlink = oxml.shared.OxmlElement('w:hyperlink')
                hyperlink.set(oxml.shared.qn('r:id'), r_id)
                hyperlink.append(p.runs[0]._r)
                p._p.insert(1, hyperlink)
```

```
            except:
                pass
        # 包含<img>标签的子节点，在Word文件中插入对应的图片，保持原来的尺寸
        elif child.img:
            pic = 'temp.png'
            with open(pic, 'wb') as fp:
                fp.write(requests.get(child.img['data-src']).content)
            try:
                currentDocument.add_picture(pic)
            except:
                pass
            finally:
                remove(pic)
        # 包含<tr>标签的子节点，在Word文件中插入表格
        elif child.tr:
            # 获取表格中的<tr>，也就是行
            rows = child.find_all('tr')
            # 获取表格中第一列中的<td>，也就是列
            cols = rows[0].find_all('td')
            # 创建空白表格，指定行数和列数
            table = currentDocument.add_table(len(rows), len(cols))
            # 往对应的单元格中写入内容
            for rindex, row in enumerate(rows):
                for cindex, col in enumerate(row.find_all('td')):
                    try:
                        cell = table.cell(rindex, cindex)
                        cell.text = col.text
                    except:
                        pass
        # 纯文字，直接写入Word文件
        else:
            currentDocument.add_paragraph(text=child.text)

    # 保存当前文章的Word文件
    currentDocument.save(rf'{dstDir}\{title}.docx')
```

10.4 使用扩展库 Scrapy 编写网络爬虫程序

Scrapy 是一套基于 Twisted 的异步处理框架，是纯 Python 实现的开源爬虫框架，支持使用 XPath 选择器和 CSS 选择器从网页上快速提取指定的内容，对编写网络爬虫程序所需要的功能进行了高度封装，用户甚至不需要懂太多原理，只需要按照标准“套路”创建网络爬虫项目之后填写几个文件的内容就可以轻松完成一个网络爬虫程序，使用非常简单，大幅度降低了编写网络爬虫程序的门槛。

10.4.1 XPath 选择器和 CSS 选择器语法与应用

Scrapy 使用 XPath 选择器和 CSS 选择器来选择 HTML 文档中特定部分的内容，XPath 是用来选择 XML 和 HTML 文档中节点的语言，CSS 是为 HTML 文档元素应用层叠样式表的语言，也可

以用来选择具有特定样式的 HTML 元素。

开发 Scrapy 爬虫项目时，至少需要创建一个爬虫类，使用数据成员 start_urls 列表表示要爬取的页面地址，在爬虫类中使用成员方法 parse() 处理每一个页面的数据。爬虫程序读取目标网页成功后，自动调用成员方法 parse()，其参数 response 是一个表示服务器返回的响应的 Response 对象，Response 对象的 selector 属性可以创建相应的选择器对象，然后调用 xpath() 或 css() 方法获取指定的内容；也可以直接使用 Response 对象的 xpath() 和 css() 方法创建选择器对象，然后调用 get() 方法获取第一项结果、调用 getall() 和 extract() 方法获取包含所有结果的列表、调用 re() 和 re_first() 方法使用正则表达式对提取到的内容进行二次筛选（后者只返回第一项结果）。

表 10-3 和表 10-4 分别列出了 XPath 选择器常用语法和 CSS 选择器常用语法。

表 10-3　　XPath 选择器常用语法

<table>
<tr><th>语法示例</th><th>说明</th></tr>
<tr><td>div</td><td>选择当前节点的所有 div 子节点（或称为 <div> 标签，下同）</td></tr>
<tr><td>/div</td><td>选择根节点 div</td></tr>
<tr><td>//div</td><td>选择所有 div 节点，包括根节点和子节点</td></tr>
<tr><td>//ul/li</td><td>选择所有 ul 节点的 li 子节点</td></tr>
<tr><td>//div/@id</td><td>选择所有 div 节点的 id 属性</td></tr>
<tr><td>//title/text()</td><td>选择所有 title 节点的文本</td></tr>
<tr><td>//div/span[2]</td><td>选择 div 节点内部的第 2 个 span 节点，下标从 1 开始</td></tr>
<tr><td>//div/a[last()]</td><td>选择 div 节点内部最后一个 a 节点</td></tr>
<tr><td>//div/a[last()-1]</td><td>选择 div 节点内部倒数第 2 个 a 节点</td></tr>
<tr><td>//a[position()>3]</td><td>选择每组中第 4 个开始往后的 a 节点</td></tr>
<tr><td>//a[starts-with(@href,"i")]</td><td>选择所有 href 属性以 "i" 开头的 a 节点</td></tr>
<tr><td>//a[contains(@href,"image")]</td><td>选择所有 href 属性中包含 "image" 的 a 节点</td></tr>
<tr><td>//a[contains(@href,"image") and contains(@href,"4")]</td><td>选择所有 href 属性中同时包含 "image" 和 "4" 的 a 节点</td></tr>
<tr><td>//td[has-class("redText")]/text()</td><td>选择 class="redText" 的 td 节点的文本</td></tr>
<tr><td>//div[has-class("a","c")]/text()</td><td>选择 class 属性中同时包含 "a" 和 "c" 的 div 节点的文本</td></tr>
<tr><td>//@src</td><td>选择所有节点的 src 属性</td></tr>
<tr><td>//@*</td><td>选择所有节点的任意属性</td></tr>
<tr><td>//img[@src]</td><td>选择所有具有 src 属性的 img 节点</td></tr>
<tr><td>//div[@id="images"]</td><td>选择所有 id="images" 的 div 节点</td></tr>
<tr><td>//a[text()="下页"]/@href</td><td>文本为 "下页" 的 a 节点的超链接地址</td></tr>
<tr><td>//a[contains(text(),"下页")]/@href</td><td>文本包含 "下页" 的 a 节点的超链接地址</td></tr>
<tr><td>//img|//title</td><td>选择所有 img 和 title 节点</td></tr>
<tr><td>//br//../img</td><td>选择所有 br 节点的父节点下面的 img 子节点</td></tr>
<tr><td>./img</td><td>选择当前节点中的所有 img 子节点</td></tr>
</table>

表 10-4　　CSS 选择器常用语法

语法示例	说明
#images	选择所有 id="images" 的所有节点
.redText	选择所有 class="redText" 的节点
.redText,.blueText	分组选择器，选择所有 class="redText" 或 class="blueText" 的节点

续表

语法示例	说明
div.redText	选择所有 class="redText" 的 div 节点
ul li	选择所有位于 ul 节点内的 li 子节点
ul>li	选择所有位于 ul 节点内的直接子节点 li
base+title	选择紧邻 base 节点后面第一个平级的 title 节点
br~img	选择所有与 br 节点相邻的平级 img 节点
div#images [href]	选择 id="images" 的 div 中所有带有 href 属性的子节点
div:not(#images)	选择所有 id 不等于 "images" 的 div 节点
a:nth-child(3)	选择第 3 个 a 节点
a:nth-child(2n+1)	选择所有第奇数个 a 节点
a:nth-child(2n)	选择所有第偶数个 a 节点
li:last-child	选择每组中最后一个 li 节点
li:first-child	选择每组中第一个 li 节点
[href$=".html"]	选择所有 href 属性以 ".html" 结束的节点
[href^="image"]	选择所有 href 属性以 "image" 开头的节点
a[href*="3"]	选择所有 href 属性中包含 "3" 的 a 节点
a::text	选择所有 a 节点的文本
a::attr(href)	选择所有 a 节点的 href 属性值，与 a::attr("href") 等价

为了演示 XPath 选择器和 CSS 选择器的语法和使用，下面的代码根据配套文件 index.html 的内容直接创建了 response 对象，其中的选择器用法同样适用于 Scrapy 爬虫项目中爬虫类的成员方法 parse() 中的 response 对象的选择器。为节约篇幅，略去了代码执行结果，请读者自行打开配套文件 index.html 并运行下面的代码，根据执行结果和注释进行理解。

```
>>> from scrapy.selector import Selector
>>> with open('index.html', encoding='utf8') as fp:
    body = fp.read()
>>> selector = Selector(text=body)                    # 直接创建选择器对象
>>> selector.xpath('//title//text()').get()          # 提取第一个<title>标签的文本
>>> selector.xpath('//title//text()').extract()      # 提取所有<title>标签的文本
>>> selector.css('title::text').get()                # 使用 CSS 选择器
>>> selector.css('head *::text').getall()            # 返回<head>标签所有子孙标签中的文本
>>> selector.xpath('//img/text()').get('不存在')     # 指定不存在时返回的默认值
>>> selector.css('div').attrib                       # 查看元素所有属性
>>> selector.xpath('//div').attrib
>>> selector.xpath('//div/@id').get()                # 提取第一个<div>标签的 id 属性值
>>> selector.xpath('//a[1]').get()                   # 提取第一个<a>标签
>>> selector.xpath('//a/text()').get()               # 返回第一个<a>标签的文本
>>> selector.xpath('//a/text()').getall()            # 返回全部，getall() 等价于 extract()
>>> selector.xpath('//a/text()').extract()           # 2.6.1 版本开始不推荐使用 extract()
>>> selector.xpath('//a/@href').extract()            # 提取超链接地址
>>> selector.css('a').xpath('@href').getall()        # XPath 选择器和 CSS 选择器混合使用
>>> selector.css('a::attr(href)').getall()           # 使用 CSS 选择器
>>> selector.xpath('//a[starts-with(@href, "https")]/text()').getall()
```

```
                                       # starts-with() 用于对标签的属性进行约束
                                       # 要求 href 属性以字母 "https" 开始
>>> selector.xpath('//li[last()]/text()').getall()
                                       # 每一组中的最后一个 <li> 标签的文本
>>> selector.css('li:last-child::text').getall()
                                       # 使用 ::text 提取标签中的文本
>>> selector.xpath('//img/@src').getall()# 提取所有图片地址
>>> selector.xpath('//a/img/@src').getall() # 提取标签 <a> 中 <img> 的 src 属性
>>> selector.xpath('//a').xpath('img/@src').getall()
                                       # 使用相对路径选择器
                                       # xpath() 和 css() 的返回结果是选择器对象列表
                                       # 可以继续调用 xpath() 和 css() 方法
>>> selector.xpath('//a').xpath('.//img/@src').getall()
                                       # 使用相对路径选择器
>>> selector.css('img').xpath('@src').getall()
>>> selector.xpath('//div[contains(@style, "background-color")]/p/text()').getall()
                                       # contains() 用于对元素的属性进行约束
                                       # 要求 style 属性包含字符串 "background-color"
>>> selector.css('div[id*=red]::attr(id)').getall()
                                       # 使用 ::attr() 提取特定属性的值
                                       # 所有属性 id 包含 "red" 的 <div> 标签的 id 属性值
                                       # 下一行是等价的写法
>>> selector.css('div[id*="red"]::attr(id)').getall()
>>> selector.css('img').attrib['src']    # 返回第一个图片的地址
>>> selector.css('img::attr(src)').get() # 使用 ::attr() 提取特定属性的值
>>> [image.attrib['src'] for image in selector.css('img')]
                                       # 返回所有图片的地址，这是列表推导式语法
>>> selector.css('img::attr(src)').getall()
>>> selector.xpath('//ol[@type="A"]/li/text()').get()
                               # 提取 type 属性为 "A" 的 <ol> 标签中第一个 <li> 标签的文本
>>> selector.xpath('//ol[contains(@type, "A")]/li/text()').re(r'(.+?)，董付国')
>>> selector.xpath('//ol[contains(@type, "A")]/li/text()').re_first(r'(.+?)，董付国')
>>> selector.css('title::text,a::text').getall()   # 同时选择多个标签，CSS 分组选择器语法
>>> selector.css('title,a').xpath('text()').getall()
>>> len(selector.css('#books2').xpath('li'))      # id="books2" 的标签中 <li> 标签的数量
>>> selector.css('div[id="yellowDiv"]>img')       # 父子选择器
                                       # 选择 id="yellowDiv" 的 div 节点的直接 img 子节点
>>> selector.css('div>img')
>>> selector.css('div li::text').getall()
                                       # 后代选择器，<li> 不必须是 <div> 的直接子节点
                                       # 只要是 <div> 的子节点就行
>>> selector.css('br+div').attrib['style']
                                       # 兄弟且紧邻选择器
                                       # 选择与 <br> 平级的第一个 <div> 的 style 属性
>>> selector.css('[style]').xpath('@style').getall()
                                       # 所有具有 style 属性的标签的 style 属性值
>>> selector.css('span[style]').xpath('@style').getall()
                                       # 所有具有 style 属性的 <span> 标签的 style 属性值
```

```
>>> selector.css('span:nth-child(3)').xpath('@style').getall()
                                          # 第三个 <span> 标签的 style 属性
>>> selector.css('span:nth-child(2n)').xpath('@style').getall()
                                          # 第偶数个 <span> 标签的 style 属性
>>> selector.css('span:nth-child(2n+1)').xpath('@style').getall()
                                          # 第奇数个 <span> 标签的 style 属性
>>> selector.css('li[onclick]::text').getall()
                                          # 有 onclick 属性的 <li> 标签的文本
>>> selector.css('ol[id*="ok"]').xpath('@id').getall()
                                          # id 属性包含 "ok" 的 <ol> 标签的 id 属性
>>> selector.css('ol[id$="4"]').xpath('@id').getall()
                                          # id 属性以 "4" 结束的 <ol> 标签的 id 属性
>>> selector.css('img[src^="http"]').xpath('@src').getall()
                                          # src 属性以 "http" 开头的 <img> 标签的 src 属性
>>> selector.css('div#yellowDiv [onclick]::text').getall()
                          # id 为 "yellowDiv" 的 <div> 标签中带有 onclick 属性的标签的文本
>>> selector.css('.redText::text').getall()
                                          # 所有 class="redText" 的标签的文本
>>> selector.xpath('//td[has-class("redText")]/text()').getall()
>>> selector.css('td.redText::text').getall()
                                          # class="redText" 的 <td> 标签的文本
>>> selector.css('span[style="color:green;"]+span').getall()
                                          # 紧邻绿色 <span> 的第一个兄弟 <span>
>>> selector.css('span[style="color:green;"]~span').getall()
                                          # 绿色 <span> 后面的兄弟 <span>
>>> selector.css('sup::text').getall()    # 所有上标文本
```

10.4.2 Scrapy 网络爬虫案例实战

例 10-13

例 10-13 编写网络爬虫程序，采集天涯小说《宜昌鬼事》全文并保存为本地记事本文件。为节约篇幅，下面直接给出网络爬虫程序代码，请读者自行使用浏览器打开代码中给出的网页 URL 并查看源代码来理解代码中选择器的含义。把代码保存为文件“爬取天涯小说.py”，然后切换到命令提示符窗口或 PowerShell 窗口，执行命令“scrapy runspider 爬取天涯小说.py”运行网络爬虫程序，稍等几分钟即可在当前文件夹中得到小说全文的文件 result.txt。

```
from re import sub
from os import remove
import scrapy
from scrapy.utils.url import urljoin_rfc

# 类的名字可以修改，但必须继承 scrapy.spiders.Spider 类
class MySpider(scrapy.spiders.Spider):
    # 爬虫的名字，每个爬虫必须有不同的名字
    name = 'spiderYichangGuishi'
    # 要爬取的小说首页，运行爬虫程序时，自动请求 start_urls 列表中指定的页面
    # 如果需要跟踪链接并继续爬取，可以自己提取下一页的链接并创建 Response 对象
    start_urls = ['http://bbs.tianya.cn/post-16-1126849-1.shtml']
```

```
    def __init__(self):
        # 类的构造方法，创建爬虫对象时自动调用，每次运行爬虫程序时，尝试删除之前的文件
        try:
            remove('result.txt')
        except:
            pass

    def parse(self, response):
        # 对 start_urls 列表中每个要爬取的页面来说，会自动调用这个方法
        # 遍历作者发布的所有帖子所在的 div 节点
        for author_div in response.xpath('//div[@_hostid="13357319"]'):
            # 提取 class 属性中包含 ".bbs-content" 的节点文本，也就是作者发帖内容
            j =  author_div.css('.bbs-content::text').getall()
            for c in j:
                # 删除空白字符和干扰符号
                c = sub(r'\n|\r|\t|\u3000|\|', '', c.strip())
                # 把提取到的文本追加到文件中
                with open('result.txt', 'a', encoding='utf8') as fp:
                    fp.write(c+'\n')

        # 获取下一页网址并继续爬取
        next_url = response.xpath('//a[text()="下页"]/@href').get()
        if next_url:
            # 把相对地址转换为绝对地址
            next_url = urljoin_rfc(response.url, next_url).decode()
            # 指定使用 parse() 方法处理服务器返回的 Response 对象
            yield scrapy.Request(url=next_url, callback=self.parse)
```

例 10-14 编写网络爬虫程序，采集山东省各城市未来 7 天的天气预报数据。在例 10-13 中演示了只包含单个 Python 程序的简单 Scrapy 爬虫，不适合复杂的大型数据采集任务。对于复杂的爬虫，需要创建一个项目（或称为工程）自动生成大部分文件作为框架，然后像搭积木和填空一样逐步完善相应的文件（也可以根据需求创建必要的新文件）。本例一步一步地演示创建和运行 Scrapy 爬虫项目的完整流程。

例 10-14

（1）使用浏览器（编写网络爬虫程序前分析网页源代码时建议使用 Chrome 浏览器）打开山东省天气预报首页地址 http://www.weather.com.cn/shandong/index.shtml，查看网页源代码，选中浏览器左上角的“自动换行”复选框，定位山东省各城市天气预报链接地址，如图 10-3 中矩形框所示（图中左侧数字为浏览器显示的网页源代码行号）。

（2）在页面上找到并打开烟台市天气预报链接，查看网页源代码，定位未来 7 天的天气预报数据所在位置，如图 10-4 中矩形框所示，其他各城市的天气预报页面结构与此相同。

（3）打开命令提示符窗口，切换到工作文件夹下，执行命令“scrapy startproject sdWeatherSpider”创建爬虫项目，其中 sdWeatherSpider 是爬虫项目的名字。

按照执行命令成功后的提示信息，继续执行命令“cd sdWeatherSpider”进入爬虫项目的文件夹，然后执行命令“scrapy genspider everyCityinSD www.weather.com.cn”创建爬虫程序。

```
265 <div class="forecastBox" id="forecastID">
266 <dl>
267 <dt>
268 <a title="济南天气预报" href="http://www.weather.com.cn/weather/101120101.shtml" target="_blank">济南</a>
269 </dt>
270 <dd>
271 <a href="http://www.weather.com.cn/static/html/legend.shtml" target="_blank"><img alt="" src="/m2/i/icon_weather/21x15/d02.gif" /><img
272 <a><span>33℃</span></a>/<a><b>25℃</b></a>
273 </dd>
274 </dl>
275 <dl>
276 <dt>
277 <a title="青岛天气预报" href="http://www.weather.com.cn/weather/101120201.shtml" target="_blank">青岛</a>
278 </dt>
279 <dd>
280 <a href="http://www.weather.com.cn/static/html/legend.shtml" target="_blank"><img alt="" src="/m2/i/icon_weather/21x15/d01.gif" /><img
281 <a><span>29℃</span></a>/<a><b>24℃</b></a>
282 </dd>
283 </dl>
284 <dl>
285 <dt>
286 <a title="淄博天气预报" href="http://www.weather.com.cn/weather/101120301.shtml" target="_blank">淄博</a>
287 </dt>
288 <dd>
289 <a href="http://www.weather.com.cn/static/html/legend.shtml" target="_blank"><img alt="" src="/m2/i/icon_weather/21x15/d01.gif" /><img
290 <a><span>33℃</span></a>/<a><b>24℃</b></a>
291 </dd>
292 </dl>
293 <dl>
294 <dt>
295 <a title="德州天气预报" href="http://www.weather.com.cn/weather/101120401.shtml" target="_blank">德州</a>
296 </dt>
```

图10-3 山东省各城市天气预报链接地址

```
546 <ul class="t clearfix">
547 <li class="sky skyid lv1 on">
548 <h1>21日（今天）</h1>
549 <big class="png40 d01"></big>
550 <big class="png40 n08"></big>
551 <p title="多云转中雨" class="wea">多云转中雨</p>
552 <p class="tem">
553 <span>29</span>/<i>22℃</i>
554 </p>
555 <p class="win">
556 <em>
557 <span title="南风" class="S"></span>
558 <span title="南风" class="S"></span>
559 </em>
560 <i>3-4级转4-5级</i>
561 </p>
562 <div class="slid"></div>
563 </li>
564 <li class="sky skyid lv3">
565 <h1>22日（明天）</h1>
566 <big class="png40 d08"></big>
567 <big class="png40 n01"></big>
568 <p title="中雨转多云" class="wea">中雨转多云</p>
569 <p class="tem">
570 <span>27</span>/<i>23℃</i>
571 </p>
572 <p class="win">
573 <em>
574 <span title="南风" class="S"></span>
575 <span title="东北风" class="NE"></span>
576 </em>
577 <i>4-5级转5-6级</i>
578 </p>
579 <div class="slid"></div>
580 </li>
581 <li class="sky skyid lv2">
582 <h1>23日（后天）</h1>
583 <big class="png40 d01"></big>
```

图10-4 每个城市的天气预报信息格式

此时已经成功创建了爬虫项目和爬虫程序，读者可以使用资源管理器查看爬虫项目文件夹的结构，也可以在命令提示符窗口或 PowerShell 窗口中使用 Windows 命令 dir 查看，爬虫项目文件夹结构与主要文件功能如图 10-5 所示。完成此操作后不要关闭命令提示符窗口，后面还要使用。

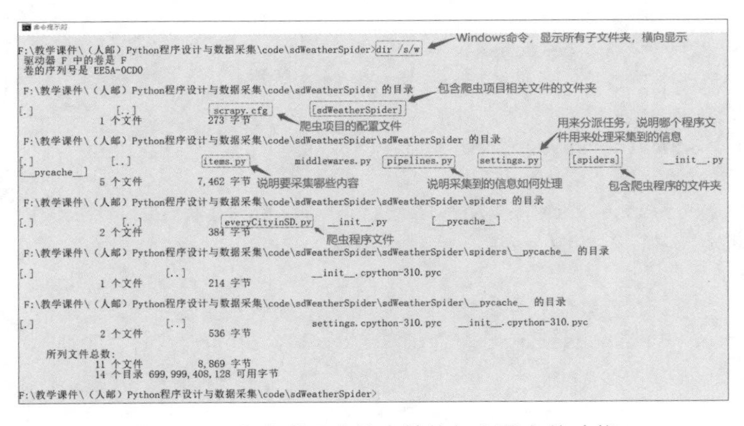

图10-5 爬虫项目文件夹结构与主要文件功能

（4）打开文件 sdWeatherSpider\sdWeatherSpider\items.py，删除其中的 pass 语句，增加下面代码中的最后两行，新增两个数据成员 city 和 weather，指定要采集的信息包括城市名称和天气信息。

```
import scrapy

class SdweatherspiderItem(scrapy.Item):
    # define the fields for your item here like:
    city = scrapy.Field()
    weather = scrapy.Field()
```

（5）打开文件 sdWeatherSpider\sdWeatherSpider\spiders\everyCityinSD.py，增加代码，实现信息采集的功能。

```
import scrapy
from os import remove
from sdWeatherSpider.items import SdweatherspiderItem

class EverycityinsdSpider(scrapy.Spider):
    name = 'everyCityinSD'
    allowed_domains = ['www.weather.com.cn']
    # 首页，爬虫开始工作的页面
    start_urls = ['http://www.weather.com.cn/shandong/index.shtml']

    try:
        remove('weather.txt')
    except:
        pass

    def parse(self, response):
        # 获取每个城市的链接地址
        urls = response.css('dt>a[title]::attr(href)').getall()
        for url in urls:
            # 针对每个链接地址发起请求
            # 指定使用 parse_city() 方法处理服务器返回的 Response 对象
            yield scrapy.Request(url=url, callback=self.parse_city)

    def parse_city(self, response):
        ''' 处理每个地市天气预报链接地址的实例方法 '''
        # 用来存储采集到的信息的对象
        item = SdweatherspiderItem()
        # 获取城市名称
        city = response.xpath('//div[@class="crumbs fl"]/a[3]/text()')
        item['city'] = city.get()

        # 定位包含天气预报信息的 ul 节点，其中每个 li 节点存放一天的天气
        selector = response.xpath('//ul[@class="t clearfix"]')[0]

        weather = []
        # 遍历当前 ul 节点中的所有 li 节点，提取每天的天气信息
        for li in selector.xpath('./li'):
            # 提取日期
            date = li.xpath('./h1/text()').get()
            # 云的情况
            cloud = li.xpath('./p[@title]/text()').get()
            # 晚上页面中不显示高温
            high = li.xpath('./p[@class="tem"]/span/text()').get('none')
            low = li.xpath('./p[@class="tem"]/i/text()').get()
            wind = li.xpath('./p[@class="win"]/em/span[1]/@title').get()
            wind += ','+li.xpath('./p[@class="win"]/i/text()').get()
            weather.append(f'{date}:{cloud},{high}/{low},{wind}')
```

```
            item['weather'] = '\n'.join(weather)
            return [item]
```

（6）打开文件 sdWeatherSpider\sdWeatherSpider\pipelines.py，增加代码，把采集到的信息写入本地文本文件 weather.txt 中。

```
class SdweatherspiderPipeline(object):
    def process_item(self, item, spider):
        with open('weather.txt', 'a', encoding='utf8') as fp:
            fp.write(item['city']+'\n')
            fp.write(item['weather']+'\n\n')
        return item
```

（7）打开文件 sdWeatherSpider\sdWeatherSpider\settings.py，找到下面代码中的字典 ITEM_PIPELINES，解除注释并设置值为 1，该操作用来分派任务，指定处理采集到的信息的管道。

```
ITEM_PIPELINES = {
    'sdWeatherSpider.pipelines.SdweatherspiderPipeline':1,
    }
```

（8）至此，爬虫项目全部完成。切换到命令提示符窗口，确保当前处于爬虫项目文件夹中，执行命令“scrapy crawl everyCityinSD”运行爬虫项目，观察运行过程。如果运行正常会在爬虫项目文件夹中得到文本文件 weather.txt；如果运行失败，读者可以仔细阅读运行过程中给出的错误提示，然后检查上面的步骤是否有遗漏或代码是否有错误，修改后重新运行爬虫项目，直到得到正确结果。

（9）多次运行爬虫程序，观察生成的结果文件会发现，每次城市的顺序都不一样。这是因为 Scrapy 对不同页面的请求是异步的，对每个页面返回的数据是并发处理的，不是顺序执行的。如果想保证顺序，有两个常用方法：一是在每个请求之后使用标准库函数 time.sleep() 等待一定时间，二是修改文件 sdWeatherSpider\sdWeatherSpider\settings.py，修改语句“#CONCURRENT_REQUESTS=32”为“CONCURRENT_REQUESTS=1”使每个时刻只处理一个请求。

例 10-15 使用 Scrapy 框架编写网络爬虫程序，批量下载微信公众号“Python 小屋”文章里的图片。本例重点介绍和演示如何使用 Scrapy 的图片下载功能，以及自定义图片文件名的用法。

（1）打开命令提示符窗口，切换至工作文件夹，执行命令“scrapy startproject PythonXiaowuPicture”创建爬虫项目 PythonXiaowuPicture。

（2）继续执行命令“cd PythonXiaowuPicture”和“scrapy genspider pictureSpider mp.weixin.qq.com”创建爬虫程序。

（3）打开 PythonXiaowuPicture\PythonXiaowuPicture\items.py 文件，增加代码，定义要采集的内容。

```
import scrapy

class PythonxiaowupictureItem(scrapy.Item):
    # define the fields for your item here like:
    image_urls = scrapy.Field()
    images = scrapy.Field()
    image_path = scrapy.Field()
```

（4）打开 PythonXiaowuPicture\PythonXiaowuPicture\spiders\pictureSpider.py 文件，增加代码，实现爬虫功能。

```
import scrapy
from PythonXiaowuPicture.items import PythonxiaowupictureItem

class PicturespiderSpider(scrapy.Spider):
    name = 'pictureSpider'
    allowed_domains = ['mp.weixin.qq.com']
    # 要采集的包含图片的微信公众号“Python 小屋”文章页面
    start_urls = ['https://mp.weixin.qq.com/s/68TqrkSWdt921UkiIFErUg']

    def parse(self, response):
        item = PythonxiaowupictureItem()
        # 要下载的图片链接地址，结合网页源代码理解选择器含义
        urls = response.css('section>img::attr(data-src)').getall()
        item['image_urls'] = urls
        return item
```

（5）打开 PythonXiaowuPicture\PythonXiaowuPicture\pipelines.py 文件，增加代码，继承图片下载管道类 ImagesPipeline，实现图片下载和命名。另外，Scrapy 还提供了用于下载文件的管道类 FilesPipeline，用法与 ImagesPipeline 的类似。

```
from scrapy.http import Request
from scrapy.pipelines.images import ImagesPipeline

class PythonxiaowupicturePipeline(object):
    def process_item(self, item, spider):
        return item

class PythonXiaowuSavepicturePipeline(ImagesPipeline):
    def get_media_requests(self, item, info):
        # 获取所有图片的链接地址，也就是 item 中 image_urls 列表
        self.image_urls_ = item.get(self.images_urls_field, [])
        return [Request(x) for x in self.image_urls_]

    def file_path(self, request, response=None, info=None):
        # 以当前图片链接地址在所有图片链接地址的列表中的下标命名图片文件
        # 如果不重写这个方法，默认以哈希值命名
        # 如果链接地址最后是网络图片文件名，可使用 basename(request.url) 命名
        index = self.image_urls_.index(request.url)
        return f'{index}.jpg'
```

（6）打开 PythonXiaowuPicture\PythonXiaowuPicture\middlewares.py 文件，修改其中 PythonxiaowupictureDownloaderMiddleware 类 的 process_request(self, request, spider) 方法，增加代码，自定义头部对抗服务器的 User-Agent 检查和防盗链检查。

```
def process_request(self, request, spider):
    request.headers['User-Agent'] = 'Chrome/Edge/IE'
    request.headers['Referer'] = request.url
    return None
```

（7）打开 PythonXiaowuPicture\PythonXiaowuPicture\settings.py 文件，重点修改下面几处代码，设置不遵守服务器端 robots.txt 文件定义的规则、启用下载中间件、启用自定义的管

道类 PythonXiaowuSavepicturePipeline、设置图片文件保存位置以及预期图片的最小尺寸。

```
ROBOTSTXT_OBEY = False

DOWNLOADER_MIDDLEWARES = {
    'PythonXiaowuPicture.middlewares.PythonxiaowupictureDownloaderMiddleware': 1,
}

ITEM_PIPELINES = {
    'PythonXiaowuPicture.pipelines.PythonXiaowuSavepicturePipeline': 1,
    'PythonXiaowuPicture.pipelines.PythonxiaowupicturePipeline': 300,
}

# 下载的图片保存位置
IMAGES_STORE = r'.\image'
# 小于指定尺寸的图片将被忽略，不下载
# 可以修改下面的数值后重新运行爬虫项目，比较修改前后的结果
IMAGES_MIN_HEIGHT = 500
IMAGES_MIN_WIDTH = 900
```

（8）至此，爬虫项目全部完成。切换到命令提示符窗口，确保当前处于爬虫项目文件夹中，执行命令“scrapy crawl pictureSpider”运行爬虫项目。观察运行过程中的提示信息，如果遇到错误，检查前面的步骤是否有遗漏或代码是否有抄写错误，修改后重新运行，直至运行成功，程序自动在爬虫项目文件夹中创建子文件夹 image 并把下载的图片文件保存到 image 子文件夹中，每个图片以数字编号命名。

10.5 使用扩展库 Selenium 和 MechanicalSoup 编写网络爬虫程序

Selenium 是一个用于 Web 应用程序自动化测试的工具，支持 Chrome、Firefox、Safari 等主流有界面浏览器和 PhantomJS 无界面浏览器。Selenium 直接驱动浏览器程序并调用其本身的功能，支持与 HTML 元素交互，支持表单填写和提交，支持 JavaScript，可以非常逼真地模拟用户在浏览器界面上的操作。MechanicalSoup 也是一款非常成熟的爬虫扩展库，功能与 Selenium 的类似，但不支持 JavaScript。扩展库 pyppeteer 可关注作者微信公众号学习。

Selenium 支持 8 种定位页面上元素的方法，包括用于选择单个元素的 find_element_by_id()（根据元素的 id 属性定位）、find_element_by_name()（根据元素的 name 属性定位）、find_element_by_xpath()（使用 XPath 选择器语法定位）、find_element_by_link_text()（根据完整的链接文本定位）、find_element_by_partial_link_text()（根据部分链接文本定位）、find_element_by_tag_name()（根据标签名定位）、find_element_by_class_name()（根据类名定位，也就是 class 属性）、find_element_by_css_selector()（根据 CSS 选择器语法定位），以及对应的选择多个元素的复数形式 find_elements_*() 方法。

另外，Selenium 还提供了可以操控浏览器的方法 set_window_size()（设置窗口大小）、maximize_window()（最大化窗口）、back()（后退到浏览历史的上一个页面）、forward()（前进到浏览历史的下一个页面）、refresh()（刷新），以及属性 current_url（当前正在浏览的页面 URL）、title（窗口标题）、name（浏览器名称）。使用上面介绍的 8 种定位方法选择到的页面元素支持 clear()（清除文本）、send_keys (value)（模拟输入内容）、click()（模拟鼠标单击操作）、submit()（提交表单）、get_attribute(name)（获取元素指定属性的值）、

is_displayed()（测试元素是否可见）、is_selected()（测试是否处于选中状态）、is_enabled()（测试是否处于启用状态）、size（返回元素的尺寸）、text（返回元素的文本）等方法和属性。还通过 selenium.webdriver.common.action_chains.ActionChains 类提供了 click()、click_and_hold()、context_click()、double_click()、drag_and_drop()、drag_and_drop_by_offset()、key_down()、key_up()、move_by_offset()、move_to_element()、move_to_element_with_offset()、pause()、perform()、release()、reset_actions()、send_keys()、send_keys_to_element() 等大量支持鼠标与键盘事件的方法。

限于篇幅，本节直接通过案例演示 Selenium 和 MechanicalSoup 在编写网络爬虫程序方面的应用，不详细介绍它们的基本用法，请读者自行查阅资料或帮助文档学习。

例 10-16 编写网络爬虫程序，借助于百度爬取与微信公众号“Python 小屋”密切相关的文章。

（1）打开 Chrome 浏览器，在地址栏输入“chrome://version”并按 Enter 键，查看 chrome 浏览器版本号，如图 10-6 中矩形框所示。

（2）访问网址 http://chromedriver.storage.googleapis.com/index.html，找到与本机浏览器版本号一致的文件夹，下载 Windows 版本的 Chrome 浏览器驱动程序，如图 10-7 所示。解压缩下载的文件，把得到的文件 chromedriver.exe 复制到 Python 安装目录中，如 C:\Python310。

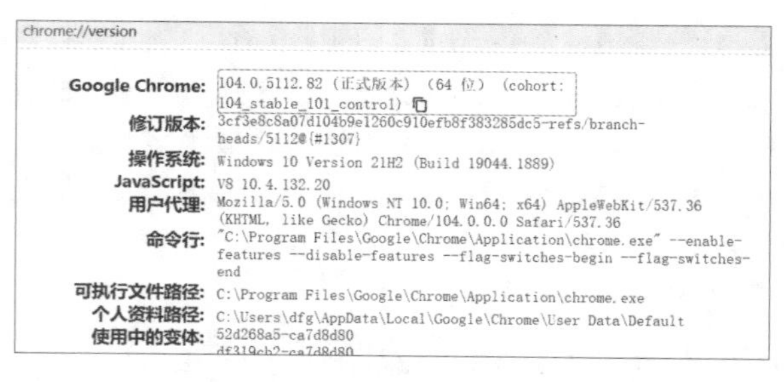

图10-6 查看Chrome浏览器版本号

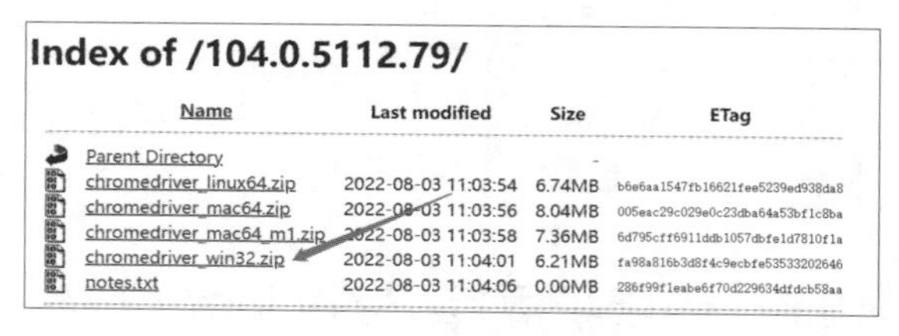

图10-7 下载Chrome浏览器驱动程序

（3）打开命令提示符窗口，进入 Python 安装目录中的 scripts 文件夹，执行命令“pip install selenium mechanicalsoup”安装扩展库 Selenium 和 MechanicalSoup。

（4）编写代码，使用 Chrome 浏览器分别打开百度首页和微信公众号“Python 小屋”维护的历史文章清单 https://mp.weixin.qq.com/s/r1pt87w5Msww3aXpIUFA7A，查看网页源代码，帮助理解代码中正则表达式的功能。

```
from time import sleep
from re import findall, sub
from urllib.request import urlopen
import mechanicalsoup
from selenium import webdriver

# 记录爬了多少个密切相关的链接
total = 1

def getTitles():
    ''' 获取微信公众号“Python 小屋 " 历史文章标题 '''
    url = 'https://mp.weixin.qq.com/s/r1pt87w5Msww3aXpIUFA7A'
    with urlopen(url) as fp:
        content = fp.read().decode('utf8')
    pattern = r'<p>.*?<a href=".*?" .*?data-linktype="2">(.+?)</a>'
```

```
    titles = findall(pattern, content)
    # 过滤标题中可能存在的 span 代码，只保留纯文本
    return [sub(r'</?span.*?>', '', item) for item in titles]

# 与微信公众号里的文章标题进行比对，如果非常相似就返回 True
def check(text):
    for article in titles:
        # 这里使用切片，是因为有的网站在转发微信公众号文章时标题不完整
        # 例如把“使用 Python+pillow 绘制矩阵盖尔圆”的前两个字“使用”给漏掉了
        if article[2:-2].lower() in text.lower():
            return True
    return False

def getLinks():
    global total
    # 查找当前页面上所有的超链接
    for link in browser.get_current_page().select('a'):
        # 超链接的文本
        text = link.text
        # 只输出密切相关的链接
        if check(text):
            # 超链接地址
            url = link.attrs['href']
            if not url.startswith(r'https://www.baidu.com/link?'):
                continue
            try:
                # 模拟使用 Chrome 浏览器打开链接，获取真实 URL
                chrome.get(url)
                # 有的网站设置为登录之后才能访问站内网页，忽略这样的网站
                if 'login' not in chrome.current_url:
                    url = chrome.current_url
                    print(total, ':', link.text, '-->', url)
                    total = total+1
            except:
                continue

def main():
    currentPageNum = 1
    while True:
        # 查找下一页链接地址
        for link in browser.get_current_page().select('a'):
            if link.text == str(currentPageNum+1):
                nextPageUrl = r'http://www.baidu.com' + link.attrs['href']
                break
        # 打开下一页，控制尝试次数，超过 3 次不成功则认为已结束
        tryTimes = 1
        while True:
            try:
                browser.open(nextPageUrl)
                break
```

```
            except:
                # 超过 3 次不成功，认为已结束
                if tryTimes > 3:
                    print('已超过 3 次访问下一页失败，程序结束。')
                    return
                print('访问下一页失败，5 秒后重试。')
                tryTimes = tryTimes + 1
                sleep(5)
        getLinks()
        currentPageNum = currentPageNum + 1

# 模拟打开百度首页，模拟输入并提交关键字
browser = mechanicalsoup.StatefulBrowser()
browser.open(r'http://www.baidu.com')
browser.select_form('#form')
browser['wd'] = 'Python 小屋'
browser.submit_selected()

# 创建 Chrome 浏览器对象
options = webdriver.ChromeOptions()
# 添加无头参数
options.add_argument('--headless')
options.add_argument('--disable-gpu')
options.add_argument('--no-sandbox')
options.add_argument('lang=zh_CN.UTF-8')
# 允许不安全的证书
options.add_argument('--allow-running-insecure-content')
# 忽略认证错误信息
options.add_argument('--ignore-certificate-errors')
options.add_argument("user-agent='Mozilla/5.0 (Windows NT 10.0; Win64; x64)'"
                     ' AppleWebKit/537.36 (KHTML, like Gecko)'
                     "' Chrome/70.0.3538.77 Safari/537.36'")
chrome = webdriver.Chrome(options=options)

titles = getTitles()
main()
chrome.quit()
```

（5）运行上面的程序并观察结果。

例 10-17 编写网络爬虫程序，使用 Python+Selenium 操控 Chrome 浏览器，实现百度搜索自动化。程序如下：

```
from time import sleep
from selenium import webdriver
from selenium.webdriver.support.select import Select

# 启动浏览器
driver = webdriver.Chrome()
driver.implicitly_wait(30)
# 最大化窗口
driver.maximize_window()
```

```
# 打开指定URL
driver.get('http://www.baidu.com')
sleep(2)

# 模拟输入关键字
driver.find_element_by_name('wd').send_keys('董付国 Python小屋')
# 模拟单击“百度一下”按钮
driver.find_element_by_id('su').click()

# 连续爬取20页
for page in range(1, 21):
    # 查找页面上所有搜索结果的超链接
    xpath_selector = ('//div[contains(@class,"result") and'
                      ' contains(@class,"c-container") and'
                      ' contains(@class,"new-pmd")]/h3/a')
    result = driver.find_elements_by_xpath(xpath_selector)
    # 获取超链接的文本和链接地址
    links = [(link.text,link.get_attribute('href')) for link in result]
    # 下一页链接地址在class="n"的<a>中，注意上一页和下一页的<a>都是class="n"
    next_url = (driver.find_elements_by_css_selector('a.n')[-1]
                .get_attribute('href'))
    # “上一页”的链接地址最后是rsv_page=-1
    # “下一页”的链接地址最后是rsv_page=1
    # 第一页没有“上一页”，最后一页没有“下一页”
    # 如果已经到达最后一页，结束循环
    if next_url.endswith('rsv_page=-1'):
        break

    print(f'第{page}页搜索结果:')
    # 模拟打开每个超链接，获取真实地址
    for text, href in links:
        driver.get(href)
        url = driver.current_url
        print(text, url, sep=':')

    # 进入搜索结果下一页
    driver.get(next_url)

# 关闭浏览器
driver.quit()
```

运行程序，会自动打开Chrome浏览器并自动打开百度搜索引擎，自动输入关键字，然后提取并输出每个搜索结果的文本和链接地址。使用这种方式打开Chrome浏览器时，窗口上会显示“Chrome正受到自动测试软件的控制。”，和用户直接使用浏览器不一样，如图10-8所示。

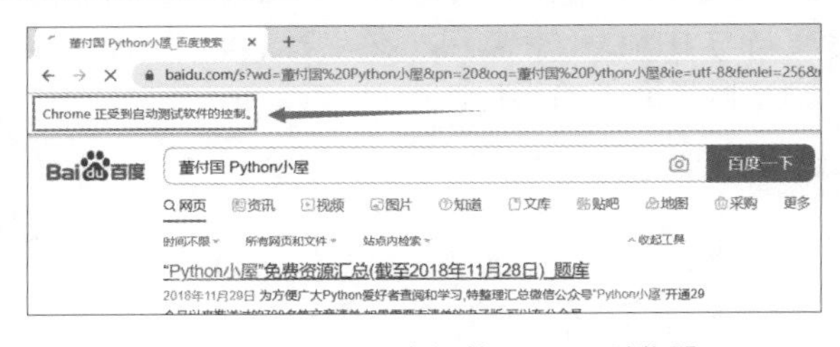

图10-8　使用程序操控Chrome浏览器

本章知识要点

- HTML 标签用来描述和确定页面上内容的布局，标签名不区分大小写。
- 在动态网页中，参数提交方式有 OPTIONS、GET、HEAD、POST、PUT、DELETE、TRACE、CONNECT 等，其中 GET 和 POST 使用最多，在网页源代码中通过 <form> 标签的 method 属性来设置，另外还需要通过 action 属性设置用来接收并处理参数的程序文件路径。
- Python 3.x 标准库 urllib 提供了 urllib.request、urllib.response、urllib.parse、urllib.error 和 robotparser 这 5 个模块，很好地支持了网页内容读取所需要的功能。
- Python 标准库模块 urllib.request 中的 urlopen() 函数可以用来打开指定的 URL 或 Request 对象，成功打开之后，可以使用 read() 方法读取并返回字节串形式的网页源代码。
- 用户在客户端向服务器请求资源时，会携带一些客户端的信息，服务器在响应和处理请求之前会对客户端信息进行检查，如果不符合要求就会拒绝提供资源，这也是常用的反爬机制之一。另外，服务器也会检查同一个客户端请求数据的频繁程度，如果过于密集会认为是爬虫程序在采集数据，然后拒绝。
- 如果 URL 中包含中文、空格或其他特殊字符，需要使用标准库模块 urllib.parse 中的函数进行处理。
- 正则表达式由元字符及其不同组合来构成，通过巧妙地构造一类规则匹配符合该规则的字符串，完成查找、替换、分隔等复杂的字符串处理任务。
- 在编写网络爬虫程序时至少需要考虑以下几个方面的内容：（1）采集的信息中是否包含个人隐私或商业机密；（2）对方是否同意或授权采集这些信息；（3）对方是否同意公开或授权转载这些信息，不可擅作主张转载到自己的平台；（4）采集到的信息如何使用，公开展示时是否需要做脱敏处理，是否用于盈利或商业目的；（5）网络爬虫程序运行时是否会对对方服务器造成伤害，如拖垮宕机、影响正常业务。
- 使用标准库 urllib 和 re 编写网络爬虫程序对程序员要求比较高，并且容易出错，尤其是正则表达式的编写要求非常严格，多写或少写一个空格、大小写错误都会导致运行结果不正确。使用扩展库 requests 获取网页源代码比使用标准库 urllib 更加简单，使用扩展库 beautifulsoup4 解析网页源代码也比使用正则表达式简单很多。
- 扩展库 beautifulsoup4 可以用来从 HTML 或 XML 文件中提取感兴趣的数据，可以节约程序员大量的宝贵时间。另外，使用 beautifulsoup4 从网页源代码中提取信息不需要对正则表达式有太多了解，降低了对程序员的要求。
- Scrapy 是一套基于 Twisted 的异步处理框架，是纯 Python 实现的开源爬虫框架，支持使用 XPath 选择器和 CSS 选择器从网页上快速提取指定的内容，用户只需要定制开发几个模块就可以轻松地开发一个爬虫项目，使用非常简单。
- Selenium 是一个用于 Web 应用程序自动化测试的工具，支持 Chrome、Firefox、Safari 等主流界面浏览器和 PhantomJS 无界面浏览器。Selenium 测试直接运行在浏览器中，支持与 HTML 元素交互，支持表单填写和提交，支持 JavaScript，可以非常逼真地模拟用户在浏览器界面上的操作。

习题

一、填空题

1. Python 标准库模块 urllib.request 中的 ______________ 函数可以用来打开指定的 URL 或 Request 对象，成功打开之后，可以像读取文件内容一样使用 read() 方法读取网页源代码。

2. 在使用 urllib.request.Request 类请求访问页面时，可以使用 ______________ 参数来自定义头部信息，可用于对抗服务器检查请求对象头部信息并拒绝为爬虫程序提供信息的简单反爬机制。

3. 已知 text = 'a12,b3cc4d3.14e9.8fgh'，且已导入标准库 re，那么表达式 sum(map(float, re.sub('[^\d\.]','',text).split())) 的值为 ______________。

4. 已知 text = 'a12,b3cc4d3.14e9.8fgh'，且已导入标准库 re，那么表达式 sum(map(float, re.findall('\d+',text))) 的值为 ______________。

5. 使用标准库对象 urllib.request.Request 请求网络文件时，如果需要指定请求资源字节范围，可以自定义头部并指定 ______________ 字段（单词首字母大写，其余小写）。

6. 使用扩展库 requests 的函数 get() 成功访问指定 URL 后返回 Response 对象，可以通过 Response 对象的 ______________ 属性来查看字节串形式的网页源代码。

7. Python 扩展库 Scrapy 的子命令 ______________ 用来创建爬虫项目。

8. Python 扩展库 Scrapy 的子命令 ______________ 用来运行爬虫项目。

9. Python 扩展库 Scrapy 的子命令 ______________ 用来运行单个爬虫程序。

10. 在 Scrapy 爬虫程序中，类的数据成员 ______________ 用来指定要爬取的页面 URL，必须为列表，即使只有一个页面 URL。

二、选择题

1. 单选题：使用标准库函数 urllib.request.urlopen(url) 成功打开 url 指定的页面后，返回的对象可以支持使用 read() 方法获取哪种形式的内容？（　　）

A. 字符串　　B. 字节串　　C. CSV 格式　　D. JSON 格式

2. 单选题：正则表达式标准库 re 中能够使圆点可以匹配包括换行符在内的任意字符的标志是（　　）。

A. M　　B. S　　C. U　　D. I

3. 单选题：使用 Scrapy 的 XPath 选择器时，下面哪一个可以用来选择当前节点下面的所有 div 节点？（　　）

A. div　　B. //div　　C. /div　　D. .div

4. 单选题：已知 text = '<p>A</p><p>B</p>'，已导入 Scrapy，并且 selector = scrapy.Selector(text=text)，下面表达式的值不为 'B' 的是（　　）。

A. selector.css('p:last-child::text').get()

B. selector.css('p:nth-child(1)::text').get()

C. selector.css('p:nth-child(2)::text').get()

D. selector.css('p:nth-child(2n)::text').get()

5. 单选题：已知 text = '<p>A</p><p>B</p>'，已导入 Scrapy，并且 selector = scrapy.Selector(text=text)，下面表达式的值不为 'B' 的是（　　）。

A. selector.xpath('//p[2]/text()').get()

B. selector.xpath('//p[last()]/text()').get()

C. selector.xpath('//p[position()=2]/text()').get()

D. selector.xpath('//p[position()>0]/text()').get()

6. 单选题：使用 Scrapy 编写网络爬虫项目时，如果想修改同时处理请求的数量，需要修改爬虫项目 settings.py 中的哪一个变量的值？（　　）

A. BOT_NAME　　B. ITEM_PIPELINES

C. ROBOTSTXT_OBEY　　D. CONCURRENT_REQUESTS

7. 单选题：下面 HTML 标签中可以用来定义浏览器标题的是（　　）。

A. <title>　　B. <head>　　C. <p>　　D. <h1>

8. 单选题：下面 HTML 标签中可以用来定义段落的是（　　）。

A. <title>　　B. <head>　　C. <p>　　D. <thead>

9. 单选题：下面 HTML 标签中可以用来定义表单的是（　　）。

A. <title>　　B. <head>　　C. <p>　　D. <form>

10. 单选题：下面 HTML 标签中可以用来定义超链接的是（　　）。

A. <title>　　B. <div>　　C. <p>　　D. <a>

11. 单选题：下面 HTML 标签中可以用来显示图像的是（　　）。

A. <img>　　B. <div>　　C. <p>　　D. <a>

12. 单选题：下面 HTML 标签中可以用来定义表格中单元格的是（　　）。

A. <table>　　B. <tr>　　C. <td>　　D. <cell>

13. 单选题：下面 HTML 标签中可以用来定义有序列表中列表项的是（　　）。

A. <ol>　　B. <ul>　　C. <li>　　D. <item>

14. 单选题：编写网络爬虫程序时可以自定义头部绕过服务器的某些检查，其中用来绕过防盗链检查的字段是（　　）。

A. User-Agent　　B. Referer　　C. Range　　D. Content-Type

15. 单选题：扩展库 Pandas 中用来从网页文件或 URL 中读取表格数据的函数是（　　）。

A. read_html()　　B. read_sql()　　C. read_excel()　　D. read_table()

三、判断题

1. 在网页源代码中，<html> 和 </html> 是 HTML 文档的最外层标签，分别用来限定文档的开始和结束，告知浏览器这是一个 HTML 文档。（　　）

2. 如果一个 URL 是 https://www.baidu.com/s?wd=%E8%91%A3%E4%BB%98%E5%9B%BD，那么基本可以断定该页面使用 GET 方式提交参数。（　　）

3. 对于任意网页 URL，导入标准库 urllib 之后执行语句 with urllib.request.urlopen(url) as fp: content=fp.read().decode() 总能成功获取网页源代码。（　　）

4. 如果服务器发现一个请求不是浏览器发出的（这时头部信息的 User-Agent 字段会带着 Python 的字样或者是空的）或者不是从资源所在的网站内部发起的，可能会拒绝提供资源，爬虫程序运行时会提示 HTTP Error 403 错误、HTTP Error 502 错误或“Remote end closed connection without response”。（　　）

5. 在使用 urllib.request.Request 类请求访问页面时，使用参数 headers 自定义头部只能提供 User-Agent 字段假装自己是浏览器，没有别的用途了。（　　）

6. 标准库函数 re.findall(pattern, string, flags=0) 列出字符串 string 中所有能够匹配模式 pattern 的子串，返回包含所有匹配结果字符串的列表。如果参数 pattern 中包含子模式，返回的列表中只包含子模式匹配到的内容。（　　）

7. 在使用标准库 urllib 编写网络爬虫程序，通过参数 headers 自定义头部模拟浏览器时，如 headers = {'User-Agent':'Chrome/70.0.3538.110 Safari/537.36'}，其中的 'User-Agent' 严格区分大小写，不能写作 'user-agent'。（　　）

8. 编写网络爬虫程序时，为了避免爬取速度太快被服务器拒绝，可以在程序中适当位置使用标准库函数 time.sleep() 暂停一定时间降低爬取速度。（　　）

9. 使用扩展库 requests 的 get() 函数获取指定 URL 时，如果返回的 Response 对象的属性 status_code 值为 200，表示访问成功。（　　）

10. 使用扩展库 requests 的 get() 函数成功访问指定的网络文件并返回 Response 对象后，

把 Response 对象的 text 属性内容写入本地以 'wb' 模式打开的文件对象中，即可实现网络文件的下载。（　　）

11. 在编写网络爬虫程序时，如果获取到的网页源代码不标准，如某些标签不闭合，就没有办法提取想要的信息了，只能放弃这个页面。（　　）

12. 使用 Python 扩展库 Scrapy 编写网络爬虫程序时，根据 Response 对象创建的选择器对象的 getall() 返回列表，即使提取结果只有一项。（　　）

13. Python 扩展库 Scrapy 的 XPath 选择器语法中，'/div' 只能选择根节点 div，无法选择嵌套在内层的 div 节点。（　　）

14. Python 扩展库 Scrapy 的 XPath 选择器语法中，'//div' 只能选择根节点 div，无法选择嵌套在内层的 div 节点。（　　）

15. Python 扩展库 Scrapy 的 XPath 选择器语法中，'//div/@id' 可以选择所有 div 节点的 id 属性。（　　）

16. Python 扩展库 Scrapy 的 XPath 选择器语法中，'//title/text()' 可以选择所有 title 节点的文本。（　　）

17. Python 扩展库 Scrapy 的 XPath 选择器语法中，'//div/span[2]' 可以选择 div 节点中的第 3 个 span 节点，因为下标是从 0 开始的。（　　）

18. Python 扩展库 Scrapy 的 XPath 选择器语法中，'//div/a[last()]' 可以选择 div 节点内部的最后一个 a 节点。（　　）

19. Python 扩展库 Scrapy 的 CSS 选择器语法中，'ul>li' 只能选择 ul 节点中的第一个 li 节点。（　　）

20. Python 扩展库 Scrapy 的 CSS 选择器语法中，'[href$=".html"]' 可以选择所有 href 属性以 ".html" 结束的节点。（　　）

21. 使用 Python 扩展库 Scrapy 编写网络爬虫时，必须创建爬虫项目，不能只编写一个爬虫程序文件。（　　）

22. 在网页设计中，客户端向服务端提交参数时，GET 方式适用于大量数据的提交，如果页面上有设置为不可见的组件并且需要把组件的值提交给服务器，GET 方式也是合适的。（　　）

23. 使用标准库函数 urllib.request.urlopen() 打开 URL 创建 HTTPResponse 对象之后，使用 HTTPResponse 对象的 read() 方法读取并返回字符串形式的数据。（　　）

四、程序设计题

1. 修改例 10-9 中的代码，只采集 2022 年 1 月 1 日之后标题或正文中包含关键字“疫情”“新冠”的新闻。

2. 修改例 10-14 中采集山东省各城市 7 天的天气预报数据的案例代码，改为采集山东省各城市 8～15 天的天气预报数据。

3. 查阅资料，编写程序，爬取微信公众号“Python 小屋”分享过的教学 PPT、报告 PPT 的文章，采集每个文章中的图片，然后把每个文章中的图片导入扩展名为 .pptx 的文件中，并以文章标题为名保存。

五、简答题

1. 简单描述动态网站提交参数的 GET 方式和 POST 方式的区别。

2. 简单描述常见的反爬机制和对抗方法。

参考文献

[1] 董付国．Python 数据分析、挖掘与可视化（慕课版）[M]．北京：人民邮电出版社，2020.
[2] 董付国．Python 程序设计（第 3 版）[M]．北京：清华大学出版社，2020.
[3] 董付国．Python 程序设计基础（第 3 版）[M]．北京：清华大学出版社，2022.
[4] 董付国．Python 程序设计实验指导书 [M]．北京：清华大学出版社，2019.
[5] 董付国．Python 可以这样学 [M]．北京：清华大学出版社，2017.
[6] 董付国．Python 程序设计开发宝典 [M]．北京：清华大学出版社，2017.
[7] 董付国，应根球．中学生可以这样学 Python（微课版）[M]．北京：清华大学出版社，2020.
[8] 董付国．Python 程序设计基础与应用（第 2 版）[M]．北京：机械工业出版社，2022.
[9] 董付国．大数据的 Python 基础（第 2 版）[M]．北京：机械工业出版社，2023.
[10] 董付国．Python 程序设计实例教程 [M]．北京：机械工业出版社，2019.
[11] 董付国，应根球．Python 编程基础与案例集锦（中学版）[M]．北京：电子工业出版社，2019.
[12] 董付国．玩转 Python 轻松过二级 [M]．北京：清华大学出版社，2018.
[13] 凯·霍斯特曼，兰斯·尼塞斯．Python 程序设计 [M]．董付国，译．北京：机械工业出版社，2018.
[14] 董付国．Python 程序设计实用教程 [M]．北京：北京邮电大学出版社，2020.
[15] 董付国．Python 网络程序设计（微课版）[M]．北京：清华大学出版社，2021.
[16] 董付国．Python 程序设计入门与实践（微课版）[M]．西安：西安电子科技大学出版社，2021.